KB149720

정보디스플레이 공학의 기초

Basis of Information Display Engineering

정보디스플레이 공학의 기초

Basis of Information Display Engineering

류장렬 지음

청문각

머리말

현대의 정보기술(ICT: information computer technology)에 의한 초고성능 컴퓨터, 센서, 네트워크 등의 기술을 바탕으로 빅 데이터(big data), 인공지능(artificial intelligence), 사물인터넷(IoT), 블록체인(block chain) 등의 기반 기술과 이들을 활용한 융합기술, 이를 뒷받침하는 반도체 기술의 발전에 힘입어 지능정보사회인 제4차 산업혁명의 시대가 본격적으로 펼쳐지는 시점에 각종 정보기기(情報機器)가 이제는 "화상(畵像, display)"의 구현을 중심으로 하여 발전하고 있다. 화상은 문자 혹은 음성과 비교하여 순간적으로 정보의 의미를 이해하기 쉬울 뿐만 아니라, 압도적으로 정보량이 많은 화상정보는 "언제라도 혹은 어디에도" 망(net)을 매개체로 사람과 연결하면서 정보를 얻을 수 있는 환경에 있어서 가장 효율적인 정보 습득의 수단이 되고 있다.

이와 동시에 화상이라고 하는 매체를 가장 취급하기 쉽고, 이미 얇은 TV와 휴대전화 등, 형태를 변화하여 우리 실생활에 여러 가지의 기기로 깊숙이 침투하여 생활의 변화를 꾀하고 있다. 즉, "정보디스플레이(information display)"는 "인간과 인공지능의 정보 통신기기와의 가교(架橋)"의 주역으로 되고 있다.

한편, 정보디스플레이는 화상을 시각적으로 표시하는 것을 목적으로 하며 다양한 방식을 제안하여 실용화하고, 구성 재료와 동작원리도 다양한 기법으로 개발되고 있다. 이 때문에 사용되고 있는 제품, 용도의 필요성을 정하여 각각의 특징을 제공하면서 시장을 넓혀가고 있다. 현재의 TV와 같이 특정 용도의 시장에 복수의 기기가 섞여있는 상황은 오랜 디스플레이의 역사 속에서도 사례가 없다. 또 디지털 하이비전 방송을 위한 품질 향상과 휴대전화의 다 기능화 등, 제품이 보다 높은 기능을 요구하고 있어서 정보디스플레이도 고성능, 다기능의 영역으로 크게 진전되어야 한다. 이 때문에 정보디스플레이는 각각의 방식에 따라 특징도 크게 다르다. 즉, 활용에 따라서 그들의 특징을 충분히 이해하고 인식하여 용도에 따른 적절한 사용법을 익

히는 것이 각 디스플레이를 보다 효과적으로 활용하기 위한 중요한 열쇠가 되는 것이다.

OELD의 경우, 2018년 기준 매출액 2억 달러에서 2023년 기준 42억 달러로 급속히 확장할 것으로 예측되어 현재는 물론 미래의 국가 성장 동력 산업으로 지속적인 연구개발을 해야 하는 디스플레이를 공학적 측면에서 세밀하게 다루려고 노력하였다.

본 교재는 기술의 진전이 계속되고 있는 디스플레이에 대한 요구 조건, 기본 개념, 변천사 등을 살펴보고, 실생활에 사용되고 있는 평판디스플레이(FPD: flat panel display)인 액정디스플레이(LCD: liquid crystal display), 유기발광 디스플레이(OELD: organic electroluminance display), 3D 디스플레이, 유연성 디스플레이(flexible display), 플라즈마 디스플레이(PDP: plasma display panel), 전계방출 디스플레이(FED: field emission display) 등에 대하여 동작원리, 구조, 재료, 특성 등의 기초적인 내용을 보다 쉽게 엮고자 노력하였다.

이 분야를 전공하고자 하는 젊은 공학자에서부터 실무자에 이르기까지 이 교재를 필요로 하는 모든 분들에게 아주 작은 도움이 되었으면 하는 바람이다. 그리고 국내외의 많은 저서와 논문을 참고하였기에 이들 저자 분에게 심심한 감사의 말씀을 드리고, 본 교재가 출판되기까지 도움을 아끼지 않은 청문각 관계자 여러분에게도 감사드린다.

2018. 8.

저자

목 차

CHAPTER

1

정보디스플레이의 요구 조건

인간의 정보입력 기능 중에서 시각視覺이 점유하는 비율은 상당히 크다. 그러므로 이후 본격적인 제4차 산업혁명 사회를 맞이하는 시대에 영상映像을 중심으로 한 정보시스템이 크게 발전할 것으로 기대되고 있다. 그 중심에 있는 디스플레이display 소자는 여러 방식으로 동작하며, 특징과 용도에 따라 다양한 형태로 사용되고 있다.

1.1 정보화 사회의 디스플레이

인간은 정보입력의 수단으로서 오감五感, five senses을 사용하지만, 실은 정보의 85% 이상을 눈eye을 통하여 영상으로 입력하고 있다고 한다. 표 1-1은 이와 관련하여 인간의 정보 인지에 대한 입·출력 능력을 비교한 것이다.

표 1-1 정보의 입·출력 능력

입력			출력	
감각(感覺)	수용 세포수[개]	처리속도[bps]	수단	크기
시각(視覺)	10^8	3×10^6	음성	~ 5×10^4bps
청각(聽覺)	3×10^4	2 ~ 5×10^4		
후각(嗅覺)	10^7	10 ~ 100	영상	15 sec/장 ~ 30 min/장
미각(味覺)	10^7	10		
촉각(觸覺)	5×10^5	2×10^5		

* bps: bit per second

우선 입력 기능으로서 오감五感을 수용할 수 있는 세포수를 비교하면 시각이 가장 높고 다음으로 후각과 미각이다. 한편 정보처리속도로 보면 역시 시각이 최대로 3×10^6 bps이며 그 뒤로 촉각, 청각, 후각, 미각으로 낮아진다. 따라서 인간의 시각으로부터 정보를 얻을 수 있는 디스플레이가 중요하다는 것을 알 수 있다.

이 책에서는 이러한 디스플레이를 그림 1-1에서와 같이 TV로 대별되는 "영상용映像用 디스플레이", 컴퓨터 단말기 등의 "정보용情報用 디스플레이" 및 "휴대용携帶用 디스플레이"로 분류하였다. 이들의 용도에 따라서 요구하는 성능과 특징이 크게 다르기 때문이다. 결국, 영상용 디스플레이에서는 동화상動畫像을 중심으로 하기 때문에 선명鮮明과 명암明暗을 중요시 하게 된다. 정보용 디스플레이에서는 주로 정지 화면을 중심으로 하기 때문에 피로를 수반하지 않고 보기

분류		종류	요구되는 특징
	영상용 디스플레이	TV 홈시어터	중~대 화면
			밝고 고운 화면
	정보용 디스플레이	컴퓨터	보기 쉽고, 피로감 감소
			질감(質感)
			저전력
	휴대용 디스플레이	휴대용 기기	초소형(어떤 장소에서도 보기 쉬움)
			저전력

그림 1-1 디스플레이의 용도에 따른 분류

가 쉬워야 한다. 휴대용 디스플레이는 밝은 옥외와 어두운 실내 등의 어떠한 환경에서도 보기가 쉽고, 저전력低電力인지가 중요한 요소로 된다.

한편, 디스플레이를 구성하는 형태로 분류하는 데 지금까지 많은 방식이 제안되고 있으나, 현재 실용화되고 있는지 혹은 실용화를 위하여 개발 중에 있는지의 여부로 분류하면 표 1-2와 같다. 결국, 이들 디스플레이는 음극선관CRT, cathode ray tube, 플라즈마 디스플레이 패널PDP, plasma

표 1-2 전자디스플레이의 형태에 따른 분류

분류	종류	특징
발광형 디스플레이	CRT	진공
	FED	진공
	PDP	기체(플라즈마)
	ELD(유기EL)	OLED, 고체
비발광형 디스플레이(투과형)	LCD	액체
비발광형 디스플레이(반사형)	LCD	액체

display panel, 전계방출 디스플레이FED, field emission display, 전계발광 디스플레이ELD, electroluminicent display, 유기발광 다이오드OLED, organic light emitting diode와 같이 스스로 발광할 수 있는 "발광형發光型"과 액정디스플레이LCD, liquid crystal display와 같이 외부에서 빛이 액정液晶, liquid crystal을 통과하여 화상을 표시하는 "비발광형非發光型"으로 크게 나눌 수 있다. 여기서 비발광형은 후면광後面光, backlight 장치를 설치하여 빛을 주는 투과형透過型과 주변광을 이용하는 반사형反射型으로 분류할 수 있다. 이들의 특징을 정리하면 다음과 같다.

1.1.1 발광형 디스플레이

빛을 주변보다 밝게 발광시키면 선명하고 명암이 뚜렷한 화상을 표시할 수 있고, 화상의 어두운 부분은 발광하지 않기 때문에 에너지를 효율적으로 이용할 수 있으며, 또한 시야각에 의한 밝기와 색의 변화가 거의 없는 특징을 갖고 있다.

발광형 디스플레이의 문제점으로는 각 화소畵素, pixel에 발광을 위한 에너지를 주입해야 하기 때문에 전극 배열로 발생하는 저항이 감소함에 따라 구동용 집적회로driver IC에 전력 제어 능력을 갖추는 데 필요한 비용이 증가한다는 점이다. 일반적으로 응답속도가 빠르기 때문에 주사선走査線, scanning line을 주사한 순간만 발광하게 된다. 이 때문에 주사선 수가 증가할수록 평균 휘도輝度, brightness가 떨어진다. 주변의 빛이 밝아질수록 화면이 어둡게 보임에 따라 명암도明暗度, contrast가 감소하여 표시 성능의 품질이 떨어질 수 있다.

1.1.2 비발광형 디스플레이(투과형 방식)

일반적으로 발광을 위한 에너지를 필요로 하지 않기 때문에 각 화소의 구동에너지는 대단히 낮다. 이를 위한 구동용 집적회로의 전력 제어 능력은 크게 낮아지므로 고집적화高集積化와 낮은 제조비용이 가능한 소자이다.

후면광으로 발광효율이 높은 백색 LED등을 이용할 수 있으므로 소비전력을 적게 할 수 있는 방식이다.

이 소자의 문제점으로는 액정 재료로 대표되는 바와 같이 분자 등의 회전과 이동을 필요로 하므로 응답속도는 수 msec~수십 msec로 약간 낮다. 이를 위하여 하나의 영상면映像面 사이에서 밝기가 거의 일정하게 유지되는 디스플레이가 된다. 따라서 정지화상은 보기 쉽지만, 동화상은 선명하지 못하는 요인이 되기도 한다. 액정과 같은 광학 이방성異方性, anisotropy*을 이용하

* 이방성이란 빛의 편광 방향에 따라 광학 특성이 다른 성질을 말한다.

는 것은 일반적으로 관찰방향에 의해서 밝기와 표시색 등이 상당이 변화할 수 있다.

1.1.3 비발광형 디스플레이(반사형 방식)

후면에서 비추어주는 광을 필요로 하지 않으므로 전력소모를 극히 낮게 하는 것이 가능하다. 초저전력화超低電力化이므로 휴대 장치에 응용할 수 있을 뿐 아니라 전원 코드가 없는 초박형超薄型, ultra slim 종이 디스플레이의 응용이 기대되는 디스플레이이다.

반사판을 액정의 셀cell 바로 뒤에 설치하여, 빛이 액정 층을 왕복할 수 있어 결정의 두께가 반으로 줄어드는 효과를 가지므로 반응속도가 4배 정도 빨라진다.

이 소자의 문제점으로는 밝은 디스플레이를 실현하기 위해서 어느 정도의 시야각을 제한해야 한다는 점이다. 일반적으로 70°～80° 정도의 시야각으로 설계한다. 또 어두운 장소에서는 표시 상태가 선명하지 않거나 보이지 않는 단점이 있다.

앞서 인간의 오감五感에 따라 정보를 입력하는 능력과 출력 능력을 비교한 바와 같이 인간이 정보를 출력하는 기능은 대체로 말하는 기능, 즉 입을 통한 음성을 이용하는 것인데, 그 정보의 양은 청각의 처리속도에 대응하는 약 수십 kbps 정도로 볼 수 있다. 이에 대하여 인간의 영상에 의한 출력 기능은 극히 부족하여 얼굴에 의한 표정 외에 손으로 그림을 그리는 속도는 한 장의 그림에 3～30분 정도 걸린다. 한편, 시각의 동화상 인식으로는 디스플레이로 1 sec 사이에 60장의 화상을 표시하게 되면, 빛의 깜박임flicker이 없는 매끈한 동화상을 볼 수 없다. 이 양쪽의 값으로부터 영상의 입력 기능과 비교하여 출력 기능은 4～5배 떨어진다.

이와 같이 영상을 입력하는 능력을 기준으로 음성의 입력과 출력의 능력은 2배 정도가 낮고, 이것을 기준으로 영상 출력 능력은 2～3배만큼 낮게 된다. 그리고 입력은 주로 시각을 이용하고, 출력은 음성을 이용하고 있는 것으로부터 이들 양쪽 사이에 2배 정도의 차이가 발생하여 불균형이 생긴다. 이 때문에 음성에서는 언어를 이용하여 많은 양의 정보를 압축하여 동작하도록 하고 있다.

1.2 디스플레이와 인간공학

디스플레이가 보고 사용하기에 쉽고, 눈의 피로가 없는 것을 결정하는 것은 “화질畵質”과 “형태形態”이다. 화질은 디스플레이의 물리적 특성과 인간의 심리적 특성, 즉 시각 특성, 사용 특성, 감성 등에 의해 결정된다. 성능이 물리적 특성만으로 결정되는 반도체와 달리 디스플레이는 물리적 특성과 심리적 특성의 상호관계를 확실히 하는 인간공학적 접근이 필요한 것이다.

1.2.1 인간의 시각 특성

눈은 빛을 받아들여 시각 정보를 뇌로 전달하는 기능을 가진 감각기관으로, 지름 약 24 mm의 구형으로 이루어져 있다. 흔히 눈의 구조는 카메라에 비유되는데, 눈의 각막과 수정체가 카메라의 렌즈와 같은 역할을 하며, 홍채가 조리개의 역할을 하여 빛의 양을 조절하고, 망막은 상이 맺히는 부위인 필름과 같은 역할을 한다. 그림 1-2에서는 안구의 기본 구조를 보여주고 있다.

그림 1-3에서는 사물이 보이는 눈의 기능을 카메라와 비교한 것이다. 사물이 보이는 것은 눈이 포착한 정보가 대뇌로 전달되어 인식되기 때문이다. 눈이 정보를 파악하는 구조는 카메라의 구조와 비슷하다. 안구의 전방에 있는 수정체는 카메라의 렌즈에 해당한다. 그 주변의 홍채가 조리개 역할을 한다. 빛은 먼저 동공을 통해서 안구 안으로 들어가는데 홍채가 빛의 양을 조정한다. 밝을 때는 홍채를 닫아서 동공을 작게 하고, 어두울 때는 홍채를 열어서 동공을 크게 한다.

안구 안으로 들어온 빛은 필름에 해당하는 망막에서 상을 맺는다. 망막에는 빛의 자극을 느끼는 시각세포가 모여 있어 여기서 영상이 신호로 바뀐다. 신호는 시신경을 통해서 대뇌로 전달되어 시각으로 인지된다. 망막에 투영되는 것은 상하가 거꾸로 된 상이지만 대뇌의 기능으로 바른 입체상으로 인식한다.

화질을 평가하는 사용자의 주된 특성은 명암明暗, 색色, 시력, 조절력, 감도 및 시간 과도응답

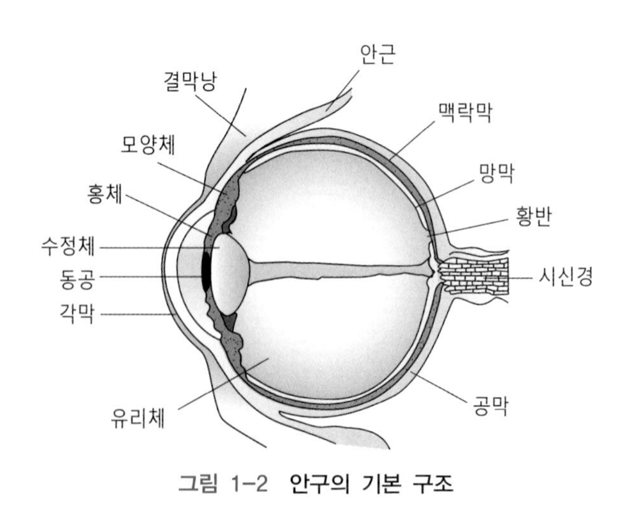

그림 1-2 **안구의 기본 구조**

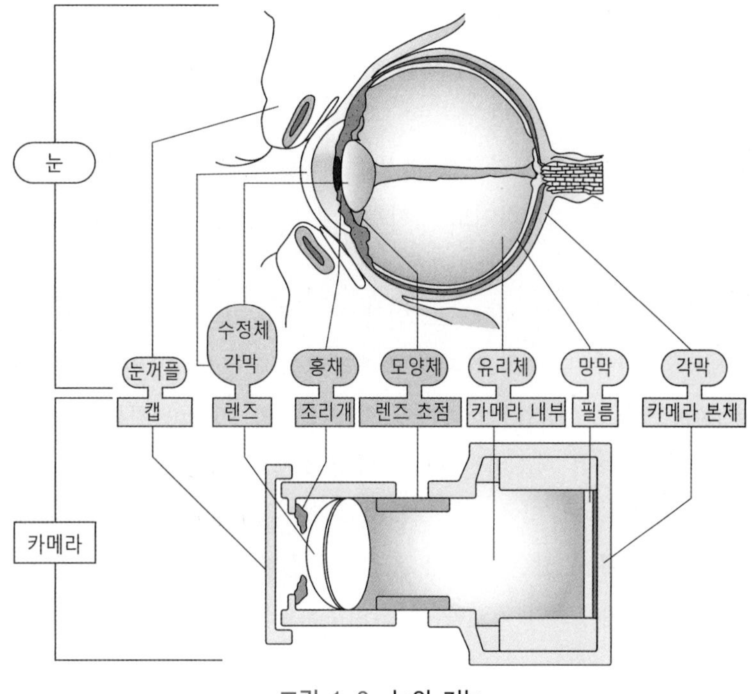

그림 1-3 눈의 기능

등인데, 이들은 안구眼球의 구조와 기능에 기초를 두고 있다.

그림 1-4에서는 인간이 색을 인지할 수 있는 세포의 구조를 보여주고 있는데, 안구와 안구벽의 가장 안쪽에 위치한 얇고 투명한 막인 **망막**網膜, retina의 구조, 각막 내의 색을 구별하지 못하는 망막세포인 **간체세포**杆體細胞와 색을 구별할 수 있는 망막세포인 **추체세포**錐體細胞, pyramidal cell의 분포를 보여주고 있는데, 이는 망막에 있는 색을 인식하는 시각세포를 말한다. 추체세포와 빛의 명암을 감지하는 간체(막대)세포가 색을 종합적으로 판단한다. 추체의 세포는 세 가지가

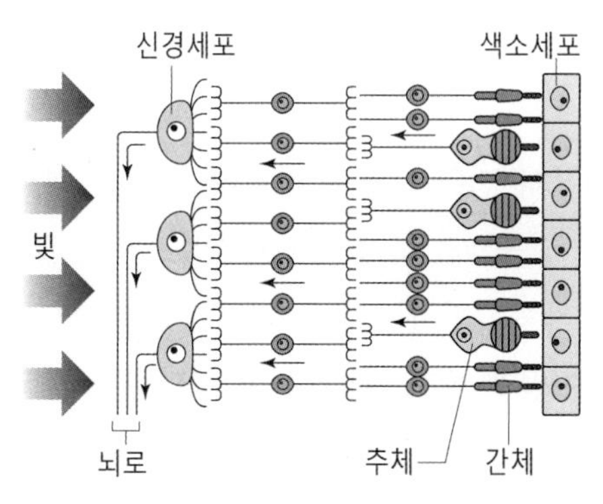

그림 1-4 색의 지각 구조

있는데 각각 빨강, 파랑, 초록을 느낀다. 세포가 느낀 빛의 비율은 시신경을 지나 대뇌로 가서 색을 판단한다. 추체세포에 이상이 있어 색을 바르게 인식할 수 없는 상태를 이른바 색맹이라고 한다.

안구는 외부로부터 들어온 빛의 강도를 수정체水晶體를 통하여 계측하는 카메라와 같은 역할을 한다. 들어온 빛의 파장을 계측하여도 가시광선의 파장에 대해서만 감도를 갖는데, 특히 녹색의 파장에 대한 감도가 높다. 그 외는 파장의 분산이 일어난다. 이 파장의 분산 특성을 "**시감도**視感度, luminosity factor"라 하고, 이 시감도로 인간이 느끼는 빛의 강도를 정량적으로 나타낸 물리량이 **휘도**輝度, brightness이다. 망막은 디지털 카메라의 전하결합소자인 "CCDcharge coupled device"에 해당하는 부분이다. CCD는 전하의 축적과 전송 특성을 이용한 기록용 소자로 구조가 간단하고, 고밀도 집적이 가능하며 저소비전력의 휘발성 소자로서 디지털 카메라와 비디오 등에 필요한 기술이다. 신경섬유 층의 밑에 위치하는 간체와 추체세포가 광센서optical sensor의 역할을 하는 것이다. 추체세포는 주로 밝은 곳에서 움직임과 함께 "색의 식별"에 관계하는데, 그 수는 약 700만개에 달한다. 간체세포의 역할은 주로 어두운 곳에서 움직여 "명암의 식별"에 관계하며, 그 수는 3,000만개에 달하는 것으로 알려져 있다. 명암의 식별에 관여하는 간체세포는 녹색 파장에 대한 감도가 특히 강하고, 시감도는 이것을 기준으로 한 파장 분산 특성을 갖고 있다. 또 간체세포는 어두운 곳에서 활동하며 추체세포보다 많은 수로 존재하여 어두운 곳에서의 시각 감도는 밝은 곳보다 높다.

인간의 눈은 시야의 휘도에 감응하여 감도를 조절하는 기능을 갖고 있다. 이 기능을 **순응**順應이라 한다. 어두운 곳에서 밝은 곳으로 움직일 때의 순응이 명순응明順應이고, 그 역이 암순응暗順應이 된다. 순응한 상태에서 망막세포는 입사광의 1/3제곱에 해당하는 양을 받게 된다. 이 값을 **명도**明度라 하는데, 명도가 순응 휘도의 130% 이상이 되면 눈부심을 느끼게 된다. 반대로 70% 이하가 되면 어두움을 감지하게 된다. 또한 순응의 응답시간 이상으로 화면 내의 휘도가 급격히 변화한 경우, 신경은 강한 자극을 받게 된다. 예를 들어 일반적인 가정환경에서 100 lux로 TV를 보는 장면을 생각하여 보자. 그림 1-5에서는 시각특성을 고려한 휘도 설계의 예를 보여주고 있다.

그림 1-5(a)에서와 같이 TV의 전원을 켰을 때, 화면의 평균휘도가 300 cd/m^{2}에서 눈부심을 감지하지만 화면을 주시하고 있을 때, 눈이 화면의 휘도 자체에 순응하여 결국 눈부심이 감소된다. 반대로 어두운 장면이 계속되면 암순응을 일으켜 환경조도環境照度에 순응하게 된다. 여기서 갑자기 번개를 맞았다면 어떻게 될까. 이때 눈은 응답하지 않고, 강한 자극을 받게 된다. 이러한 일을 피하기 위해서 모니터에 조도센서를 설치하고, 환경조도에 대해 눈부심을 감지하지 않는 명도가 되도록 휘도 설정 기능이 필요하다. 이렇게 하면 환경에 순응한 상태에서 밝은 화

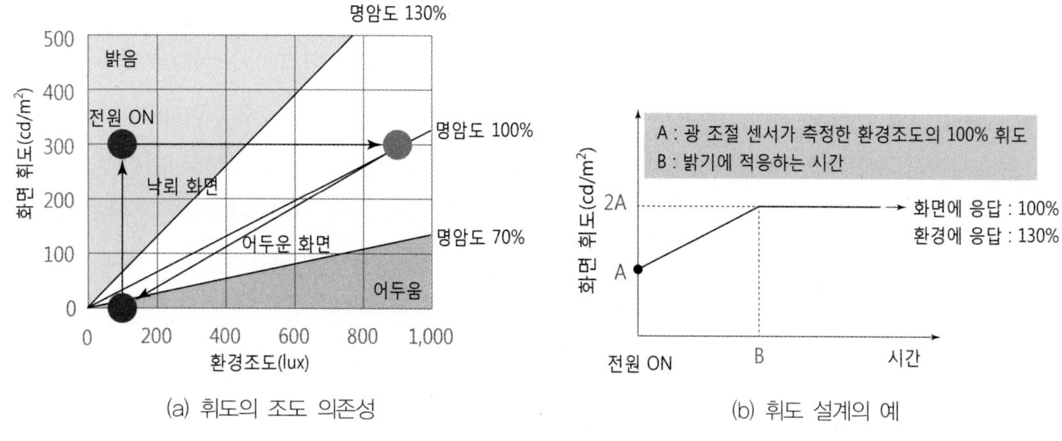

(a) 휘도의 조도 의존성

(b) 휘도 설계의 예

그림 1-5 **휘도 설계**

면이 표시되어도 눈부심을 감지하지 않는다. 외부 빛의 반사에 수반하는 휘도의 감소를 방지하는 관점에서 보면 휘도는 눈부심을 감지하지 않는 상한의 명도가 되도록 설계하는 것이 바람직하다. 예를 들어 전원을 켰을 때, 명도가 100%가 되도록 설정하고, 인간의 명순응속도에 따라서 최종적으로 명도가 130%가 되도록 설계하는 것이 바람직하다. 이를 그림 1-5(b)에서 보여주고 있다.

1.2.2 디스플레이의 사용 특성

일반적으로 디스플레이의 시야각 특성은 그 넓이로 표현되고 있다. 그러나 사용자의 사용 특성을 파악하지 않고 넓이를 평가하는 것은 위험하다. 예를 들어 표 1-3에 나타낸 세 종류의 패널이 있다고 하자. 어느 패널이 가장 우수한 시야각 특성을 갖고 있는 것일까? 시야각이 좁을수록 정면과 그 근처에서 보는 것으로 시야각 특성이 우수하나, 넓을수록 떨어지는데, 눈의 시야특성을 고려하여 넓은 시야각 특성의 기술이 필요하다.

표 1-3 **TV용 디스플레이의 시야각 특성**

패널	좌·우 방향의 시야각		
	40°	70°	80°
A	◎	◎	×
B	◎	○	○
C	◎◎	△	△

◎: 최우수, ○: 우수, △: 보통, ×: 불만족(아무것도 보이지 않음)

그림 1-6은 인간공학적 조사 연구의 상호 관계를 정리한 것이다. 디스플레이를 측면으로부터 관찰하면 정면과 비교하여 화상의 종횡비가 변화한다. 화상이 어디까지 찌그러지는지를 조사한 결과, 가장 만족한 경우는 위·아래 방향이 ±15°, 좌·우 방향이 ±30° 이내로 되는 것이다. **유효시야**有效視野란 인간이 무엇인가를 주시하고 있을 때, 인간의 눈이 정보를 순간적으로 수용하는 시야를 말하는데, 이 범위에 들어오는 거리에서 보았을 때, 화면에서 본 시야각은 상·하 방향이 ±25°, 좌우 방향이 ±45°로 된다. 결국, 이 범위가 TV를 꿈속에서 볼 때에 필요한 시야각이다. 이것에 대하여 일을 하면서 혹은 식사를 하면서 TV를 보는 경우, 인간의 눈은 정보를 식별하게 되는데, 이 상태에서의 시야를 **유도시야**誘導視野라 한다. 이 유도시야는 유효시야보다 넓다.

어찌됐든 정보가 식별되야 하므로 필요한 시야 범위는 화상의 왜곡歪曲 범위의 허용한도까지 넓어야 한다. 그 범위는 위·아래 방향이 35~50°, 좌·우 방향이 ±75°로 된다. 따라서 이들 범위 내의 특성이 중요하게 된다. 표 1-3의 패널 B는 시야각 80°의 특성이 패널 A보다 우수하지만, 사용자가 사용하는 것은 시야각이 70°까지이므로 패널 A의 사용자에 있어서 유리한 특성을 갖게 된다. 한편, 패널 C는 꿈속에서 볼 때의 시야 범위로 시야각이 40°의 특성으로 가장 우수하지만, 일하면서 볼 때의 시야 범위는 허용 한도를 만족할 수 없으므로 성능이 떨어지게 된다. 디스플레이의 시야각 특성은 넓이가 아니고, 사용 범위 내의 특성, 즉 화질로 평가할 수 밖에 없다. 이 때문에 우선 사용자가 디스플레이를 사용하는 특성을 조사하는 것이 중요하다. 즉, 좌·우가 넓고, 위·아래 특히 위쪽 방향이 좁은 것은 인간의 눈이 옆으로 길고 위·아래의 방향이 짧은 구조에 기인하고 있다.

1.2.3 인간의 심리적 특성

화질은 디스플레이의 물리적 특성과 인간의 심리적 특성(감성)에 의해 결정된다. 그러므로 물리적 특성의 평가만으로 그 성능을 충분히 판단할 수 없다. 만족하거나 허용할 수 있는 화질의 특성값은 사용자의 주관적 평가에 의해서 결정하는 것이 필요하다. 최근 디스플레이의 화질은 현저한 개선을 이루고 있으나, 아직도 사용자의 주관적 평가에 기인한 평가지표가 충분히 확립되어 있다고 볼 수 없다. 화질을 저해하는 요인 중의 하나는 컬러color를 표시하는 특성의 성능이 떨어지는 것에 있다. 음극선관CRT 등에서는 형광체의 시간적 열화劣化, 액정디스플레이LCD에서는 시각視覺 의존성에 기인한 열화가 발생한다. 예를 들어 백색의 색을 평가할 때, 원색과의 색감의 차이 정도가 선형이 되는 물리지표인 UCSuniform chromaticity scale system 표색계表色系를 이용하면, 색의 차이에 대한 주관적 평가와 선형적 관계가 얻어진다. 이를 그림 1-6(a)에서

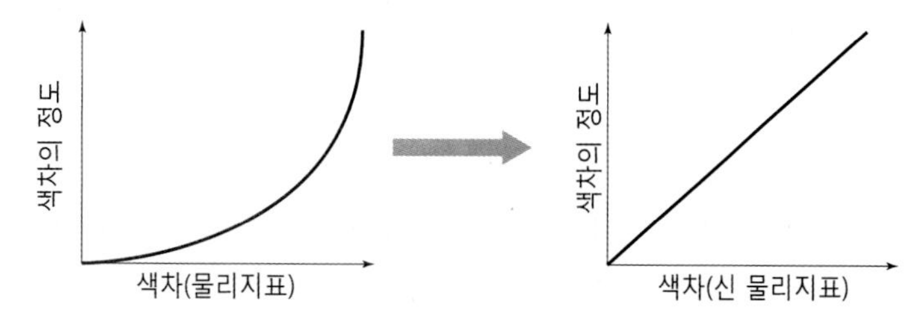

(a) 색차의 정도가 선형으로 되는 물리지표

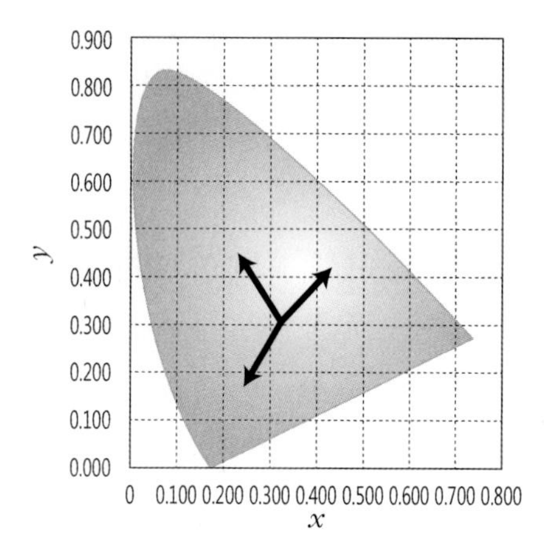

(b) 표색계

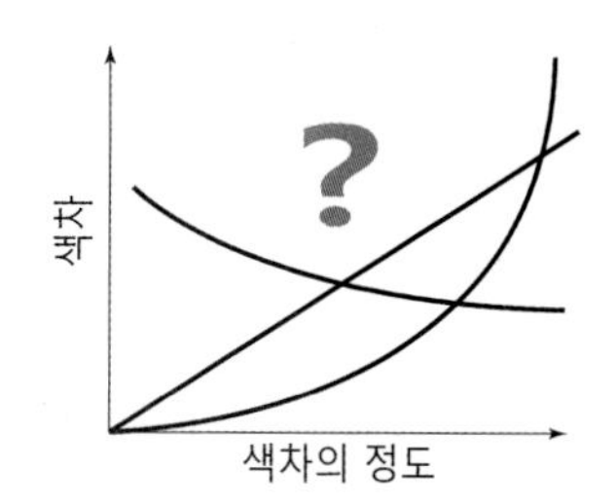

(c) 색차가 같아도 색상이 다르면 불쾌감의 평가 결과는 다름

그림 1-6 TV에 필요한 시야각의 범위

보여주고 있다. 여기서 그림 1-6(b)에서 보여주고 있는 UCS는 색의 표시값이 색을 지정할 때, 두 개의 표시값의 차이가 그 두 색의 감각값과 대응되는 근사값이 되도록 개발된 등색차等色差의 표색계를 말한다. 이 물리지표와 색과 불쾌감의 상호 관계는 반드시 선형의 관계로 될 수 없는데, 이를 그림 1-6(c)에서 나타내었다. 어떤 색에 색을 더함에 따라 불쾌감이 변하고 또 싫어하는 색은 사람에 따라 다르기 때문이다.

1.3 박형 TV의 요건과 개발

TV에 대한 성능 향상을 위한 개발이 끝없이 요구되고 있다. 이들을 잠재적으로 요구하는 것도, 최종적으로 평가하는 것도 결국 인간이다. 이들을 명확히 설명할 수 있는 이론은 아직 없다. 그럼에도 불구하고, 일부의 성능에 관해서는 인간공학적 개념에 기인한 규격이 제정되어 있다. 여기서는 특히 HDTVhigh definition TV 규격의 경우, 해상도解像度를 중심으로 박형薄型 TV용 디스플레이에 요구되는 성능과 그 이유, 미래에 요구되는 요건 등에 대하여 살펴본다.

박형薄型, thin film typed TV의 성능을 평가하는 항목은 많이 있으나, 중요한 것을 표 1-4에서 분류하였다.

다양한 항목들이 있지만 그 중에 디자인과 사용의 편리성은 사용자의 입장에서 보면 가장 중요한 기능일 수도 있다. 오랜기간에 걸쳐서 CRT TV에서 얇은 TV로의 변환이 가속되고 있는데 이것은 화질과 소비전력의 관점에 의한 것이 아니고 분명히 디자인과 사용의 편리성을 향상시키는 것에 있다. 얇고 가벼운 TV를 선호하는 추세에 맞추어 CRT TV보다 디자인이 향상되었고, 더불어 설치도 용이하게 되었다.

그러면 앞으로 TV를 얼마만큼 더 얇게 하면 좋을 것인가? CRT TV는 두께가 수십 cm로 대단히 두껍기 때문에 현재의 TV 두께는 1 cm 이하 정도의 것과 비교하여 분명한 차이를 나타내고 있다. 우선은 어느 정도까지 박형화薄型化하면 좋을 것인가? 이것은 알 수가 없다. 다만, 공상과학을 주제로 한 공상과학SF, science fiction 영화 등에서와 같이 두께가 얇은 디스플레이가 많은 사람에게 매력을 느낀다고 생각되므로 역시 박형화는 앞으로 추구해야 할 성능 항목 중의 하나라고 볼 수 있다. 다만, 기술적으로 대단히 어려운 개발과정을 거쳐야 할 것이다. 예를 들어 PDP의 경우 두꺼운 유리와 큰 전원회로 등이 필요하며, LCD는 후면광後面光, backlight 시스템과 디지털 튜너digital tuner, 화상 엔진 등이 요구되는 등 TV를 얇게 하는 데 많은 어려움이 있다.

전계발광electro luminescent 디스플레이를 이용하면 디스플레이 모듈을 수 mm 정도까지 얇게 할

표 1-4 **박형 TV의 성능**

디자인	사용의 편리성	화질	소비전력
외관	두께	화면 크기	저소비전력
친환경성	무게	해상도, 색 재현성	광 효율 증대
편리성	사용자 인터페이스	명암비, 동화상 성능	안전성
기능성	부가기능	시야각 성능	장 수명

수 있으나, TV시스템에 필요한 전원회로 등의 문제를 해결해야 한다. 따라서 더욱 얇은 TV의 개발을 위해 디스플레이 모듈뿐만 아니라 TV 시스템 전체의 기술개발이 필요하다.

다음은 화질 성능에 대하여 살펴보자. 우선 화면 크기이다. 수년 전 박형 TV의 화면 크기는 종래의 CRT TV와 같은 32 inch가 주류를 이루었다. 현재 가장 선호되는 것은 60 inch 전후의 박형 TV이나, 100 inch 이상의 대형 TV도 증가 추세에 있다. 대화면화가 요구되는 것은 TV 제품의 특징이라고 생각되는데, 이것은 TV 화면 속에 실제로 몸을 담는 느낌의 감각인 **임장감**臨場感, presence이 요구되기 때문이다. 임장감이란 TV 영상 속의 실제 장소에 있을 때와 같은 느낌을 말한다.

화면 크기와 임장감과의 관계는 그림 1-7(a)에서 나타낸 바와 같이 인간의 눈과 화면이 이루는 각인 **화면각**畵面角, angle of view을 이용하여 설명하는 것이 일반적이다.

인간의 눈이 포착하고 있는 전체 시야에 있어서 디스플레이 표시 화상이 점유하는 각도를 화면각이라 한다. 좌·우보다 위·아래 방향의 길이가 짧은 직사각형 구조의 TV에서 수평방향의 범위를 수평화면각, 수직방향의 것을 수직화면각이라 하며, 일반적으로 위·아래의 각도를 말한다. 인간의 눈은 위·아래 120°, 좌·우 200° 정도의 시야를 갖고 있다. TV의 영상을 볼 경우, 전체 시야 중 극히 일부에서 영상을 관찰하게 된다. 시야의 대부분은 디스플레이가 놓여 있는 배경이고, 이 배경이 화면 속에 실제로 몸을 담는 느낌의 감각을 방해하고 있는 것이다. 인간공학에서 어떤 일에 깊이 파고 들거나 빠지는 느낌인 **몰입감**沒入感은 화면각과 밀접한 관계가 있는 것으로 알려져 있다.

그림 1-7(b)에서는 화면각 크기와 시청거리와의 관계를 보여주고 있는데, 화면각은 디스플레이의 표시면의 높이 H와 시청거리 L로 결정된다. 일반적으로 화면의 종횡비가 9:16이라고 가

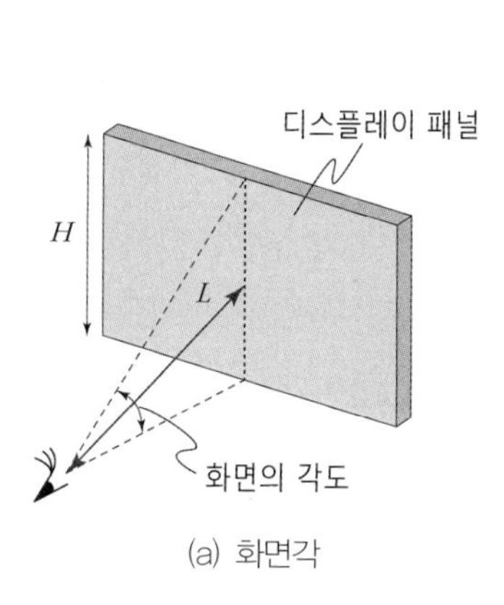

(a) 화면각

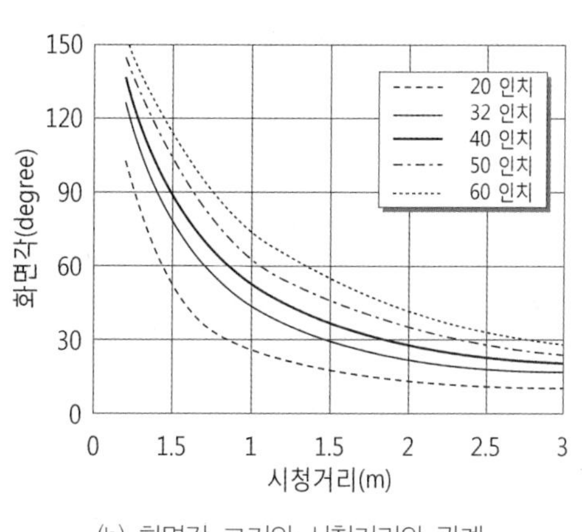

(b) 화면각 크기와 시청거리와 관계

그림 1-7 화면각의 특성

정하고, 화면 크기가 20 inch 정도이고 1 m 이내에 있다면 화면각은 30° 정도로 얻어진다. 반면에 화면 크기가 60 inch이면 2.5 m 정도 떨어져 있어도 30° 이상의 화면각을 유지할 수 있다. 평균적으로 TV의 시청거리는 2 m 정도가 적당할 것이다. TV용 디스플레이의 화면 크기는 최소 50 inch가 필요하다. HDTVhigh definition TV의 규격에서 화면 크기가 일반적으로 50 inch인 것을 전제로 하여 해상도를 결정하고 있으나, 필요에 따라 화면 크기는 설치장소의 문제도 있기 때문에 결국 사용자에 의해 최종 결정된다. 평균 화면 크기에 대한 추이를 예상하여 만들고 있으나, 제조사마다 미소하게 차이가 있고 이것이 생산 라인의 투자계획과 기술개발의 차이가 생기게 하는 요인이 되고 있다.

넓은 화면각으로 임장감을 높이는 또 다른 방법에는 둥근 천장dome형의 표시면을 사용하는 것도 있다. 평면형 디스플레이에서는 화면각의 한계가 있어 시청자가 표시 영상을 마치 실제 공간으로 감지할수록 임장감을 느낄 수 없다. 그래서 반구형dome typed 화면에 여러 방향에서 투사投射, projection하고, 시청자는 화면의 중앙에서 영상을 관찰하는 방식이다. 이 방식에서는 화면각이 180° 정도로 되어 거의 전체 시야를 표시 영상이 점유하게 된다. 그러나 이 디스플레이를 TV에 적용하는 것은 설치장소, 정보원情報源, information source 등 다뤄야 할 많은 문제가 있다.

다음으로 디스플레이 표시의 선명도인 **해상도**解像度, resolution에 관하여 살펴보자. 이것은 화면에서 정밀도를 나타내는 지표로 이미지를 표시할 때, 몇 개의 화소畫素, pixel 또는 점dot으로 나타냈는지의 정도를 표현하는 말이다. 해상도를 이야기할 때, 일반적으로 HDTV를 생각하게 되는데, 높은 정밀도를 갖는 TV는 HDTV를 말하기 때문일 것이다. 기존 TV의 해상도로는 부족하기 때문에 방송과 디스플레이 모두 높은 해상도가 필요하다. 이러한 해상도는 어떻게 결정되는 것일까?

양질의 화상을 생각할 때, 인간의 눈의 해상도가 전제가 된다. 눈의 공간적 사물을 상像으로 인지하는 능력으로 **분해능**分解能, resolving power이 있다. 점 또는 선을 광학적으로 결상結像하면 어떤 넓이의 상이 되며, 두 점 또는 선의 구별이 어려워지는데 이를 분해할 수 있는 능력이 분해능이다. 눈, 망원경, 현미경 등 물체의 상을 맺는 광학 시스템에서의 분해능은 분별할 수 있는 두 점 사이의 극한 거리 혹은 시각視覺으로 표시되며 시력이 1.0인 사람은 분해능이 1/60도이다. 따라서 눈의 분해능을 길이로 환산할 필요가 있으므로 그림 1-8(a)에서 나타낸 바와 같이 시청거리가 L인 화면을 관찰할 때, 공간 분해능 ΔH를 고려한다. 시력이 1.0인 사람을 전제할 때, $\Delta H = 2L \tan(1/120)°$로 표시된다. 필요한 해상도는 $H/\Delta H$이며 시청거리와 화면 크기에 의존한다. 이것을 구한 결과를 그림 1-8(b)에서 보여주고 있다. 화면 크기가 크고, 시청거리가 짧을수록 고해상도가 필요하게 된다. PC용 모니터의 경우, 화면 크기가 작아도 시청거리가 수십 cm로 대단히 짧기 때문에 TV보다 고해상도가 요구된다. 화면각의 관점에서 TV 용도로는

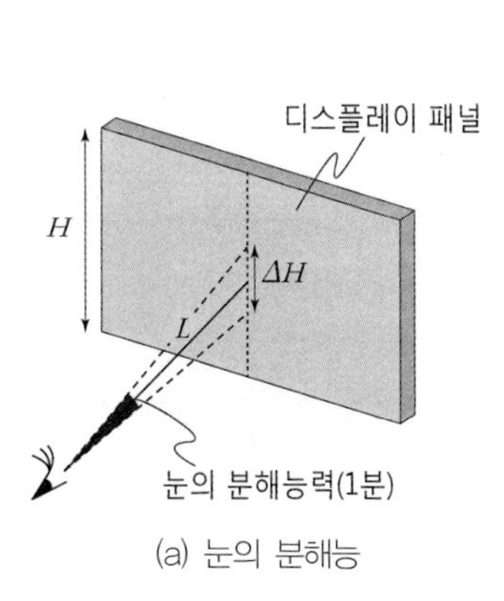

(a) 눈의 분해능

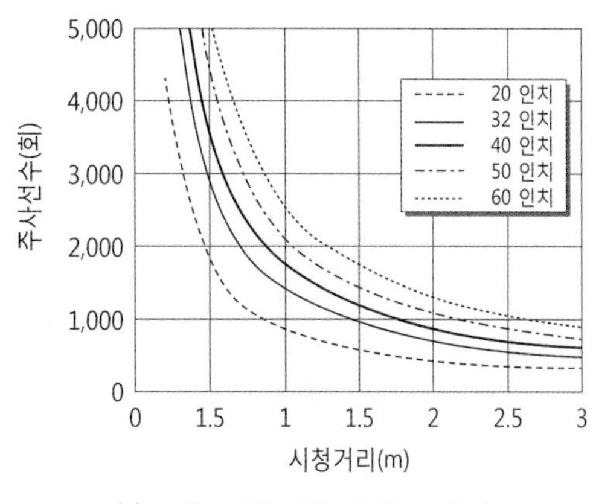

(b) 시청거리와 필요 해상도의 관계

그림 1-8 분해능과 해상도 특성

화면 크기가 50 inch인 것을 기준하였다. 그림 1-8(b)에서 50 inch의 디스플레이를 2 m의 시청 거리에서 보는 것으로 가정하면, 약 1,100번의 주사선수走査線數, number of scanning line가 필요하다. 고해상도를 필요로 하는 하이비전 TV 등은 이런 특성으로서 결정되는 것이다. 실제는 화면 종횡비 9:16을 고려하여 1,920×1,080이다.

색 재현성色 再現性과 동화상 성능 등의 화질 성능도 일반적으로 대화면화, 고해상도화에 수반하여 요구되는 수준은 높아진다. 대화면의 TV를 구입하는 사람은 임장감을 원할 뿐만 아니라, 화질의 수준도 높게 생각하는 것이다. 따라서 제조사는 우선 대화면 TV 제품에 고화질화의 최신기술을 도입하고, 추가로 화면 크기가 작은 제품으로 이 같은 기술을 확대해 가는 것이다.

1.4 슈퍼 하이비전

1.4.1 하이비전 TV의 개요

1970년대 컬러 TV방송이 이루어진 후, 새로운 방송 시스템의 연구가 시작되는데, 그 중 하나가 "하이비전hi-vision"이었다. 이 하이비전은 대화면으로 TV의 표준방식인 NTSCnational television standards committee가 아닌 힘차고, 임장감이 있는 내용을 가정에서 즐길 수 있도록 한 방송 시스템이다.

이 시스템의 특성을 결정하기 위하여 임장감과 같은 "넓은 시야각 효과"를 정량화하는 실험이 이루어졌다. 반구형半球形 스크린에 투영한 영상을 기울일 때, 시청자가 감지하는 좌표축도

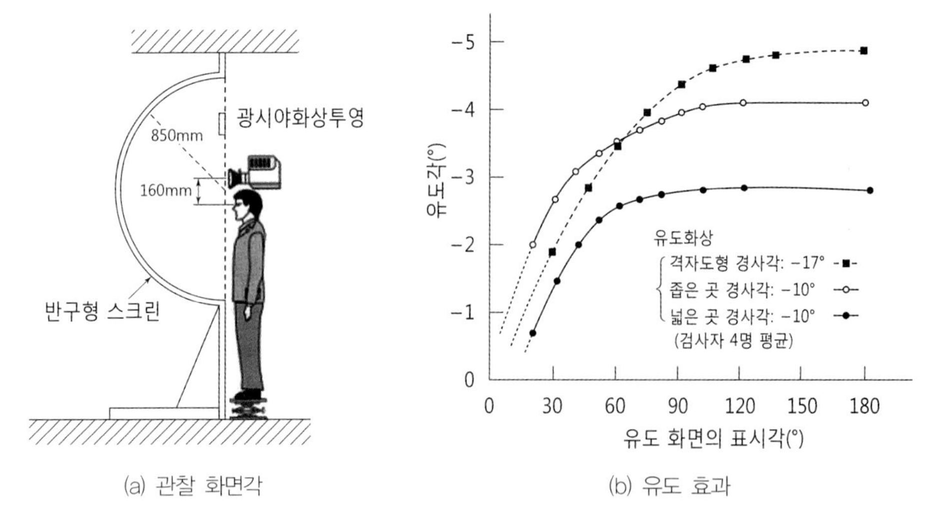

(a) 관찰 화면각 (b) 유도 효과

그림 1-9 **유도각의 특성**

유도誘導되어 기우는데, 이 유도각을 조절하는 실험의 결과를 그림 1-9(b)에 나타내었다.

이 결과를 보면, 화면각 20° 근처에서 유도가 생기기 시작하여 80°~100° 이상에서 포화상태가 되는 것으로 분석되었다. 실험 결과와 원하는 시청거리, 화면각의 종횡비, 화면 크기, 시각효과 등의 평가 외에도 가정의 사정을 고려하여 디스플레이의 크기는 50~60 inch, 주사선수 1,080개의 특성이 제안되었다.

1.4.2 꿈의 슈퍼 하이비전

슈퍼 하이비전의 실현을 위해 주사선수 4,000급의 초고미세 시스템 개발이 진행되고 있다. 유도각이 포화되는 화면각 100°를 실현하는 높은 임장감을 갖는 시스템은 기존 하이비전의 4배인 주사선수 4,320, 하나의 화면당 정보의 양은 16배에 달한다. 하이비전, 슈퍼 하이비전에 대한 유효 주사선수, 화면각, 시청거리 등을 표준 방식과 비교하여 그림 1-10에서 보여주고 있다.

지금까지 살펴본 TV를 고화질용으로서 각종 디스플레이를 검토한 결과,

(1) TV 표시에 필요한 색의 재현성, 움직이는 화면의 응답속도에 문제가 없을 것
(2) 자발광, 직시형直視型에서 자연의 계조階調, gradation표시가 얻어질 것
(3) 대형 패널의 제작에 어려움이 없고, 비교적 설비비용이 적을 것

등에 중점을 두어 연구개발이 진행되어야 한다.

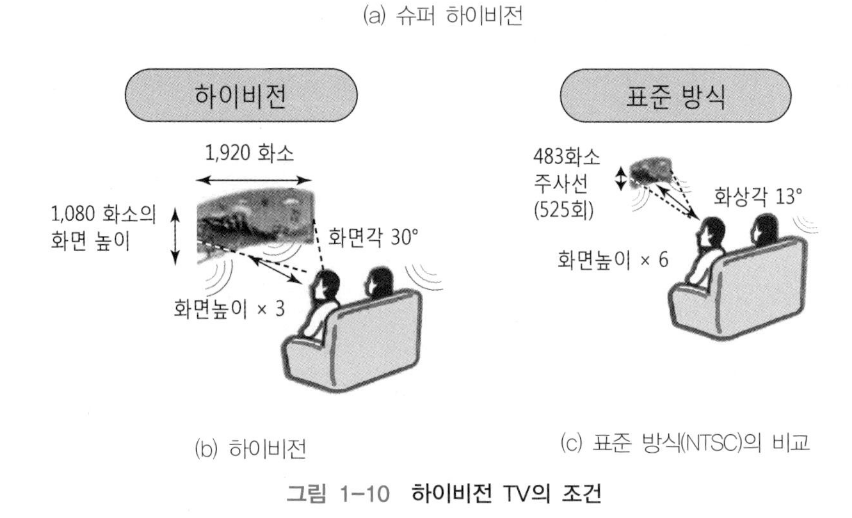

(a) 슈퍼 하이비전

(b) 하이비전

(c) 표준 방식(NTSC)의 비교

그림 1-10 하이비전 TV의 조건

연구문제 CHAPTER 1

1. 인간의 정보 입력에서 오감에 대하여 기술하시오.

2. 디스플레이의 용도에 따른 특징을 기술하시오.

3. 인간의 안구를 참조하여 시각 특성을 기술하시오.

4. 인간의 눈의 기능을 카메라와 비교하여 기술하시오.

5. 인간의 눈을 구성하는 추체세포와 간체세포의 역할을 기술하시오.

6. 인간이 색을 인지하는 특성을 기술하시오.

7. 인간의 디스플레이 사용 특성을 기술하시오.

8. 임장감과 화면각이란 무엇인지 기술하시오.

9. 화면의 크기와 임장감과의 관계를 기술하시오.

10. 분해능이란 무엇이며, 시청거리와 해상도의 관계를 기술하시오.

CHAPTER

2

정보디스플레이의 개요

Fundamental of Information Display Engineering

2.1 정보디스플레이의 기초

평판디스플레이FPD, flat panel display의 필요성이 점점 커지는 이유는 기존의 음극선관CRT이 성능에 있어서 이상적인 디스플레이로 지목되고는 있으나, 부피가 크고 무거우며 전력소모가 너무 커서 현대인의 욕구를 만족시키지 못하는 성능의 외적 부분이 문제가 되고 있기 때문이다. 따라서 새로운 기술개발을 통하여 가벼우며 전력소모가 적으면서도 화면이 더욱 넓어지는 디스플레이를 만드는 것이 중요하다. 음극선관은 기술적으로 45 inch의 화면 크기까지 만드는 것이 가능하지만 이때 무게는 무려 115 kg에 이른다.

그림 2-1은 여러 종류의 정보디스플레이를 작동 원리에 따라 구분한 것인데, 크게 나누어 CRT, LCD, PDP를 포함하는 평판디스플레이FPD 및 이들 소자를 이용하는 투사형 디스플레이로 구분할 수 있다. FPD는 원리나 응용에 따라 여러 가지로 구분할 수 있지만, 빛이 직접 방

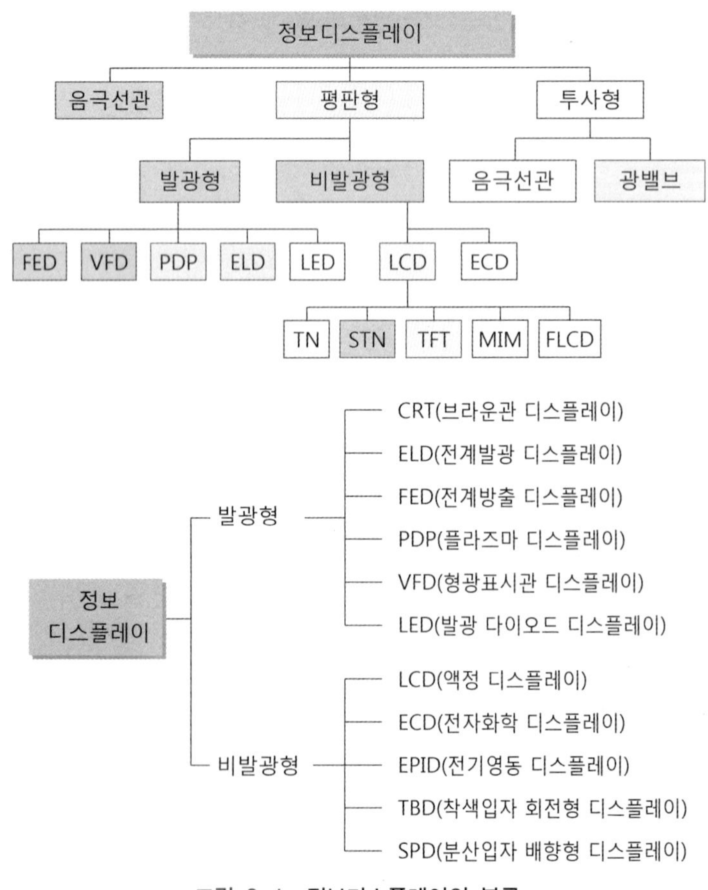

그림 2-1 **정보디스플레이의 분류**

출되는지 아니면 광원을 별도로 사용하는지에 따라 발광형 디스플레이와 비발광형 디스플레이로 구분한다. 그림과 같이 발광형 디스플레이는 PDPplasma display panel, VFDvacuum fluorescent display, FEDfield emission display, ELDelectroluminescent display, LEDlight emitting diode등이 있으며, 비발광형 디스플레이는 주로 LCDliquid crystal display이며, 이는 동작 방식과 구조에 따라 TNtwisted nematic, STNsuper twisted nematic, TFTthin film transistor, MIMmetal insulator metal, FLCDferroelectric liquid crystal display 등으로 나눌 수 있다. 여기서는 현재 상용화되어 있거나 앞으로 상용화가 기대되는 것들에 관하여 그 기본 구조, 재료 및 원리에 대하여 살펴본다.

LCD는 액정의 특정한 분자 배열에 전압을 공급함으로써 다른 분자 배열로 변화시킨다. 이때 발생하는 액정의 광학적 성질의 변화를 시각적 변화로 변환한 디스플레이이다. 종래의 저소비전력화, 박형薄型, 경량화 등에 주력하여 주로 10∼13 inch 급의 노트북 PC에 적용하다가 50 inch 내외의 TV용으로 사용되었으나, 앞으로 100 inch 이상의 TV용으로 사용하기 위해서는 대화면화, 넓은 시야각, 고휘도화, 색 재현성의 향상 등의 고화질화의 기술이 선행되어야 한다.

PDP는 불활성 가스의 방전에 의하여 발생하는 자외선UV이 형광체와 충돌하여 나오는 빛을 이용하는 표시소자로 AC형과 DC형이 있다. DC형은 노출된 두 개의 전극 사이에서 방전이 일어나는 것이지만, AC형은 두 전극이 보호막으로 덮여 있어도 방전이 가능하기 때문에 방전에 의한 전극의 손상을 막을 수 있어 수명이 보장되므로 대부분 AC방식의 채택이 주를 이루고 있다.

ELD는 높은 에너지를 갖는 전자가 광이 방출할 수 있는 영역에 충돌하여 여기 시킴으로써 빛을 내게 하는 디스플레이이다. ELD의 형태는 TFELthin film EL이며, 광을 방출하는 층은 박막 형광체로, 이 층에 강한 전장에 의해 발생된 전자가 충돌하여 발광하게 된다. ELD는 형광체 효율이 낮고 전력소모가 크며 청색 형광체 효율이 낮거나 색의 순도가 떨어져서 완전한 컬러full color 디스플레이가 어렵다. 개선책으로 컬러필터를 사용하여 고화질의 성능을 얻을 수 있다.

FED는 미세하고 뾰족한 팁micro-tip으로 형성된 FEAfield emission array와 게이트 사이에 전압을 인가하면 미세 팁micro-tip에 강전계가 형성되어 전자가 방출되는데, 이 전자를 가속시켜 양극anode의 형광체를 때려 발광하게 하는 디스플레이이다. 이는 CRT의 원리와 같아서 그와 비슷한 성능을 나타내지만 저전압 형광체의 개발이 완성되지 않는 것이 문제이다.

VFD는 저속 전자선에 의한 형광체의 여기발광현상을 이용한 것으로 CRT에서와 같이 열전자를 이용하지만 수많은 전자총이 있다는 것이 다르다. 따라서 화소수만큼의 필라멘트를 넣어야 하기 때문에 해상도를 높일 수 없는 것과 전력소모가 큰 것이 문제점이다. 휘도가 큰 것이 장점이며 단색 소형 화면의 표시기에서는 경쟁력이 있으나, 대화면, 고해상도, 완전한 컬러full color 표시에는 적합하지 않다. LED는 반도체 내에서 전자-정공의 생성과 재결합의 과정에서 빛이 나오는 원리를 이용하여 만든 반도체 소자인 발광다이오드light emitting diode이며, 발광하는 빛은 반도체의 금지대의 폭band gap에 따라 결정된다.

2.1.1 정보디스플레이의 구성

정보디스플레이information display는 각종 전자제품으로부터 다양한 정보를 우리 인간에게 전달하는 장치를 말한다. 즉, 전자기기와 인간 사이의 정보 교환을 위한 도구로서 우리 주변의 수많은 정보와 인간을 연결해주는 장치이다. 그림 2-2에서는 정보디스플레이의 역할을 개념적으로 보여주고 있다.

동영상을 포함한 대량의 정보들은 인간의 눈을 통하여 전달되기 때문에 디스플레이 제품은 인간의 시각적인 감각을 만족하면서 기기로부터 얻어지는 정보의 전달 역할을 수행하게 된다. 따라서 정보디스플레이 기술의 초점은 기기와 인간과의 시각적인 관점에서 연구 개발하는 것이다. 즉, 인간의 시각적인 체계의 범주에서 최상의 화질과 안정한 화면을 목표로 개발되고 있어 영상정보의 원활한 전달을 위해 정보의 특성에 맞는 디스플레이의 선택이 필요하다. 그림 2-3은 주변의 영상정보를 디스플레이 장치를 통하여 우리 인간에게 정보를 변환하여 전달하는 과정을 나타내고 있다.

그림 2-2 **정보디스플레이의 개념**

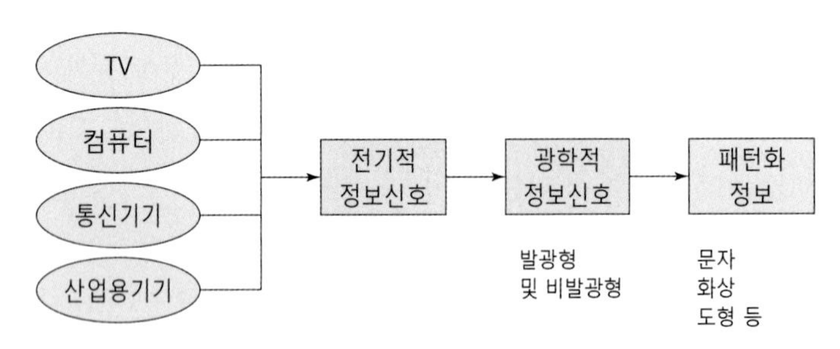

그림 2-3 **정보디스플레이 기기의 역할**

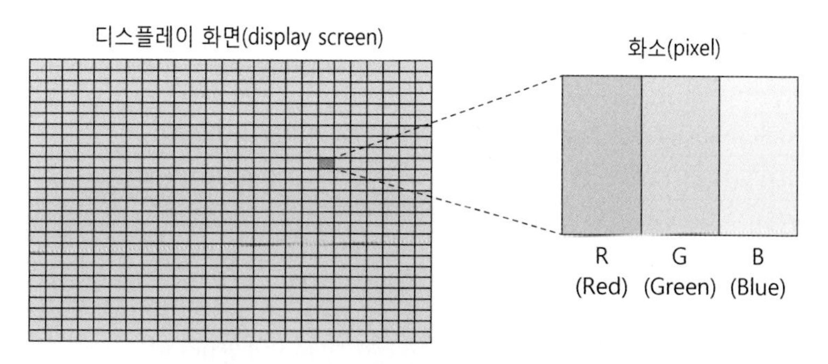

그림 2-4 디스플레이 화면과 화소의 구성

영상정보를 표시하는 디스플레이 장치는 그 표시화면 자체가 여러 개의 **단위 화소**unit pixel로 구성되어 있으며, 최근에는 단색 표시장치 대신 컬러 디스플레이color display가 주류를 이루고 있다. 정보표시의 화면을 컬러로 하기 위해 그림 2-4에서와 같이 컬러 화소color pixel가 필요하며, 이 컬러 화소는 다시 빛의 삼원색에 해당하는 적색R, red, 녹색G, green, 청색B, blue의 R·G·B 발광소자가 있어야 한다. 이들 R·G·B 발광소자는 표시화면을 만들 때, 유기 또는 무기화합물로 구성된 색 발광체color phosphor를 표시화면의 안쪽에 도포하거나 컬러필터color filter를 사용하여 백색광을 투과시켜 얻을 수 있다.

TV, 컴퓨터 등의 모니터에서 영상을 표시하는 디스플레이 화면의 화질을 평가하는 요소가 있다. 첫째, 표시화면의 밝기를 나타내는 **휘도**brightness가 있는데, 이는 단위면적당 방출하는 광의 양을 나타내는 척도로 cd/m^2의 단위를 쓴다. 둘째, 디스플레이 화면의 정밀도를 나타내는 **해상도**resolution 즉, 표시화면을 구성하는 화소의 수를 나타내는 것이다. 셋째, 표시화면의 밝고 어두움을 나타내는 **명암도**contrast가 있다. 이것은 하나의 화소에 대한 최대 밝기를 최저 밝기로 나눈 값이다. 마지막으로 화면의 색깔이 얼마나 원색에 접근하고 있는지를 나타내는 **색상**color chromaticity 등이 있다.

디스플레이 장치의 휘도는 영상을 나타내는 표시화면의 밝기를 표시하는데, 이 값은 장치 내부에 있는 광원light source의 세기에 비례하며 동일 광원을 사용할 경우, 방출되는 면적의 크기에 반비례한다. 국제적으로 촛불 한 개의 밝기를 1 cdcandle로 정하였기 때문에 광원의 세기는 사용하는 광원의 종류에 따라 수십 cd에서 수만 cd까지 다양하다. 보통 우리가 사용하는 TV나 컴퓨터 모니터의 경우, 디스플레이 화면의 밝기가 대략 100 cd/m^2에서 1,000 cd/m^2 정도로 적어도 500 cd/m^2 이상이 되어야 조명이 밝은 장소에서 화면을 볼 수 있게 된다. 표 2-1에서는 현재 국제적으로 규정하고 있는 디스플레이 화면 시스템의 해상도를 보여주고 있다.

표 2-1 디스플레이 해상도의 규격과 화소수

구분	장치	화소수(pixel)	종횡비(aspect ratio)
TV	NTSC(National TV System Committee)	640×480	4:3
	HDTV(High Definition TV)	1,920×1,080	16:9
컴퓨터	VGA(Video Graphics Array)	640×480	
	SVGA(Super VGA)	800×600	
	XGA(Extended VGA)	1,024×768	
	UXGA(Ultra Extended VGA)	1,280×1,024	
	SXGA(Super XGA)	1,600×1,200	
	Engineering Workstation	1,280×1,024	

최근에 급속히 보급되고 있는 HDTVhigh definition TV는 디지털 신호처리 기술을 활용한 최고급 영상장치로 미세한 부분까지 표시가 가능하며, 화면의 **종횡비**縱橫比, aspect ratio가 16:9인 대형 화면의 경우, 총 화소수가 200만개 이상에 달한다. 따라서 앞으로 디지털 신호처리 시스템을 이용한 HDTV 디스플레이는 향후 3차원 영상 디스플레이 표시장치로 각광 받을 것으로 기대되고 있다.

한편 디스플레이 화면의 명암비contrast는 화면의 질을 나타내는 것으로 영상을 표시하는 화소의 최대 밝음과 어두움의 비율로 그 크기를 나타내며, 이 값은 영상의 선명도와 관련이 있어 디스플레이의 화질을 결정하는 중요한 척도가 되고 있다.

디스플레이의 색상color chromaticity은 표시 화면의 색깔이 인간의 눈에 익숙한 자연색에 얼마나 가까운지를 나타내는 것이다. 디스플레이 장치가 색을 표시하기 위하여 강도가 서로 다른 삼색광을 인간의 눈에 대한 공간 분해능이 미치지 못하는 좁은 영역에 동시에 나타내어서 빛이 섞여 보이도록 하거나, 한 공간에서 인간에 대한 눈의 시간 분해능보다 더 빠르게 삼색광을 순차적으로 나타내 빛이 보이도록 하여야 한다. 가장 이상적인 색의 표현을 위해서는 동일 시간에 동일 위치에서 삼색광이 동시에 중첩되어 인간의 눈에 감지되어야 한다.

2.1.2 정보디스플레이의 개발

인간이 영상정보를 표현하고자 개발한 장치는 음극선관CRT으로 1897년 독일의 과학자 Braun에 의하여 발명된 이래 1990년대까지도 일반 가정용 TV와 컴퓨터의 모니터에 표시장치로 사용하였다. 이 음극선관은 디스플레이 장치로서 많은 장점을 갖고 있으나, 부피가 크고 무거운 유리관, 전자총, 고전압 열전자 가속장치 등을 갖고 있어서 가벼우면서 대형화하기가 어려운 점 등으로 그 수요가 점점 떨어지고 있다.

한편, 1980년대 제품화에 성공하여 본격적으로 시장에 출시한 평판디스플레이 장치는 음극선관의 결정적 결점을 해결하여 매우 얇고 가벼우며, 시력장애 등에 유리한 영상정보 표시장치로서 각광 받게 되었다.

평판디스플레이의 대표적 제품인 액정디스플레이LCD, liquid crystal display는 1888년 오스트리아의 Reinitzer가 어떤 물질에 대한 액정의 효과를 발견한 이후, 1973년 미국의 RCA사가 전자시계에 디스플레이 소자를 응용하는 데 성공하였다. 그 후 일본에서 LCD기술을 보다 발전시켜 시계와 장난감, 전자계산기 등에 사용하게 되었다. 그러나 당시의 LCD는 TNtwisted nematic형 액정으로 동작 속도가 느리고 주위온도 변화에 민감한 특성을 갖고 있어 제품으로서 제약이 있었다.

1980년대 들어서 점차 구동 속도가 빠른 STNsuper twisted nematic형 액정이 개발되었다. 또한 제조 공정이 비교적 간단하고 가격이 저렴한 비정질 실리콘amorphous silicon을 유리 기판 위에 형성하여 제작한 **박막트랜지스터**TFT, thin film transistor가 개발되면서 능동형 매트릭스 방식의 구동회로를 갖는 액정표시장치AMLCD, active matrix LCD가 출현하였다.

이러한 TFT-LCD가 주로 채택하고 있는 AMLCD는 최근에 들어와 급속하게 기술의 진전이 이루어져 동작 속도, 화질과 화면 크기에서 크게 개선되었다. 또한 투명전극이 입혀진 유리 기판의 양산 체제에 따라 가격이 저렴해지고, 반도체 박막공정의 발전과 부품 소재의 양산기술에 힘입어 액정디스플레이 소자의 가격도 떨어져 1990년대에는 평판디스플레이 시장 가운데 액정표시장치의 비중이 90% 이상 점유하게 되었다. 1998년 이후 TFT-LCD의 주요 시장이 모니터 시장으로 개편됨에 따라 제4세대 혹은 제5세대 유리 기판을 주로 사용하고 있으며, 2004년 이후는 그 주요 시장이 LCD-TV로 이동함에 따라 제6세대 혹은 제7세대 이상의 유리 기판이

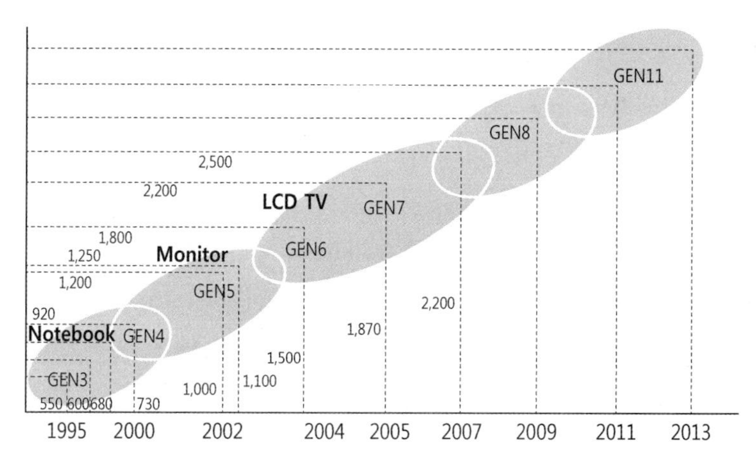

그림 2-5 TFT-LCD의 세대별 크기와 응용제품

주로 사용되고 있다. 그림 2-5에서는 TFT-LCD의 세대별 크기를 보여주고 있다.

이제 한국은 이 분야의 연구개발과 생산에 꾸준한 투자가 이어져 세계 최고의 디스플레이 생산국이 되었다. 수출의 주 종목으로 부상하여 최근 57 inch 급 이상의 초대형 TV용 TFT-LCD 기술을 개발하는 등 세계적 기술을 선도하고 있다. 표 2-2에서는 최근 주요 디스플레이의 생산국의 시장점유율을 보여주고 있고, 표 2-3에서는 한국의 LCD 기술 발전 과정을 나타낸 것이다.

표 2-2 **주요국의 시장점유율 추이(%)**

구분	한국	일본	대만	기타
LCD	40.5	27.9	31.1	0.5
PDP	60.3	38.4	1.3	0
OLED	43.2	21.6	31.1	4.1

표 2-3 **한국의 LCD 기술 발전 과정**

연도	화면 크기 기술
1995	10.4″ SVGA, 22″ VGA
1996	21.3″ UXGA TFT-LCD, 14.1″ Notebook TFT-LCD
1997	30″ TFT-LCD
2001	18.1″ 5mask TFT-LCD, 40″ TFT-LCD
2002	42″ TFT-LCD, 52″ TFT-LCD, 46″ TFT-LCD, 54″ TFT-LCD
2003	55″ TFT-LCD
2004	57″ TFT-LCD

차세대 벽걸이 TV로 각광 받고 있는 플라즈마 디스플레이PDP, plasma display panel의 경우, 1990년대 이전에는 주로 단색광의 소형 전광판 위주로 개발되었으나, 최근에 플라즈마의 발생 기술과 발광체 기술의 발전으로 내부 방전의 에너지 변환효율이 크게 향상되었다. 또한 플라즈마 디스플레이 소자의 전극구조의 최적화와 방전 기술의 개발에 힘입어 특성이 크게 개선되었다. 구동회로의 집적화와 방열특성의 향상으로 소모 전력이 감소되었으며, 제품의 고화질과 대형화의 기술이 계속 진행되고 있다. 그림 2-6에서는 그동안 디스플레이의 주된 역할을 해온 비평판형인 CRT에서 여러 종류의 평판형 디스플레이로 전환되고 있음을 보여주고 있다. 표 2-4에서는 한국의 디스플레이의 화면 크기 기술 현황을 나타낸 것이다.

표 2-4 디스플레이의 화면 크기 기술현황

연도	화면 크기 기술
1995	21″ SVGA
1996	40″ VGA
1997	40″ VGA
1998	26″ VGA, 50″ (1360×768), Wide, HD 42″, 50″ VGA, Wide, 50″ XGA, Wide, HD
1999	60″ (1360×768), Wide, HD
2000	37″ (853×480) VGA, 63″ (1366×768) Wide, HD 65″ (1366×768), Wide, HD
2003	76″ (1920×1080), Wide, HD
2004	80″ (1920×1080), Wide, HD
2005	102″ (1920×1080), Wide, HD

2.1.3 디스플레이의 종류와 특성

디스플레이의 종류

정보디스플레이를 분류하는 방법은 다음 몇 가지로 나누어 생각할 수 있다. 첫째, 화면의 크기로 분류하는 것이다. 화상이 표현되는 화면의 크기로 구분할 수 있는데, 화면의 대각선의 길이가 10 inch 이하의 디스플레이는 소형, 10 inch에서 40 inch 미만은 중형, 40 inch 이상은 대형 디스플레이로 분류할 수 있다.

둘째, 디스플레이를 직시형과 투사형으로 구분하는데, **직시**直視**형** 디스플레이는 회로 시스템에서 만들어진 화상을 인간이 직접 볼 수 있도록 하는 장치로 CRT, PDP, LCD 등이 이에 속한다. **투사**透寫**형**은 회로 시스템에서 만들어진 화상이 광학장치를 거쳐 확대한 화면을 인간이 볼 수 있도록 한 것으로 프로젝션projection이 대표적이다.

셋째, 발광發光과 비발광非發光 디스플레이로 나눌 수 있다. 장치 내에 화상을 구현하는 데 필요한 광원을 갖고 있는 경우 발광 디스플레이라 하며 CRT나 PDP가 이에 해당한다. 비발광 디스플레이는 스스로 빛을 낼 수 없어 후면광backlight 등의 광원이 필요한 디스플레이를 말하며, LCD나 프로젝션이 이에 해당한다. 최근에는 화면 크기가 대형화되면서 화면의 평면화 여부에 따라 분류하기도 하는데, 예를 들어 FPDflat panel display와 같은 평판형과 비평판형으로 나눌 수 있다. 그림 2-6은 앞에서 나타낸 주요 디스플레이의 종류를 다시 나타내고 있는데, 디스플레이의 특징에 따라 CRT, FPD, 프로젝션으로 구분되고 있다. CRT의 경우, 최근 평면 CRT도 개

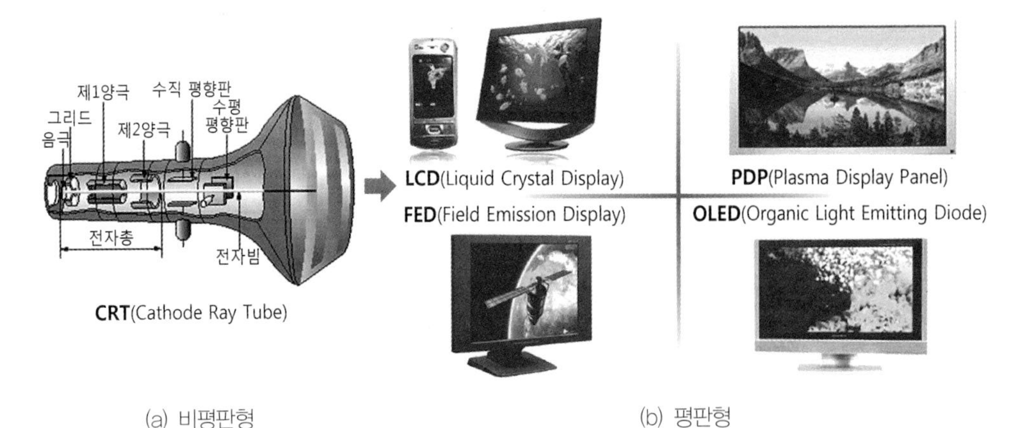

그림 2-6 정보디스플레이의 종류

발되어 있어 부분적으로 평판형 디스플레이로 분류할 수 있으나, 그 범용성을 고려하여 따로 분류하였다.

▎디스플레이의 특성

앞에서 기술한 여러 정보디스플레이를 비교하여 보았다. 지금까지 사용되어온 CRT의 경우, 화질, 명암비, 휘도 및 신뢰성 측면에서 우수한 특성을 보이고 있으나, 박막화 및 소비전력 면에서는 열세에 있다. TFT-LCD의 경우, 화질, 명암비, 소비전력 면에서 기술적 개선이 요구되며, PDP는 명암비, 소비전력 면에서 개선이 필요하여 많은 기술적 진전을 이루고 있다.

현재 평판디스플레이의 주종을 이루는 액정표시장치인 LCD는 비발광형으로 화면 자체를 투사형projection type과 반사형reflective type으로 구분하며, 영상표현을 하기 위하여 반드시 후면광 장치BLU, back light unit를 필요로 한다. 그림 2-7에서는 LCD의 (a) 반사형과 (b) 투과반사형을 각

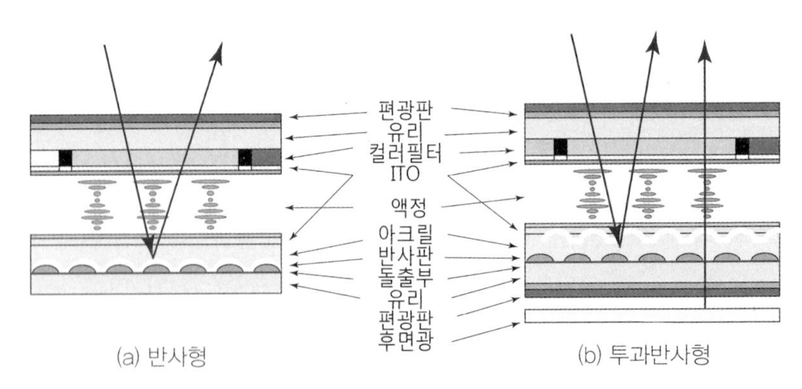

그림 2-7 LCD의 구조

각 보여주고 있다. LCD는 후면광 장치가 필요한데, 여기서 나오는 빛이 햇볕보다는 밝지 못하다. 그래서 LCD 뒷면에 반사투과판을 붙여서 어두울 때에는 후면광을 사용하고 밝을 때는 외부의 빛이 들어왔다가 반사되는 빛으로 동작한다. 여기서 반사투과형transflective은 투과trans와 반사flective가 합성된 의미의 기술로 시인성을 향상시키는 데 사용된다. 햇볕으로 인하여 화면이 잘 보이지 않는 경우, 고휘도와 투과반사처리를 통하여 개선하고 있다. 시인성視認性, visibility은 색을 인지할 수 있는 성질이란 뜻으로, 색을 잘 구분해 낼 수 있는 능력을 말하며, 명도 차이가 클수록 높다. LCD는 초기에 응답 속도가 수백 ms 정도의 매우 느린 TNtwisted nematic형 액정이 디스플레이에 실용화되기 시작하였으며, 곧이어 응답 속도가 빠른 STNsuper TN형의 액정디스플레이 기술을 거쳐 응답 속도가 매우 빠른 영상표시 화면의 휘도 조절이 보다 용이한 박막트랜지스터 액정디스플레이TFT-LCD가 출현하여 노트북 등의 컴퓨터 모니터와 LCD-TV에 적용하고 있다.

LCD는 외부에서 일정한 전압을 인가하여 액정을 일종의 광조절기로 이용하여 액정의 정렬 상태를 조정하여 후면광back light에서 방출하는 광의 투과율을 조절할 수 있다. 영상 표시를 위한 디스플레이의 개별 화소pixel의 휘도를 변화시킬 수 있으므로 LCD의 휘도는 후면광의 발광 세기와 **확산판**diffuser 및 **도광판**light wave guide 등의 광 부품 특성과 밀접한 관련이 있다. 또한 화질은 컬러필터와 광 마스크에 의하여 영향을 받으며 화면의 명암비는 액정의 제어 특성에 영향을 받는다.

LCD의 구동 방식은 능동소자의 유무에 따라 **수동행렬**passive matrix과 **능동행렬**active matrix LCD로 나눌 수 있다. 이를 그림 2-8에서 보여주고 있는데, 그림 (a)와 같이 수동행렬의 경우, 세로 방향의 전극과 가로 방향의 전극에 인가된 펄스에 의해 셀의 on, off상태가 결정된다. 그림 (b)와 같이 하나의 셀에 하나의 능동 소자가 배치되는 능동행렬에 비하여 응답시간이 길어지는 단점을 갖고 있다. 반도체 제조 공정이 비교적 간단하고, 가격이 저렴한 비정질 실리콘amorphous silicon 재료를 유리 기판 위에 실현한 TFT가 사용되면서 새로운 능동행렬형 구동회로를 이용한

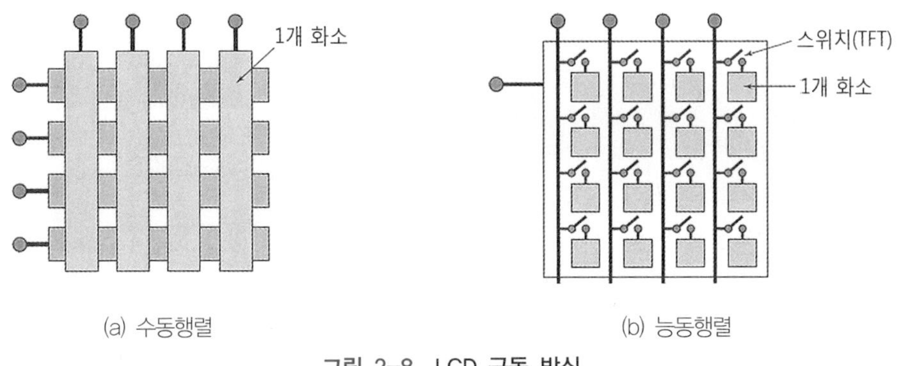

그림 2-8 LCD 구동 방식

액정표시장치인 AMLCD가 등장하였다. 이는 하나의 TFT와 하나의 화소가 쌍을 구성하고 여기에 전압을 조절하여 화소의 투과도를 변화시켜서 밝기를 조절하는 것이다.

한편, PDP는 차세대 벽걸이 TV용으로 각광 받는 디스플레이로 화면의 휘도가 500 cd/m^2 이상으로 개선되어 화질, 명암비 및 소비전력이 거의 CRT수준으로 향상되고 있다. 하지만 플라즈마 발생장치의 에너지 변환효율이 2 lm/W로 비교적 낮고, 100 V의 비교적 높은 구동전압으로 소비전력이 큰 결점이었는데, 기술 개발을 통하여 성능이 향상되고 있다. 여기서 lm lumen 은 광선속 luminous flux 의 크기를 나타내는 단위인데, 1 cd의 균일한 광원에서 단위입체각 부분으로 방출되는 광선속을 1 lm으로 한다.

PDP의 기본적인 동작은 수십 마이크로미터 크기의 형광등의 원리와 같다. 형광등은 형광물질이 도포된 길쭉한 진공 유리관 속에 수은과 아르곤 기체를 넣은 것이다. 유리관 양끝의 금속 전극에 전압을 걸면 음극에서 양극으로 이동하는 전자가 수은 및 아르곤 기체와 부딪히면서 인간의 눈에 보이지 않는 자외선이 발생하게 되는데, 이 자외선이 유리관 내벽에 도포한 형광물질에 부딪쳐 우리 눈에 잘 보이는 가시광선으로 나오게 되는 것이다. 마찬가지 원리로 수십 마이크로미터의 미세한 방전 셀 discharge cell 을 격벽 隔壁, barrier rib 으로 구성하고 내부에 플라즈마를 발생시킬 수 있는 방전용인 아르곤 Ar 과 크세논 Xe: xenon 의 혼합 가스를 충전한 후, 양 전극 사이에 100 V 이상의 전압을 인가하면 방전가스가 이온화한다. 이온화된 양이온이 다시 전자와의 재결합 작용을 통하여 자외선 UV, ultraviolet ray 을 만들어 내고, 이 자외선이 유리 내벽에 도포한 형광체 phosphor 를 자극하여 인간의 눈에 보이는 가시광선을 만들어 내는 것이다. 여기서 디스플레이 화소의 발광색은 발광체의 종류에 따라 차이가 나는데, 자연색을 만들기 위하여 적색 R, 녹색 G, 청색 B 의 발광체를 사용하여야 한다. 그림 2-9에서는 3전극 면방전 컬러용 PDP의 패널

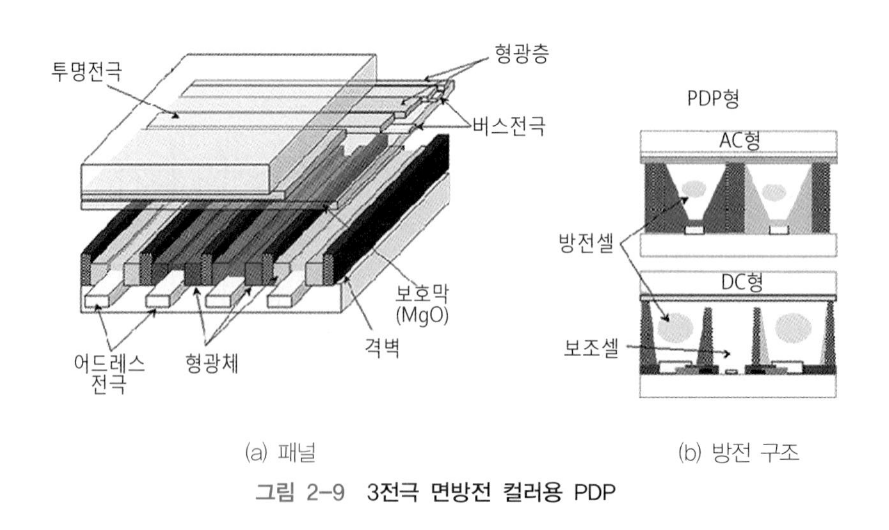

(a) 패널 (b) 방전 구조

그림 2-9 3전극 면방전 컬러용 PDP

구조와 형태를 보여주고 있다.

서로 마주보며 대칭을 이루는 표시용 전극과 주사 전극을 유리 기판 위에 형성하고, 이 전극들은 투명전극과 투명전극의 전기저항에 의한 전압의 감소를 방지하기 위해 버스전극bus electrode으로 이루어진다. 이 표시전극은 유전체 층으로 피복하고, 다시 더욱 얇은 산화마그네슘MgO의 보호층으로 피복한다. 다른 한쪽의 기판에는 어드레스 전극을 형성한다. 그 위에 어드레스 전극에 인접하도록 격벽을 형성한다. 이 격벽은 어드레스 방전 시 인접하는 셀에 영향을 미치지 않거나 빛의 누화漏畫, crosstalk를 방지하는 작용을 한다. 적색, 청색, 녹색의 형광체는 인접하는 격벽isolation rib마다 어드레스 전극을 구분하여 피복한다.

유기발광 다이오드OLED, organic light emitting diode는 자체 발광형 디스플레이로 발광의 원리는 보통의 발광 다이오드LED와 같다. 외부에서 전압을 인가하면 유기 반도체organic semiconductor 내부에서 발생하는 전자와 정공의 재결합에 의하여 발광하게 되는 것이다. 유기발광 다이오드는 사용하는 재료에 따라서 저분자low molecular형과 고분자polymer형으로 나누어지며, 자체 발광 특성이 있으므로 LCD에서 필요한 후면광이 필요 없다. 또한 가볍고 얇은 특징과 함께 넓은 광 시야각, 유연성이 좋은 장점 등이 있어 현재 정보디스플레이 장치로 각광 받고 있다.

그림 2-10에서는 유기발광 다이오드의 구조와 동작을 보여주고 있다. 투명 전극과 금속 전극 사이에 설치된 전자 주입층electron injection layer과 정공 주입층hole injection layer, 수백 나노미터의 얇은 전하 포획층, 이 전하 포획층 사이에 전자와 정공의 재결합을 유도하여 발광을 일으키는 발광층emission layer으로 구성된다. 외부에서 양극 사이에 일정 전압을 인가하면 전자와 정공이 발생하여 주입되고 발광층에서 재결합하면서 감소하는 에너지의 크기에 따라 적색, 녹색, 청색의 가시광선을 만들어 내는 것이다.

전계방출 디스플레이FED는 전계방출field emission현상을 이용한 것으로 이 현상은 1897년 Wood

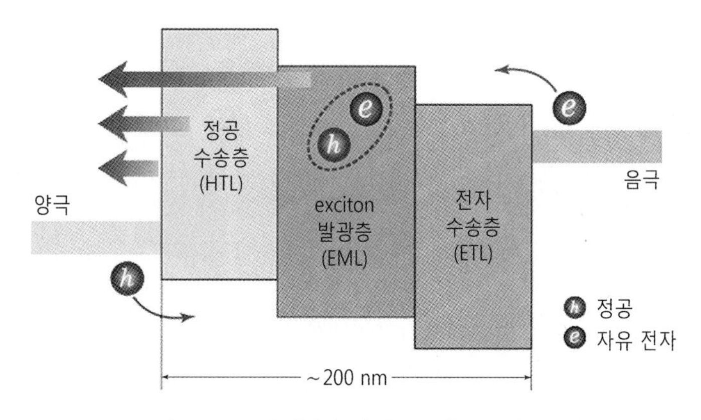

그림 2-10 유기발광 다이오드의 구조와 동작

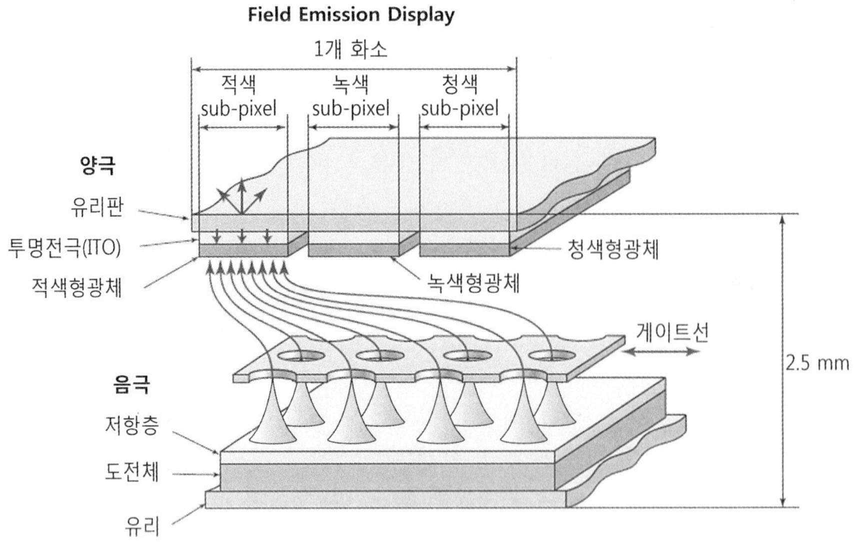

그림 2-11 전계발광소자의 기본 구조

가 진공 용기 내에서 두 개의 백금 전극 사이에서 발생하는 호방전弧放電, arc discharge을 연구하는 과정에서 처음 제안하였다. 1960년대 미국 SRIstanford research institute의 Shoulders가 전계방출체 어레이FEA, field emitter array를 이용한 마이크로 진공소자를 소개하였고, 1968년 SRI의 Spindt가 금속 팁tip을 이용한 전계방출체배열FEA, field emitter array 소자의 제조를 실현하였다. 호방전弧放電, arcdischarge은 전류가 양극 사이의 기체 속을 큰 밀도로 흐를 때 강한 열과 밝은 빛을 내는 현상을 말한다.

그림 2-11에서는 전계발광소자의 기본 구조를 보여주고 있다. 각각의 FEA는 초소형 전자발사체로 작용하며, 게이트와 팁tip 사이에 수십 V의 전압을 인가하면 전계방출 현상에 의해 금속 표면의 전위장벽이 얇아져 금속 내의 전자들이 터널 현상으로 방출하게 된다. 여기서 방출된 전자들은 수백 V~수 kV의 양극 전압이 작용하여 형광체가 있는 양극 쪽으로 가속되어 형광체에 충돌하게 되면, 이때의 에너지에 의해 형광체 내의 전자들이 여기勵起, excitation되었다가 이완되면서 특정의 빛을 발산하는 것이다. 여기란 원자나 분자 안에 있는 전자가 에너지가 낮은 상태에 있다가 외부 자극에 의하여 일정한 에너지를 흡수하고 보다 높은 에너지로 이동한 상태를 말한다.

FED의 특징은 음극선관이 갖는 평판디스플레이의 모든 장점을 갖추고 있다. 즉, 음극선관과 마찬가지로 음극선 발광현상을 이용하므로 자연색을 얻을 수 있는 동시에 휘도가 높고, 시야각이 넓으며, 동작 속도가 빠르고 환경 적응이 우수하다. 또한 평판디스플레이로서 얇고 가벼우며, 자기력과 X선의 발생이 없는 장점도 갖고 있다.

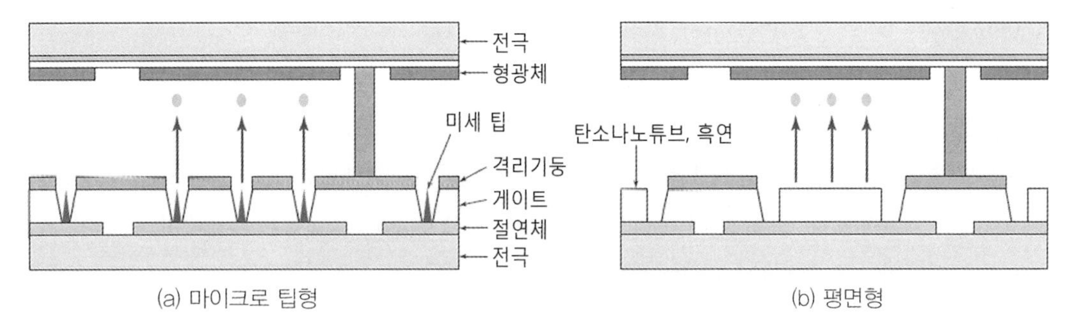

그림 2-12 전계방출소자의 방출체 단면 구조

2000년대 접어들어 금속 팁tip의 FEA의 기술 및 생산성 문제로 제품화가 지연되고 있으나, 금속 팁 대신 CNTcarbon nanotube, SEDsurface conduction electron emitter display, MIMmetal insulator metal 형태의 방출체 기술의 개발이 진행 중이다.

그림 2-12에서는 FED의 방출체 단면 구조를 보여주고 있는데, 그림 (a)는 제1세대의 방출체 형태인 미세 팁micro tip을 이용한 FED의 단면 구조이며, 그림 (b)는 평면planar형태의 방출체를 갖는 제2세대 FED의 단면 구조이다.

2.2 정보디스플레이의 변천사

2.2.1 LCD

표 2-5에서는 각종 정보디스플레이에 대한 변천사를 요약하였다. 정보디스플레이의 변천사는 1897년 독일의 브라운Braun이 처음으로 음극선관을 개발하여 사용한 것으로 시작된다. 그런

표 2-5 액정디스플레이(LCD)의 개발

연도	개발 내용
1888년	Reinitzer가 액정 발견
1968년	Heilmeier 등이 DS형과 GH형 LCD 방식 개발
1971년	Schadt가 TN형 LCD 방식 개발
1980년	a-Si TFT LCD 개발(LCD 상용화에 큰 역할)
1984년	Scheffer 등이 STN형 LCD 개발
1984년 이후	소형 TV, 노트북 및 PC 등에 적용
2000년 이후	디스플레이 시장 점유율 1위 차지

데 1888년 오스트리아의 Reinitzer가 유기 물질을 녹이는 과정에서 액정液晶, liquid crystal을 발견하였다. 그 후 LCD를 제품화하여 상용화하는 데 결정적인 역할을 한 것은 1971년 Schadt 등이 개발한 TNtwisted nematic형 LCD, 1980년 a-Si LCD와 1984년 STNsuper twisted nematic 방식의 LCD가 개발된 것이다. 또한 TFTthin film transistor로 구성한 능동행렬active matrix형 LCD가 개발되어 저전압, 저소비전력, 고화질의 특성을 갖는 LCD가 실용화되면서 디스플레이 산업이 크게 발전하게 되었다. 표 2-5에서 LCD 개발사를 정리하였다.

2.2.2 ELD

2000년까지 디스플레이 산업에서 주류를 이루고 있었던 CRT는 디스플레이의 평면화, 경량화, 박형화, 저소비전력화 등의 요구에 따라 평판디스플레이에 대한 관심이 집중하면서 LCD로 빠르게 대체되었다. 또 한편으로는 차세대 디스플레이로서 소형 중심의 전계(유기)발광 디스플레이OELD가 경쟁력을 갖추면서 LCD와 경쟁하게 되었다. 이 전계발광 디스플레이는 초기에는 형광체에 전계를 인가하거나 전류를 공급하면 자체적으로 발광이 되는 원리를 갖는데, 전계발광 디스플레이는 1936년 Destriau가 무기소재에서 전계발광현상을 발견한 이래, 1950년 이 현상을 이용한 분산형 AC구동 패널이 개발되었고, 1968년 Bell연구소에서 박막형 AC구동 전계발광 패널의 개발이 성공하면서 제품화가 이루어지기 시작하였다. 1987년에 이르러 저전압 구동, 고휘도의 유기발광 소자를 고안하고, 1997년 차량용 문자 방송 수신기를 위한 유기발광 디스플레이가 최초로 실용화되었다. 표 2-6에서 ELD 개발사를 보여주고 있다.

표 2-6 전계발광 디스플레이(ELD)의 개발

연도	개발 내용
1936년	Destriau가 전계발광현상 발견
1950년	Sylvania사가 분산형 AC구동 패널 개발
1968년	Bell 연구소에서 박막형 AC구동 EL 패널 개발
1970년대	면광원 분말 형광체 분산형 EL 연구
1978년	샤프사가 2중 절연박막형 AC구동 EL 패널 상품화
1980년	Lohja사가 고휘도의 ALE 박막형 AC구동 EL 패널 개발
1987년	Kodak사가 고휘도 유기박막 EL 패널 개발
1988년	Planar System사가 풀컬러 ELD 시판

※ 풀컬러(full color): 인간의 눈으로 볼 수 있는 자연색에 가까운 색감으로 1화소당 RGB 각각의 색을 256 단계로 1677만 가지의 색을 의미

2.2.3 PDP

최초의 PDP는 1956년 냉음극 방전 표시관이 개발되면서부터이며, 패널형 표시장치로는 1966년 개발된 유전체 층에 피복하여 절연 소재에 교류로 동작하도록 한 메모리형 AC구동형 PDP에 이어 1969년 자기주사형 DC구동형 PDP가 개발되었다. 1975년 AC와 DC 구동의 패널이 보급되었고, 1985년 펄스 메모리형 DC구동 컬러 PDP TV가 상용화된 후, 1993년 21 inch 화면의 컬러 PDP가 시판되었다. 표 2-7에서 개발사를 보여주고 있다.

표 2-7 플라즈마 디스플레이 패널(PDP)의 개발

연도	개발 내용
1956년	냉음극 방전 표시관 개발
1966년	일리노이대학에서 메모리형 AC구동 PDP 개발
1969년	Burroughs사가 자기주사형 DC구동 PDP 개발
1975년	AC와 DC구동 패널 보급
1985년	펄스 메모리형 DC구동 컬러 PDP TV 시판
1993년	21인치 대화면 풀컬러 PDP 상용화

2.2.4 FED

1897년 CRT가 개발된 이래 가장 오랫동안 사용되어 오고 있는데, 최근 평판디스플레이 기술의 발전이 진전됨에 따라 LCD, PDP, ELD 등이 제품화되어 사용되고 있는 시점이다. 그럼에도 불구하고 CRT의 우수한 성능에 길들여진 사용자들은 원리상 CRT와 유사한 FEDfield emission display를 주목하게 되었다.

FED는 1970년대에 그 개념이 시도되었으나, 1985년 이후로 집중적인 연구가 진행되었다. FED도 냉음극 전자원cold cathode electron source인 전계방출체field emitter를 행렬 형태로 배열하여 선택된 전자총인 미세 팁micro tip에서 발사되는 전자선이 형광체를 충돌시켜 발광하는 원리로 표시하는 장치이다.

2.2.5 CRT

CRT는 1897년 Karl F. Braun이 개발하여 일찍 실용화되었고, 1940년경 흑백 TV방송이 시작된 이후로 1970년대까지 CRT 컬러 TV의 상용화에 이르는 성숙기와 1980년대에 직선식inline 전자총을 도입하여 그 절정기를 맞이하게 되었다. 대형화와 고화질화를 통하여 성능 향상을 꾀하였으나, 사용자로 하여금 FPD의 필요성으로 그 사용 빈도가 점차 줄어들고 있는 실정

표 2-8 음극선관(CRT)의 개발

연도	개발 내용
1897년	Braun이 CRT 개발
1940년대	흑백 TV 방송 개시
1970년대	CRT 컬러 TV의 상용화로 성숙기
1980년대	에너지 절약 및 경제성 추구로 직선식 전자총 도입
1980년대	Shadow mask 개발 및 평면화
1990년대	대형화, 슬림화 및 고화질화 추세

이다. 표 2-8에서 CRT 개발사를 보여주고 있다.

2.2.6 3D 디스플레이

사람의 눈은 일상적으로 생활하는 공간인 3차원의 현실세계에 익숙해 있다. 20세기를 거치면서 사진이나 TV와 같은 영상매체를 통한 2차원적인 시각 표현은 다소 아쉬운 느낌을 주었

표 2-9 3D 디스플레이의 개발사

연도	개발 내용
1838년	영국의 C. Wheastone이 거울을 이용한 stereoscope 개발
1839년	프랑스의 Daguerre가 은염사진 발명으로 입체사진 유행
1849년	스코틀랜드의 D. Brewster가 프리즘식 stereoscope 발명
1853년	영국의 T. Rowley가 Daguerre방식 stereoscope 고안
1888년	영국의 Frees와 Green이 입체영화 제작
1891년	미국의 Anderton이 편광방식 고안
1903년	미국의 F.E. Ives가 parallax stereogram 고안
1908년	프랑스의 M.G. Lipmann이 integral photography 제안
1918년	미국의 C.W. Kanolt가 시차 panoramagram 제안
1940년	러시아의 Iwanov가 lenticular 입체영화 개발
1948년	영국의 D. Gabor가 holography 발명
1961년	T. Muirhead가 스피커를 이용한 varifocal mirror 발표
	일본의 NHK가 parallax barrier형 디스플레이 실험
1962년	영국의 Leith와 Upatnieks가 2광속법 hologram 개발
1968년	미국의 Rosson가 입체영화의 재생 실험
1983년	독일의 Hartwing이 나선면 회전방식 개발
1984년	미국의 Johnson가 2차원 LED의 고속회전방식 제안
1989년	NHK방송기술연구소에서 편광식 입체하이비전 제안
1992년	MIT의 Benton이 전자홀로그래피로 3차원 영상시스템 개발
1997년	일본의 TAO에서 동화상 hologram 디스플레이 실험
2001년	LG전자가 HMD 방식 3차원 디스플레이 개발
2006년	삼성전자가 3차원 입체 디스플레이 개발

다. 이에 생동감 있고, 현실 세계에 접하고 싶은 마음이 3차원 입체 영상을 연구하게 된 동기가 되었다. 3차원 입체 원리나 3차원 디스플레이의 기본적인 연구는 19세기 중엽부터 시작되었는데, 입체감을 일으키는 요인에 대하여는 수정체의 초점 조절, 상의 크기, 운동시차 등의 **단안시각**單眼視覺 요인과 양안시차 등의 **양안시각**兩眼視覺 요인으로 나눌 수 있고, 이들에 대한 효과 및 구조에 대한 후속 연구가 진행되어 많은 발전을 거듭하고 있다. 더구나 최근 무안경 3D TV 방식의 원리로 **시차 장벽**parallax barrier과 **볼록렌즈 방식**lenticular lens의 기술을 이용한 연구개발이 진행되고 있다. 표 2-9에 3D 디스플레이 개발사를 보여주고 있고, 표 2-10은 국내 디스플레이 개발사를 나타낸 것이다.

표 2-10 국내 디스플레이의 개발사

연도	개발 내용
1984년	삼성 SDI a-Si TFT LCD 개발
1992년	LG-Philips 12.3인치 TFT LCD 개발
1995년	삼성전자 22인치 TFT LCD 개발
1997년	삼성전자 30인치 UXGA TFT LCD 개발
	LG-Philips 노트북 PC용 14.1인치 XGA 제품화
1998년	LG전자 60인치 XGA AC PDP 개발
2000년	삼성 SDI 63인치 XGA AC PDP 개발
2001년	삼성전자 40인치 TFT LCD 개발
2002년	삼성 SDI 15.1인치 능동형 매트릭스 풀컬러 OLED 개발
	LG-Philips 42인치 및 52인치 TFT LCD 개발
	LTPS 20.1인치 QUXGA prototype 개발
	삼성전자 46인치 및 54인치 TFT LCD prototype 개발
2003년	삼성 SDI 70인치 HDTV용 PDP 개발
	2.2인치 dual holder type AM OLED 개발
	LG전자 71인치 및 76인치 HDTV용 PDP 개발
	LG-Philips 55인치 TFT LCD 개발
	삼성전자 57인치 TFT LCD 개발
2004년	삼성 SDI 26만 컬러 PM OLED 개발
	세계 최대 102인치 full HD급 PDP 개발
2005년	삼성전자 투과형 5인치 플라스틱 TFT LCD 개발
2006년	LG-Philips 100인치 TFT LCD 개발
	삼성 SDI 3D AMOLED 개발
2009년	LG, 코닥 3인치 AMOLED 모바일 TV 개발
2011년	삼성, 5인치 AMOLED 모바일 기기 개발
2015년	삼성, LG, 대화면 AMOLED TV 개발

2.3 정보디스플레이의 평가요소

2.3.1 휘도

디스플레이에서 **휘도**輝度, luminance는 백색에서 흑색까지 밝음을 느끼는 정도를 말한다. 일정한 면적을 갖는 광원 혹은 빛의 반사체 표면의 밝기를 나타내는 양으로 정의할 수 있다. 여기서 광원은 광선속光線束, luminous flux과 광 효율의 단위인 lm/W 등의 요소로 평가하며, 광속의 크기를 나타내는 양으로 **루멘**lumen을 사용하고 lm으로 표기한다. 일반적으로 광원은 여러 방향으로 각기 다른 강도의 광속으로 방사하는데, **광도**luminous intensity는 특정 방향으로부터 얼마만큼의 빛이 방사되는지의 척도이다. 1 cd의 균일한 광도의 광원으로부터 단위 입체각의 부분으로 방출되는 광선속을 1 lm으로 정의한다. 빛의 밝기는 광선속과 복사속輻射束, radiant flux으로 나타내는데, **광선속**은 인간의 눈으로 관찰되는 빛의 세기를 의미하며, **복사속**은 인간의 눈이 어떻게 느끼는지와 관계없이 광원으로부터 전파되는 전자기파가 갖는 에너지의 양을 의미하고 단위는 watt를 사용한다. 1 cd의 균일한 광도의 광원으로부터 빛이 방출되는 경우, 단위입체각 광선속은 1 cd sr, 즉 1 lm은 1 cd sr이다. 여기서 sr steradian은 호도법弧度法에 의한 각도의 단위인 라디안radian과 같이 3차원 공간에서 각도를 나타낼 때 사용하는 입체각의 단위를 말한다. 그림 2-13에서는 라디안과 스테라디안 개념을 도식적으로 나타내고 있다. 그림 (b)에서 입체각의 크기를 구하기 위해 입체각의 꼭짓점에서 반지름 r인 구의 일부를 그려서 입체각이 바라보는 방향에 해당하는 구의 표면적을 A라 할 때 $A = 4\pi r^2$이 되므로 입체각은 $4\pi r^2/r^2 = 4\pi sr$이 된다.

디스플레이는 사람의 눈으로 느끼는 화면의 밝기가 중요하므로 휘도는 단위면적을 고려하여 빛의 세기인 nits(cd/m^2)를 사용한다.

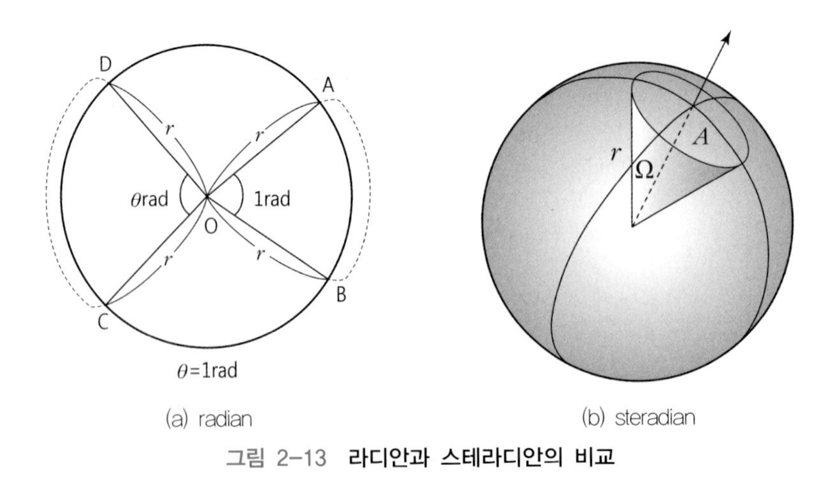

(a) radian (b) steradian

그림 2-13 **라디안과 스테라디안의 비교**

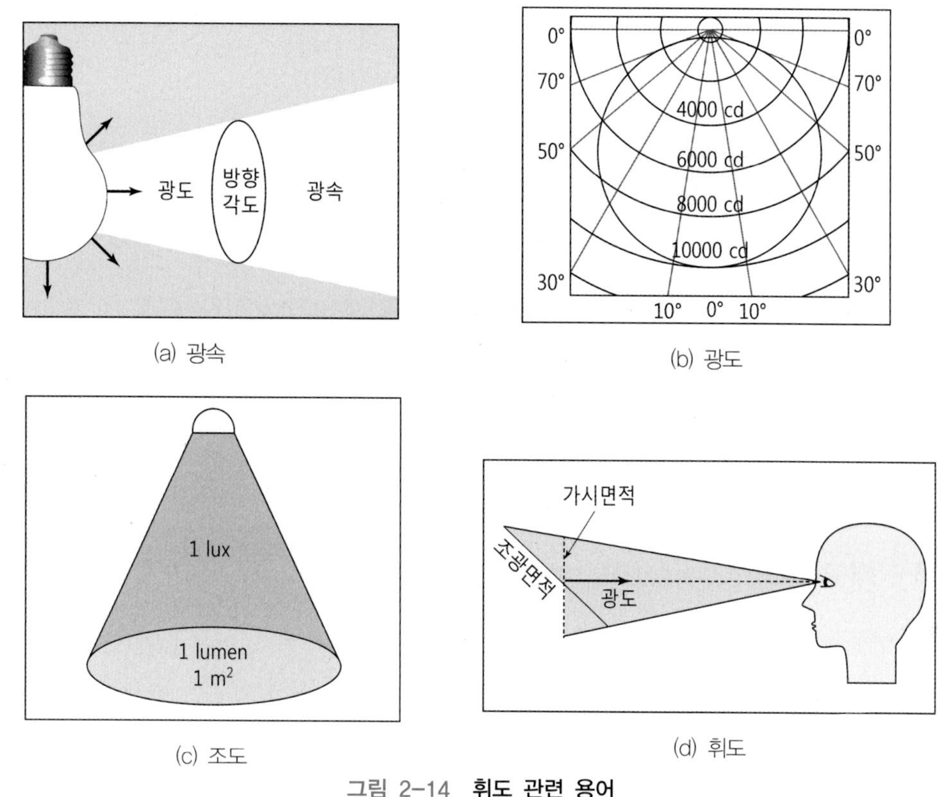

(a) 광속 (b) 광도 (c) 조도 (d) 휘도

그림 2-14 **휘도 관련 용어**

한편, **조도**照度, illumination는 단위 면적당 받는 빛의 양을 나타내는데, 임의의 면적에 투사投射, projection되는 광속을 화면의 면적으로 나눈 값을 말하며, 단위는 lxlux이다. 1 lx는 1 m^2의 면적 위에 1 lm의 광속이 균일하게 조사照査될 때를 의미한다. 그림 2-14에서는 (a) 광속, (b) 광도, (c) 조도, (d) 휘도에 대한 개념을 각각 도식적으로 나타낸 것이다.

2.3.2 투과율

LCD는 다른 디스플레이와는 다르게 비발광형 디스플레이로서 후면광 시스템이 필요하고, 여기서 광을 조절하는 방식으로 동작하기 때문에 투과율이 중요하다. 후면광으로부터 방출된 광은 여러 막을 투과해야 하는데, 편광판, 컬러필터, 액정, 박막트랜지스터TFT 등을 통과하면서 대부분의 광이 감소하여 휘도의 저하를 초래하게 된다. 그림 2-15에서는 광이 여러 단계를 거치면서 광 투과율의 감소비율을 보여주고 있다. 후면광에서 나온 빛이 후면에 있는 편광판에서 43% 정도 감소하고, TFT, 액정, 컬러필터를 통과하면서 20% 정도로 감소하여 휘도가 떨어지고 있어 휘도 향상을 위한 기술이 필요하다.

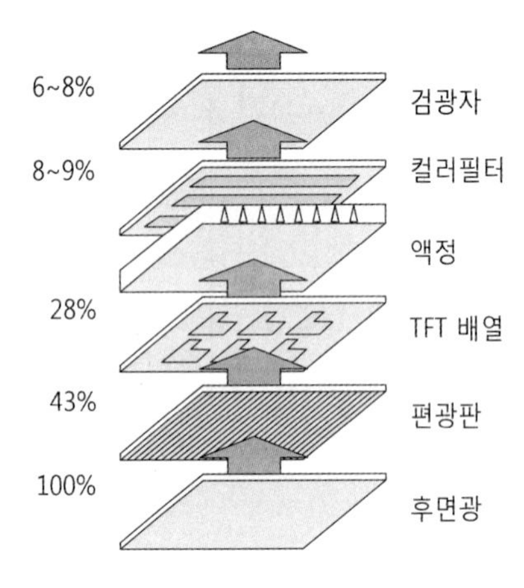

그림 2-15 LCD의 광 투과율의 변화

2.3.3 개구율

LCD에서 화면의 밝기를 높이거나 후면광의 소비전력을 낮추기 위하여 LCD의 여러 층에서의 투과율을 높여야 한다. 편광판과 컬러필터 층에서 상당한 광의 감소가 발생하는데, 명암도contrast와 색의 재현율을 높이기 위해서도 광 감소율을 줄여야 한다. 이 투과율은 **개구율**開口率, aperture ratio에 비례하며 개구율은 단위 화소畵素, pixel에서 광이 통과되어 나올 수 있는 면적의 비로 정의한다.

2.3.4 색 재현율

디스플레이에서 **색 재현율**이란 색을 연속적으로 표현할 수 있는 재현 능력을 수치로 표현한 것인데, 국제조명학회CIE, Commossion International de i'Eclairage의 xy 색 좌표를 이용하여 그 면적의 비로 나타낸 것이다. 미국, 캐나다, 멕시코, 일본, 한국 등에서는 주로 미국TV방식위원회NTSC, National Television System Committee의 규격에 따른다. 일반적으로 CIE 색좌표에 적색R, 녹색G, 청색B의 꼭짓점을 표시하고, 그 점을 이은 삼각형의 면적을 계산하여 NTSC규격 대비 퍼센트 수치로 나타낸다. 여기서 NTSCnational television system committee는 미국TV방식위원회로 미국, 캐나다, 일본 등의 컬러 TV의 방송규격 등을 결정하는 기관이다.

2.3.5 응답속도

디스플레이에서 **응답속도**는 화면의 휘도가 가장 어두운 상태black의 10%에서 가장 밝은 상태

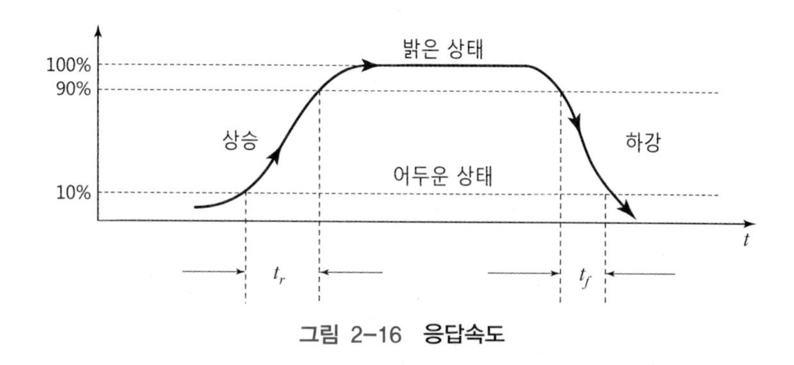

그림 2-16 응답속도

white의 90%까지 변화할 때의 소요되는 시간, 즉 **상승시간**rising time t_r과 반대로 휘도가 가장 밝은 상태의 90%에서 10%로 떨어질 때의 소요되는 시간, 즉 **하강시간**falling time t_f을 정의하여 이들 시간을 측정하고 이를 더한 값으로 나타낸다. 그림 2-16에서는 응답속도를 나타내고 있다.

2.3.6 시야각

LCD의 경우, 보는 각도에 따라 밝기 또는 명암비가 크게 변화하는 특성이 있어 명암비가 어느 값 이상의 각도로 유지되어야 하는데, 이것을 **시야각**視野角, viewing angle이라 한다. 수평 시야각 160°는 정면을 0°로 하여 좌우 각각 80° 범위에서는 정상적인 밝기로 화면을 볼 수 있다는 의미이다.

2.3.7 해상도

해상도解像度, resolution는 화면을 구성하는 각 면이 얼마나 많은 수의 화소pixel로 이루어졌는지를 나타낸다. 여기서 화소란 화면을 구성하는 작은 원소를 말한다. 일반적으로 화소는 R·G·B의 부분 화소sub-pixel가 모여서 하나의 화소를 구성하는데, 화소가 하나로 구성되어 있는 것처럼 보이지만, 실제로는 R·G·B의 세 가지 색상의 부분 화소들이 모여서 화소를 만들게 된다. 그림 2-17에서는 대표적인 화소 설계 방식을 보여주고 있다. 그림 (a)는 줄무늬stripe, 그림 (b)는 모자이크mosaic, 그림 (c)는 삼각주delta 형을 각각 나타내고 있다. 휴대폰, 노트북, 모니터, TV 등에 사용되는 화소 구조인데, 하나의 화소에 부분화소가 1/3의 균일한 면적비를 갖도록 설계한다.

디스플레이의 해상도는 가로와 세로에 배열되어 있는 화소의 개수로 정의된다. 예를 들어 1,600×1,200의 해상도는 가로의 화소가 1,600개, 세로의 화소가 1,200개로 구성되며, 각각의 가로의 화소는 R·G·B의 부분 화소로 구성되는 것이다.

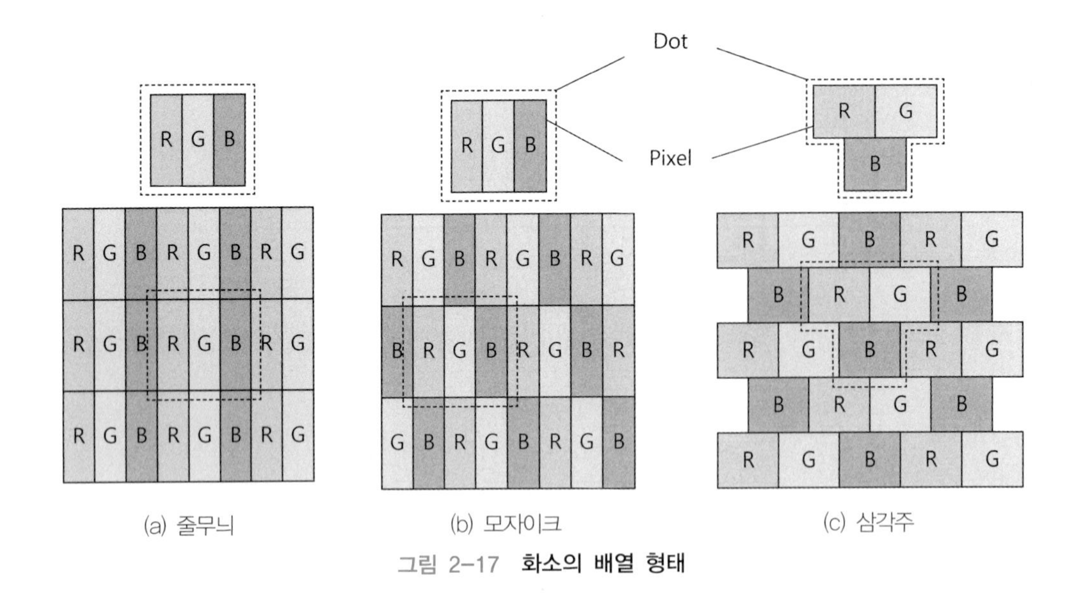

그림 2-17 **화소의 배열 형태**

2.3.8 명암도

명암도明暗度, contrast는 동시에 표현할 수 있는 가장 밝은 색과 어두운 색을 얼마나 잘 표현할 수 있는지를 나타내는 척도이다. 즉 주변의 조명 환경이 밝은 곳에서 디스플레이가 선명하게 느껴지지만 주변이 어두운 곳에서는 선명하지 못한 경우도 있다. 따라서 명암도란 어두운 색의 밝기에 대한 밝은 색의 밝기의 비율로 표현한다.

2.3.9 명멸, 간섭, 잔상현상

명멸현상明滅現象, flicker은 화면 전송속도가 느릴 때 화면상에 나타나는 깜빡거림을 나타내는

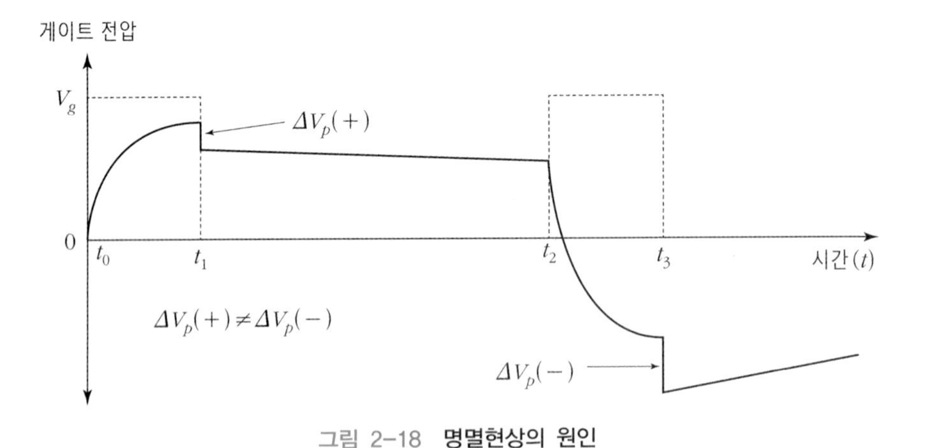

그림 2-18 **명멸현상의 원인**

것으로 플리커flicker라고도 한다. 그림 2-18에서는 명멸현상을 설명하고 있는데, 시간에 대한 게이트 펄스 전압의 변화를 보여주고 있다. 점선은 $t_0 \sim t_3$ 주기의 게이트 펄스 전압 V_g이고, V_p는 TFT 기생용량, 충전용량 등에 의한 전압의 변화를 나타낸다. 기생용량은 줄이고 충전용량은 크게 하면 변화된 전압 ΔV_p가 최소화되어 명멸현상을 줄일 수 있다. 그림 2-18에서 나타낸 바와 같이 펄스 구동의 (+)와 (−) 주기에서 ΔV_p의 크기가 달라서 액정에 인가되는 전압의 차이 때문에 투과되는 광량의 차이가 발생하여 시각적으로 깜빡거리는 현상이 발생하게 된다. ΔV_p는 신호data전압의 크기에도 영향을 받으며 계조gray scale에 따라 전압의 크기가 달라지므로 계조의 양에 따라서도 값이 다르다. 따라서 이것이 최소화되도록 설계가 이루어져야 하는데, 이때 변수로는 TFT의 기생용량parasitic capacitance을 최소화하고, 충전용량을 크게 하는 것이 필요하다.

간섭현상干涉現象, cross-talk은 특정 패턴에서 임의 부분의 이미지가 다른 영역에 영향을 주어 휘도의 변화 또는 이미지의 왜곡을 끼치는 요소로 디스플레이의 성능 저하의 요인이 된다.

잔상현상殘像現像, image sticking은 일정 시간 동안 패턴을 표시한 후, 다른 패턴으로 변경하였을 때, 이전의 패턴이 남아 있는 현상을 말한다. TFT-LCD에서 자주 발생하는 품질 불량 중의 하나로서 이러한 잔상의 원인으로는 액정의 열화, 오염된 액정 표면의 이온의 흡착, 비정상적인 구동에 따른 잔류 전하의 존재 등이다.

2.4 광과 색의 특성

2.4.1 광의 특성

우리는 일상생활에서 태양의 빛을 통하여 다양한 색을 구분하고 있다. 만약 밀폐된 공간에서 여러 가지 물건을 놓고, 이 공간의 문을 닫는다면 이들 물건의 형상이나 색을 구분할 수 없어 만져보려고 할 것이다. 따라서 물건이 갖는 색은 반드시 빛이 있어야 알 수 있다. 빨간 사과에 빛을 비추면 그 표면에 빨강 빛은 반사되고 나머지 빛은 흡수되어 우리 눈에는 사과가 빨강색으로 보이는 것이다. 즉, 색을 구별하는 것은 빛과 물건의 상호작용으로 우리 눈으로 하여금 감지하도록 하여 얻게 되는 정보인 것이다.

광의 특성에 대한 논쟁은 20세기 들어와 Max Plank에 의하여 입자설과 파동설의 이중적 성질을 갖는 것으로 정리되었고, 이들 에너지가 실제로 **광양자**光量子, photon라는 알갱이로 되어 있다는 것을 발견하였다. 이 알갱이를 에너지 양자라 정의하고, 플랑크의 에너지 양자 개념을 더욱 일반화한 것은 1905년 A. Einstein이 진동수가 f인 빛이 전달될 때, 일반적으로 hf의 에너지를 갖는 알갱이가 나아간다고 하였다.

이제 **색온도**色溫度, color temperature에 대하여 살펴보자. 1800년 W. herschel은 광의 스펙트럼spectrum이 눈으로 보이는 것 외에 다른 의미를 포함하고 있다고 하였다. **스펙트럼**이란 광을 파장에 따라 분해하여 배열한 것을 말하는데, 빛을 프리즘에 통과시키면 가시광선 영역의 스펙트럼인 무지개색의 띠를 얻을 수 있는 것과 같이 파장에 따른 굴절률의 차이를 이용하여 빛의 파장 또는 진동수에 따라 분해한 것을 말한다. 그는 프리즘 실험을 통하여 얻은 스펙트럼으로부터 적외선의 존재를 확인하는 과정에서 온도계를 이용하여 스펙트럼에 각각의 색들이 갖는 온도가 다르다는 것을 관찰하였다. 이러한 실험을 더욱 구체화한 것은 영국의 물리학자인 W. T. Kelvin인데, 그는 물체의 색과 온도를 연관시켜 빛의 체계를 수치화하였다. 탄소는 절대온도 0K(−273°C)에서 전혀 빛을 발생시키지 않고, 온도가 올라감에 따라 빛을 발산한다. 이때 온도에 따라 빛의 색이 다르다는 것을 발견하였다. 즉, 온도와 색의 관계를 수치로 표현한 것이 색온도이다. 탄소를 가열하면 초기에는 붉은색을 띠다가 점점 온도가 올라감에 따라 초록색, 청색, 백색을 띠게 된다.

가시광선可視光線, visible light에 대하여 살펴보자. 가시광선이란 우리 눈으로 지각할 수 있는 파장의 범위를 가진 빛인데, 물리적인 빛은 눈에 색채로 지각되는 범위의 파장의 한계 내에 있는 스펙트럼이며, 대략 380∼780 nm 범위의 파장을 가진 전자파이다. 780 nm 이상의 파장은 적

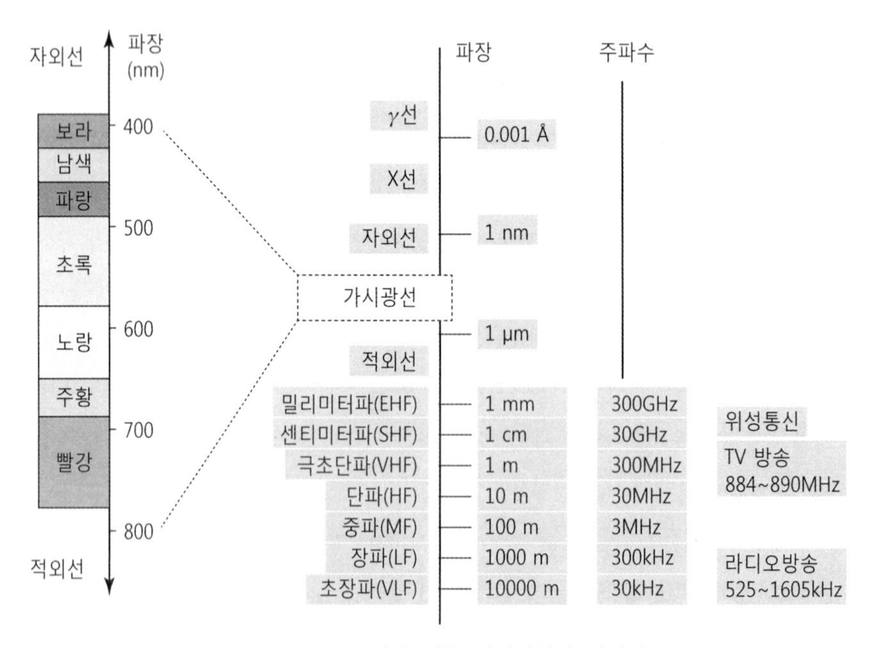

그림 2-19 파장에 따른 가시광선과 전자파

외선赤外線, 380 nm 이하의 파장은 자외선이다. 그림 2-19에서는 파장에 따른 가시광선과 전자파의 관계를 나타내었다.

2.4.2 색의 특성

색의 속성

가시광선은 빛이 차단된 어두운 공간에 지름이 약 1 cm 정도의 작은 구멍을 내고, 그 앞에 프리즘을 놓고 그 구멍을 통하여 들어온 빛의 줄기가 반대편 벽을 향하여 굴절되어 빛 색채의 잔영이 만들어진다는 사실을 규명하였다. 빛이 프리즘을 통과하면 긴 파장에서 짧은 파장에 이르기까지 빨강, 주황, 노랑, 초록, 파랑, 남, 보라색의 순으로 구분된다. 빛을 물체에 비추면 가시광선의 파장이 분해되어 반사, 흡수 혹은 투과의 과정이 발생하게 되는데, 결국 색에서 반사된 빛이 우리의 눈에 감지되어 색을 구별하게 되는 것이다.

우리의 눈은 물체의 빛을 감지하는 망막으로 유도되며, 물체의 영상이 시신경을 통하여 뇌세포로 전달되는데, 이와 같이 빛을 통하여 물체의 색을 구별하는 지각 능력을 **시각**視覺이라 한다. 시각은 다시 빛에 대한 감각과 색에 대한 감각으로 구분되고, 눈은 빛의 자극을 받아 시신경계의 흥분을 뇌에 전달하는 시각기관으로 광학기계와 같은 물리적인 작용을 한다.

빛의 삼원색

우리생활에서 색의 3원색, 빛의 3원색 등의 용어를 사용하게 되는데, 이때 **원색**原色, primary color이란 표현을 쓴다. 이것은 원색을 이용하여 다른 모든 색상을 만들 수 있다는 뜻이며, 반대로 다른 색상을 혼합해서 원색을 만들 수 없다는 의미이다. **색의 3원색**은 녹청색cyan, 분홍색magenta, 황색yellow을 말하며, 이들 3원색을 여러 가지 비율로 혼합하면 인간이 볼 수 있는 모든 색을 구현할 수 있다. 이 3가지 색을 모두 혼합하면 검정색이 된다. 한편, **빛의 3원색**은 적색red, 녹색green, 청색blue인데, 이들 3가지 색을 적절한 비율로 혼합하면 모든 빛을 구현할 수 있다. 이들 3가지 색을 모두 혼합하면 흰색white으로 보인다.

빛은 혼합할수록 명도明度, brightness가 높아지게 되는데, 이를 **가법혼색**加法混色, additive color mixture이란 말로 표현한다. 각기 다른 두 가지의 빛을 혼합하여 발생하는 세 가지 색은 색 혼합의 3색이 된다. 그림 2-20에서는 색의 원판을 이용한 색의 혼합원리를 보여주고 있는데, R·G·B의 세 가지 빛이 원판과 그 아래의 표면을 비추면 빛이 가법加法으로 합쳐져 백색의 빛을 만들게 된다. 이들 원색이 합쳐지는 영역에서는 밝은 파랑C, cyan, 즉 C=G+B가 생성되고, 밝은 자

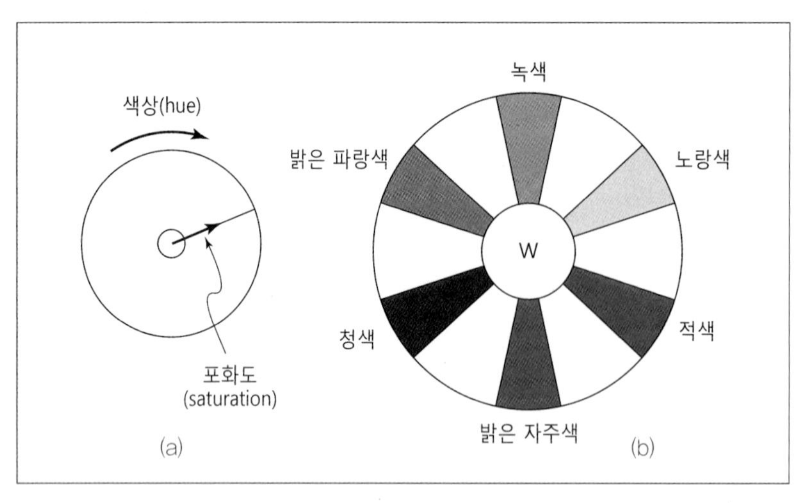

그림 2-20 **색의 혼합원리**

주색M, magenta은 M=R+B, 노랑색Y, yellow은 Y=R+G의 빛이 생성된다.

❙ 색의 3요소

색은 색의 종류를 나타내는 **색상**hue, 색의 진하기 정도를 나타내는 **포화도**saturation 또는 **채도**彩度, 색의 밝기를 나타내는 **명도**明度에 의해 색이 결정되는데, 이를 색의 3요소라 한다.

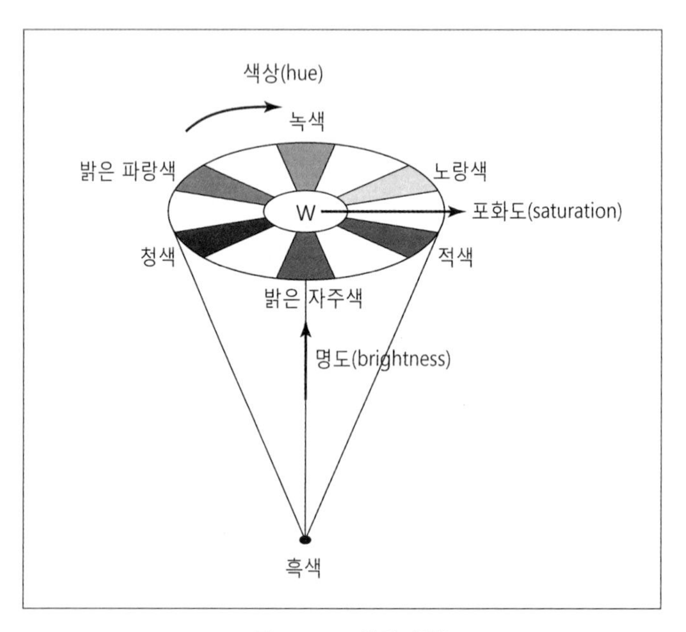

그림 2-21 **색의 원판**

지금까지 살펴본 색의 3요소를 기하학적 모델로 살펴보자. 그림 2-21에서는 색의 원판을 3차원의 공간으로 표현한 것으로 색상, 포화도 및 명도와의 관계를 이해하기 쉽게 그린 것이다. 그림의 중앙에서 명도의 축상에 놓여있는 색들은 포화도 또는 채도가 0인 색으로 볼 수 있다. 명도의 축에서 바깥으로 벗어날수록 포화도가 높아지면서 구체적인 색으로 표현되며 어느 정도로 벗어났는지에 따라 특정 색상이 정해지는 것이다. 우리가 눈으로 감지할 수 있는 모든 색은 이러한 색 공간color space의 하나의 영역이라고 할 수 있다.

2.4.3 색의 정합

사람의 눈은 서로 다른 빛에 의한 자극을 통하여 다양한 색을 감지하게 된다. 앞의 설명과 같이 원색은 다른 색을 만들기 위하여 기본적으로 혼합되는 색이라 할 수 있는데, 이것은 혼합에 사용하는 기본적인 원색은 나머지 기본 색들의 혼합에 의해서 만들 수 없다는 조건을 만족해야 하는 것이다. 따라서 세 가지의 색으로 다양한 색을 구현할 수 있다는 것이 바로 3원색의 핵심이며, 이를 삼색이론이라 한다.

색의 정합

어떤 특정의 색을 만들기 위해서는 원색의 혼합되는 양을 결정해야 하는데, 이것을 **색정합**色整合, color matching이라 한다. 디스플레이의 화면은 적색, 녹색, 청색으로 이루어지는 화소의 선이 규칙적으로 배열되어 있다. 여러 가지 파장의 빛이 합쳐지면 백색의 빛이 되는데, 컬러 디스플레이의 화면에서 이들 3원색의 빛이 혼합되면 백색이 된다는 것을 알 수 있다. 역시 빛의 세기를 조절하여 혼합하면 다양한 색을 만들 수 있게 된다. 적색에 녹색을 조금 섞으면 등색橙色, orange color을 얻을 수 있고, 동일한 비율로 혼합하면 노란색을 얻을 수 있다. 이와 같이 두 가지 이상의 색을 혼합하여 다양한 색을 만드는 것을 **가법색**加法色이라 한다. 한편, 빨강색과 녹청색, 청색과 노란색의 빛을 혼합하면 백색을 얻게 되는데, 이와 같이 두 색의 관계를 **보색**補色, complementary color이라 한다. 어떤 임의의 색을 만들기 위해서 세 가지의 원색, 즉 적색R, 녹색G, 청색B을 혼합하여 만든다고 하자. 이때 각 원색이 혼합되는 양을 x, y, z라고 하면 임의의 색 C는 다음과 같이 나타낼 수 있다.

$$C = xR + yG + zB \tag{2-1}$$

여기서 C라는 임의의 색을 만들기 위하여 혼합된 원색의 크기 x, y, z를 **삼 자극값**三刺戟値, tristimulus values이라 한다.

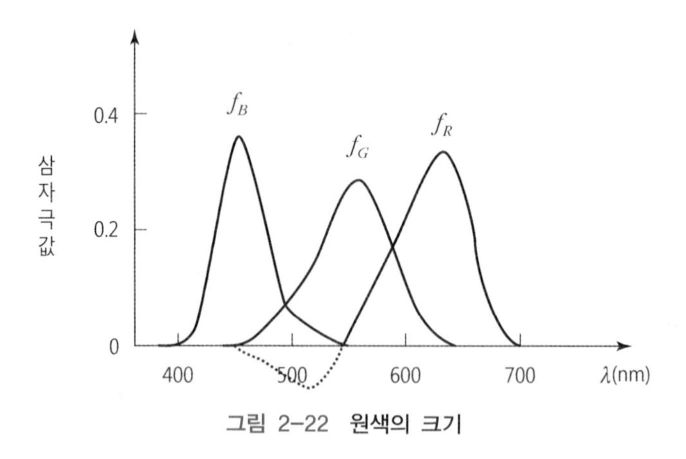

그림 2-22 원색의 크기

두 가지 색 C_1과 C_2를 혼합하여 새로운 색 $(C_1 + C_2)$를 정합하기 위해 혼합되는 원색의 양은

$$C_1 + C_2 = (x_1 + x_2)R + (y_1 + y_2)G + (z_1 + z_2)B \tag{2-2}$$

로 표현할 수 있다.

그림 2-22에서는 국제조명위원회CIE에서 권고하는 세 가지 원색의 파장에 대한 크기를 나타내고 있는데, f_R(650 nm), f_G(546 nm), f_B(436 nm)이다.

CIE 색도표

그림 2-23에서는 CIE 색도표chromaticity를 보여주고 있는데, 이것을 이용하여 인간이 인지할 수

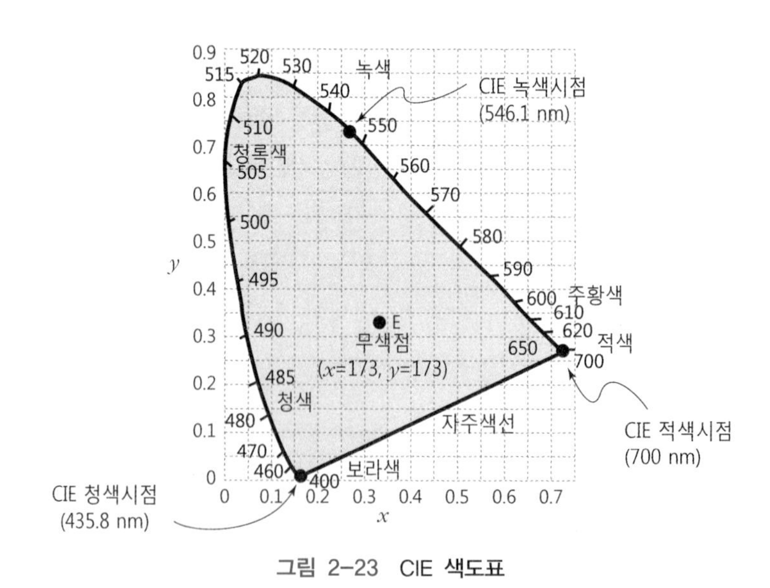

그림 2-23 CIE 색도표

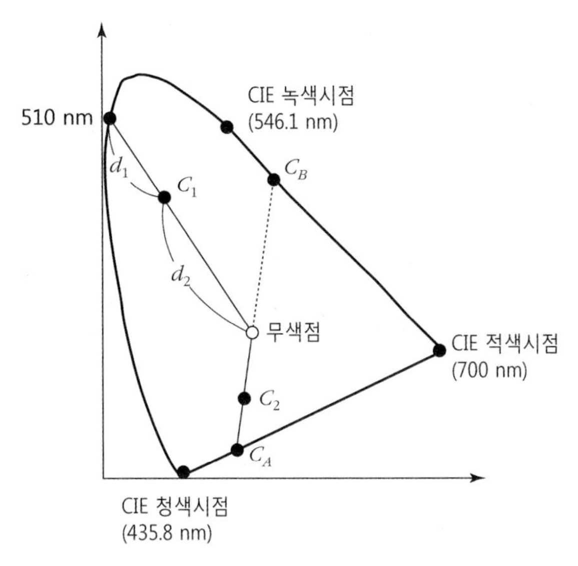

그림 2-24 지배파장과 포화도 결정

있는 모든 색이 말굽horseshoe 모양의 곡선의 경계와 내부의 임의의 점으로 나타낼 수 있다. 즉, 경계선을 따라 표시되는 것은 가시광선의 파장별로 나타나는 색이고, 포화도가 가장 높은 색을 의미한다. 포화도가 낮은 색일수록 말굽 모양의 내부에 있는 점으로 나타내며 포화도 0인 색은 중앙의 흰색이다.

색도표를 활용하면 여러 가지 유용한 점이 있는데, 우선 주어진 원색들을 혼합하여 표현할 수 있는 색들의 집합인 컬러표현영역gamut의 표시와 색의 비교가 용이하다. 둘째, 보색을 결정하기가 용이하다. 셋째, 지배파장dominant wavelength과 포화도 결정이 쉽다. 그림 2-24에서는 임의의 색 C_1에 대하여 지배파장을 결정하기 위한 방법을 보여주고 있는데, 흰색 점과 C_1점을 연결하여 말굽 곡선과 만나는 점을 이어 얻어지는 것이 지배파장으로 그림에서는 510 nm이다. C_1의 포화도를 얻기 위해서는 C_1점에서 흰색 점까지의 거리와 510 nm 지점까지의 거리에 대한 비율로 구할 수 있다.

$$C_1\text{의 포화도} = \frac{d_2}{(d_1 + d_2)} \times 100 \qquad (2\text{-}3)$$

연구문제 CHAPTER 2

1. 평판디스플레이FPD를 발광 형태에 따라 분류하여 기술하시오.

2. 다음의 FPD의 특징을 기술하시오.

(1) LCD

(2) ELD

(3) PDP

(4) FED

3. 정보디스플레이의 정의를 기술하시오.

(1) 사전적 의미

(2) 기능적 의미

4. 디스플레이의 화질을 평가하는 요소의 의미를 기술하시오.

(1) 휘도

(2) 해상도

(3) 명암비

(4) 색상

5. LCD의 구동 방식을 기술하시오.

(1) 수동행렬 방식

(2) 능동행렬 방식

6. 기존의 CRT에서 평판디스플레이의 기술이 요구되는 이유를 기술하시오.

7. OLED의 구조와 특징을 기술하시오.

8. FED의 구조와 특징을 기술하시오.

9. 디스플레이의 역사를 간략히 기술하시오.

(1) LCD

(2) ELD

(3) PDP

(4) FED

(5) CRT

10. 디스플레이의 기능을 이해하는 데 필요한 다음의 기술 용어를 설명하시오.

(1) 루멘

(2) 광선속

(3) 복사속

(4) 간섭현상

(5) 화소

(6) 잔상

(7) 명멸현상

(8) 색온도

(9) 색의 3요소

(10) 빛의 3요소

(11) 가법혼색

(12) CIE 색도표

11. 다음은 디스플레이에서 광과 관련한 용어를 나열한 것이다. 빈칸을 기술하여 채우시오.

용어	단위	사전적 의미	도식적 의미 (간단한 그림)	도식 설명
광속 (luminous flux)				
광도 (luminous intensity)				
조도 (illuminance)				
휘도 (luminance)				

12. 다음은 디스플레이의 성능을 나타내는 용어이다. 빈칸을 채우시오.

용어	사전적 의미	도식적 의미 (간단한 그림)	도식 설명
투과율			
개구율			
색 재현율			
응답 속도			
시야각			

CHAPTER

3

전계효과 트랜지스터 (Field Effect Transistor)

3.1 트랜지스터

3.1.1 전계효과

그림 3-1에서 커패시터를 나타내었다. 두 금속판 사이에 절연체가 삽입되어 있는 구조이다. 아래 그림에서 절연체의 일종인 공기가 들어있다. 위쪽의 금속판에는 (+)전압, 아래의 금속판에는 (−)전압을 걸어주면 정전유도현상이 생겨 (+)극과 (−)극 사이에 전계가 생긴다. 이 전계는 힘과 방향을 가지고 있으므로 전계가 작용하는 범위에 전기를 만드는 전자나 정공이 있다면 이들은 전계의 힘을 받아 전계가 가리키는 방향으로 이동하게 되는 성질이 있다. 이것이 정전유도현상이다. 즉, 전계의 힘에 의해서 전자나 정공이 어느 한곳으로 모이는 현상이 **전계효과**電界效果, electric field effect이다.

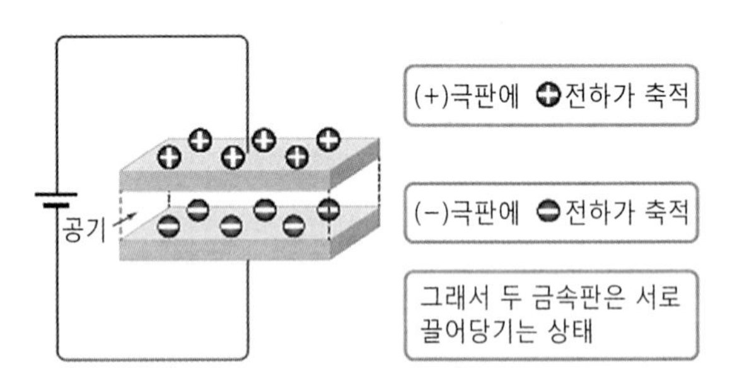

그림 3-1 **커패시터의 전계효과 작용**

3.1.2 MOS 구조

접합형 전계효과 트랜지스터와 절연 게이트형 전계효과 트랜지스터의 차이점은 게이트와 채널 사이에 얇은 절연막인 산화막酸化膜: SiO_2이 있다는 것이다. 게이트의 금속전극과 채널 사이의 저항률이 극히 작기 때문에 게이트전압에 의한 전계는 저항성분이 큰 산화막 층에 강하게 형성된다. 따라서 입력 임피던스가 대단히 커지므로 게이트 전류는 거의 흐르지 않게 된다.

절연 게이트형 전계효과 트랜지스터는 금속-절연체-반도체metal insulator semiconductor 구조를 갖는 FET가 그 대표적 소자이다.

MOS 소자는 금속 또는 다결정실리콘-산화물-반도체 세 개의 층이 적층구조를 이루어 형성하므로 MOSmetal oxide semiconductor 구조라 명명하고 있다. MOSFET의 동작은 MOS 구조에 인가된 전압에 따라 캐리어가 이동할 수 있는 통로가 생성하기도 하며 또는 소멸하기도 하여 전

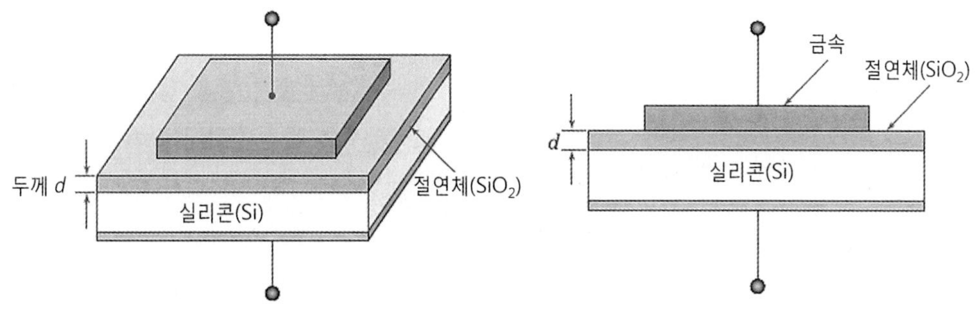

그림 3-2 MOS 구조

류가 흐르기도 하고 차단하기도 하는데, 이것이 전계효과field effect이다. 그리고 이 효과를 이용한 소자가 MOSFET이다. 따라서 MOSFET이라 함은 MOS 구조의 전계효과에 의해 소자가 동작하는 트랜지스터의 의미를 갖는다.

그림 3-2에서는 MOS 구조를 나타내었다. 그림의 MOS 구조는 위층의 금속막이 게이트gate라 하는 단자를 형성하며 게이트전압이 이 단자를 통하여 공급된다. 금속 층의 재료로 알루미늄Al을 사용해 오고 있으나, 다른 재료로 게이트를 형성하는 기술이 개발되고 있다. 금속 층 대신에 사용되는 물질로는 다결정 실리콘polysilicon이 있다. 이 물질은 실리콘과 같은 용융점을 가지므로 게이트 형성 후 열처리 과정에서 게이트의 용융점을 따로 고려할 필요가 없으며, n형 및 p형 불순물 주입이 모두 용이하다는 장점이 있다. 중간층인 산화막 층은 산화실리콘SiO_2을 사용하고 있으며, 이 층의 역할은 금속인 게이트와 기판인 실리콘을 분리하는 절연체로 작용한다. 바닥층인 실리콘 층은 단결정single crystal이며, 주입된 불순물의 종류에 따라 n형 또는 p형 실리콘으로 구분된다. 이 불순물 층을 기판substrate 또는 벌크bulk라 하며, 이 영역에도 단자가 있다.

3.1.3 전계효과 트랜지스터의 구조

전계효과를 이용하여 구조를 만들면 전계효과 트랜지스터FET, field effect transistor를 만들 수 있다. 그림 3-3에서 FET를 보여주고 있다.

그림 3-3의 중앙 부분을 보자. 위층의 금속판이 있고, 게이트gate 전극이 있다. 게이트는 문이라는 뜻이다. 그 밑에 절연체가 있고 그 밑에 p형 반도체가 적층 구조로 되어 있다. 이 부분이 바로 그림 3-1과 같은 커패시터의 구조가 되는 것이다. 여기에 중앙 부분의 왼쪽, 오른쪽에 n형 반도체를 똑같이 만들어 넣었다. 즉, 중앙 부분을 중심으로 왼쪽, 오른쪽이 대칭이 되는 것이다. 한쪽을 소스source, 즉 원천 또는 상수원上水源이라 하고, 오른쪽을 드레인drain, 즉 하수下水

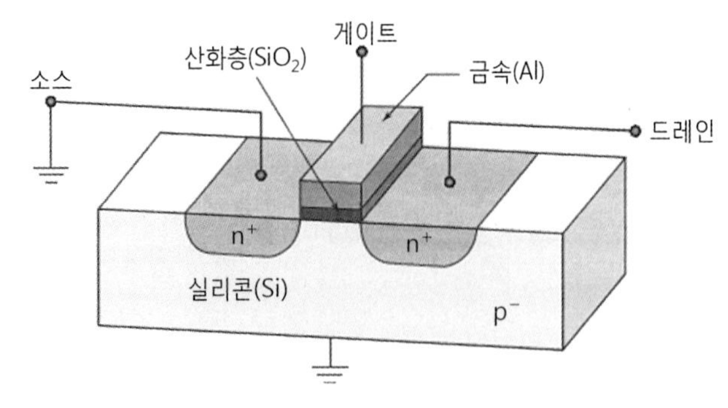

그림 3-3 MOSFET 구조

라는 뜻의 단자를 붙여 전계효과 트랜지스터가 된 것이다. 그러니까 우리 가정에서 사용하고 있는 상수도와 하수도, 상수와 하수를 제어하는 수도꼭지를 연상할 수 있는 구조이다.

이제 그림 3-4를 통하여 전계효과가 되는 과정을 살펴보자. 그림 (a)에서는 게이트에 (+)전압을 걸어주었다. 그러면 금속판에 (+)전하가 생길 것이다. 그러면 정전유도 현상에 의해 전계가 수직 방향으로 형성될 것이고, 이 전계의 힘이 p형 기판에 미치게 되어 p형 반도체에 있던 전자가 그 표면으로 모이게 된다. 그림 (a)와 같이 절연체 밑에 전자들이 모이게 되는데 이것

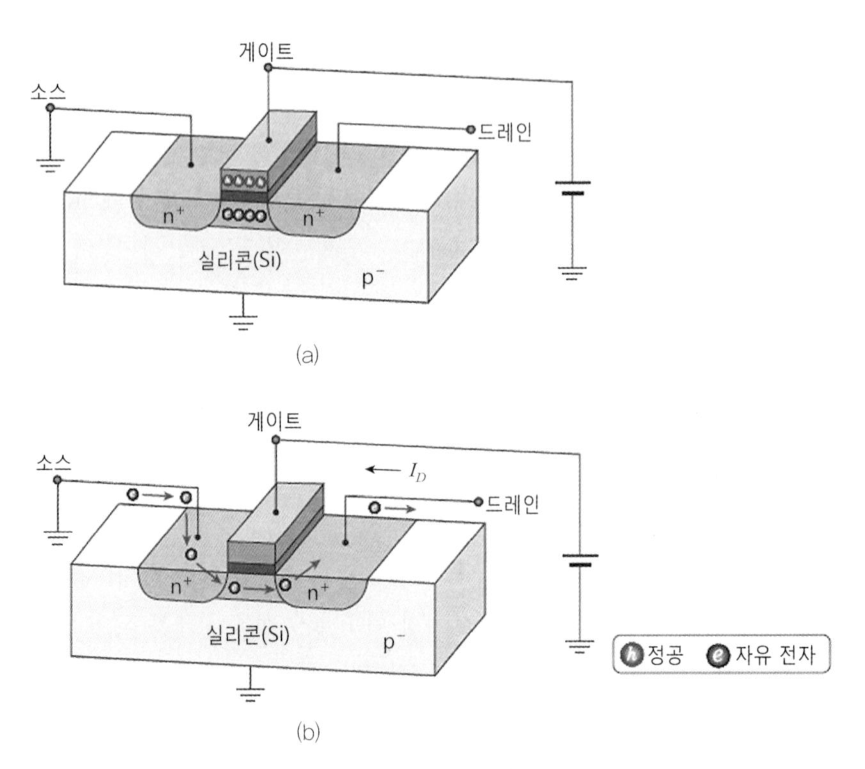

그림 3-4 FET의 (a) 채널 형성 (b) 드레인전류 형성

이 전계효과이다. 전계효과로 전자가 지나갈 수 있는 길이 만들어진 것이다. 이 길을 **채널**channel 이라고 한다. 라디오 방송에도 채널이라는 말을 쓰고 있다. 각 방송국에서는 특정의 주파수 대역, 즉 채널을 설정하여 놓고 이 채널을 통하여 특정의 주파수가 통과할 수 있도록 길을 만들어 준다. 마찬가지로 전자가 통과하여 이동할 수 있도록 길을 만든 것이다. 전자가 지나갈 수 있도록 한 것을 n-채널n-channel이라고 한다. 물론 정공이 지나갈 수 있게 한 것도 있는데 이것은 p-채널이라고 한다. 그림 3-4(b)에서 전자의 길인 n-채널이 만들어져 전자가 이동하고 있는 상태를 보여주고 있다.

3.1.4 nMOS 구조

MOSFET은 pMOS가 먼저 개발되어 사용되었고, 그 다음 nMOS, CMOS의 순으로 개발되었다. 먼저 nMOS의 동작에 관하여 살펴보자.

그림 3-5에서 nMOS의 단면을 보여주고 있는데, 기판은 p형 반도체이다. 그러므로 정공이 많이 있고, 전자가 적은 물질의 특성을 갖는다. 외부의 단자에 전압이 공급되지 않는 상태이다.

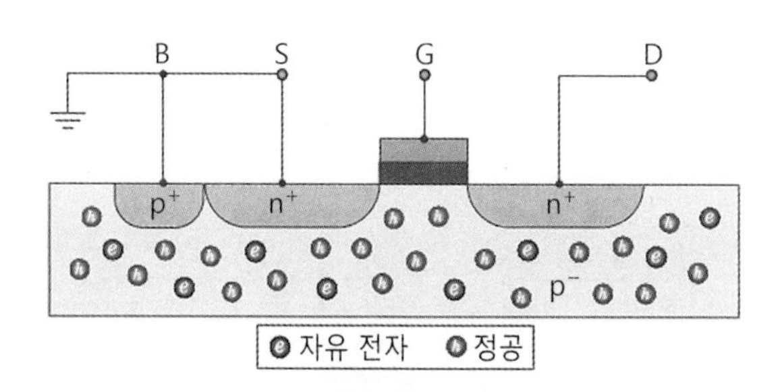

그림 3-5 nMOS 구조(전압을 공급하지 않은 경우)

전압은 전위차와 같으므로 전압을 표시할 때는 항상 기준 전압이 있어야 한다. 그림 3-6에서는 FET의 세 단자, 즉 소스, 게이트, 드레인이 표시되어 있고, 소스와 기판(이것을 영어로 bulk라고도 한다)이 접지와 연결되어 있다. 여기서 먼저 게이트전압이 음(−)의 전압이라고 하자. 게이트-소스 사이의 전압 V_{GS}가 0[V]이다. 게이트에 음(−) 전압이 공급되면, 게이트 밑에 있는 MOS 커패시터의 산화막에 강한 전계가 만들어지는데, 이 전계의 힘 방향이 위쪽으로 걸리니까 산화막 밑의 반도체 표면에 정공이 많이 모이는 정공의 축적 효과가 나타난다. 소스 영역과 기판 표면 사이에는 pn접합 다이오드가 있는 것으로 생각할 수 있다. n형에 비하여 p형의 전압이 높지 않으므로 전류가 흐를 수 없는 상태이다. 소스에서 드레인으로 전류가 흐르지 못하는 스위치-차단sw-off상태가 된다.

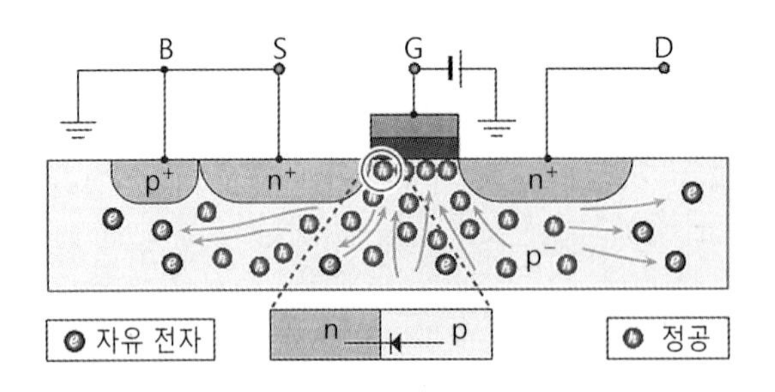

그림 3-6 nMOS의 전자와 정공의 이동(V_{GS}<0)

이제 게이트전압이 음(−)의 전압에서 양(+)의 전압으로 바뀌게 되면 산화막에 걸렸던 전계의 힘이 점차 반대로 걸리게 된다. 그러면 게이트 밑에 몰렸던 정공들이 기판의 밑부분으로 밀려나고 대신 음(−)전하인 자유전자들이 게이트 밑으로 몰려오기 시작한다. 이를 그림 3-7(a)에서 보여주고 있다. 게이트의 전압이 양(+)의 전압으로 더욱 커지게 되면 그림 (b)와 같이 기판의 표면이 n형의 성질을 띠게 된다. 게이트의 전압에 의해서 산화막에 전계가 생겨 반도체의 표면이 반대의 성질로 바뀌게 되는 것이다. 그러면 소스의 n^+영역의 소스와 역시 n^+영역의 드레인이 서로 연결되는 효과를 가져온 것이다. 즉, 두 영역으로 전자가 이동할 수 있는 길이 만들어진 것이다. 이 길을 채널이라고 하였다. 전자가 있으니, n-채널이라고 이름을 붙여 사용하고 있다. 전자가 소스에서 드레인으로 이동하였으니 전류는 드레인에서 소스로 흐른 것이다.

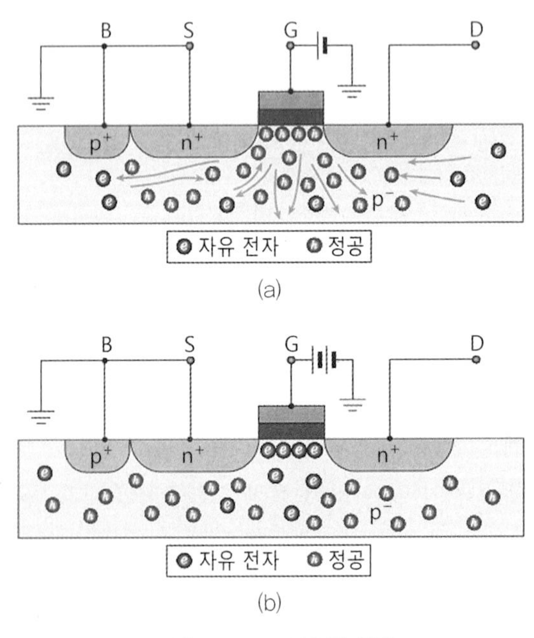

그림 3-7 nMOS의 동작

이 상태가 스위치-도통sw-on상태이다. 여기서 결론을 내보자. nMOS는 게이트전압이 0[V]이하이면 sw-off상태가 되고, 임계전압 이상이 되면 sw-on상태가 된다. 문턱전압은 대략 0.6 V이다. **임계전압**臨界電壓, threshold voltage이란 채널이 생성되는 순간의 게이트전압을 말한다. nMOS에서 게이트를 중심으로 왼쪽, 오른쪽에 있는 소스와 드레인 영역은 물성적 특성이 동일하다. 다만, 전압이 높은 쪽이 드레인이 되고 낮은 쪽이 소스 단자가 된다.

3.1.5 pMOS 구조

그림 3-8에서는 pMOS의 구조를 나타내었다. 기본적으로 nMOS와 다를 것이 없지만, n-well 영역이 존재하고, 그 속에 게이트를 중심으로 왼쪽과 오른쪽의 p^+영역인 점이 다르다. n-well은 MOS소자를 만들 때 기판의 물질과는 반대의 물질로 만들어야 하기 때문에 필요하다. 즉, nMOS에는 p형 반도체 기판, pMOS를 만들 때는 n형 반도체 기판이 필요한 것이다. p형 기판 위에 pMOS를 만들어야 하니 n형 기판이 필요하여 n-well영역을 만든 것이다. 이것은 CMOS를 전제한 것으로 CMOS는 하나의 기판 위에 두 개의 소자를 제작해야 한다.

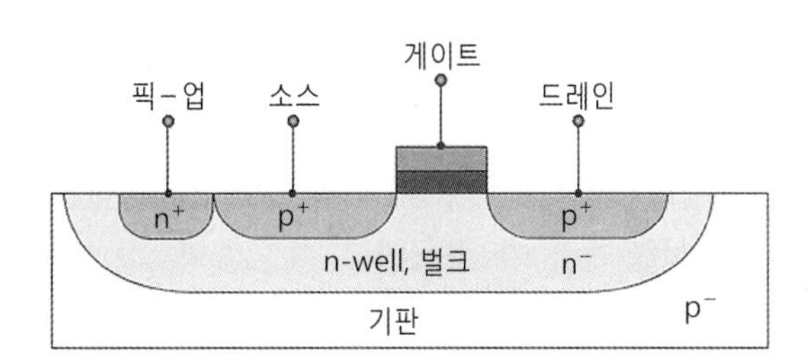

그림 3-8 pMOS의 구조

이제 pMOS의 동작을 살펴보자. pMOS는 nMOS와 반대로 생각하면 된다. 그림 3-9에서 전압이 공급되지 않은 pMOS의 기판 상태를 보여주고 있다.

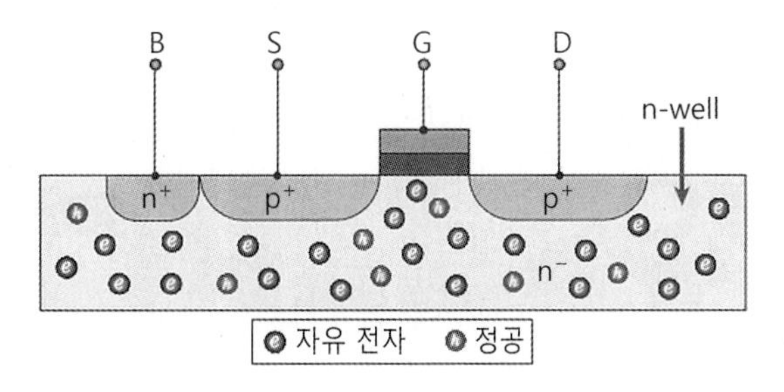

그림 3-9 pMOS의 기판 상태

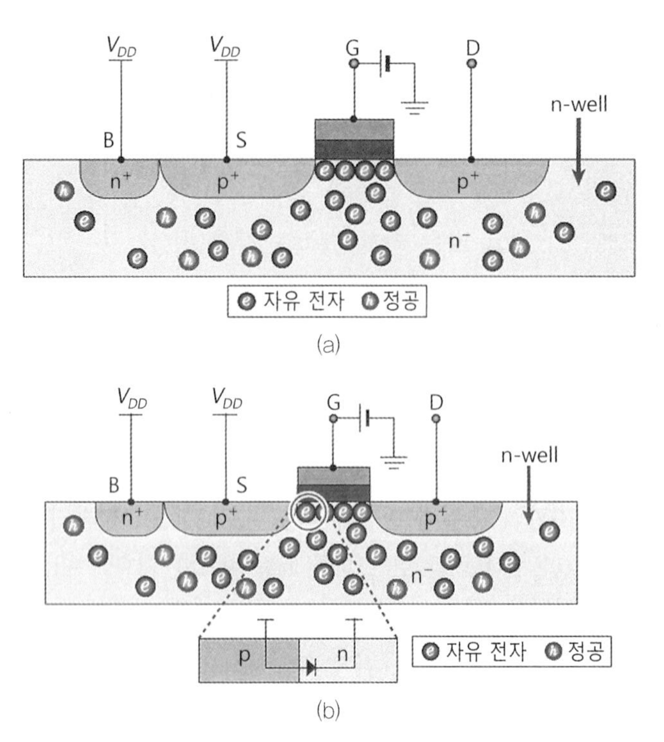

그림 3-10 (a) pMOS의 구조 (b) 게이트 밑의 상태(V_{GS}>0)

기판으로 쓰이는 n-well은 전자가 많고, 상대적으로 정공이 낮게 분포한다. 그림 3-10(a)를 보자. 기판bulk과 소스에 전원전압 V_{DD}가 공급되고, $V_{GS}>0$, 즉 게이트전압이 소스전압보다 높을 때, 산화막에 걸리는 전계가 게이트 밑의 n형 표면에 전자들이 몰려들게 하면서 정공은 밀쳐내는 작용을 하게 된다. 그림 (b)와 같은 방향의 pn접합 다이오드가 생기는 것으로 볼 수 있다.

이 상태에서는 p형과 n형 사이의 전압이 같으므로 전류가 흐르지 못하게 된다. 이제 게이트 전압이 계속 떨어져서 음(−)의 값에 도달, 즉 $V_{GS}<0$이면 정공이 게이트 밑으로 모이고 전자들은 기판으로 밀려날 것이다. 정공이 게이트 밑으로 몰려와 정공이 지나갈 수 있는 길이 만들어졌다. 즉, p-채널이 생긴 것이다. 소스에서 드레인으로 정공이 이동할 수 있고 이것을 그림 3-11에서 나타내었다. pMOS에서도 문턱전압이 있는데, 보통 $-0.6 \sim -0.7$V 정도이다.

포화 영역에서의 동작을 자세히 살펴보기 위하여 포화 상태의 MOSFET을 그림 3-12(a)에서 나타내었다. 그림에서 점선 표시 영역은 **공핍층**空乏層, depletion layer을 나타낸 것인데, 이는 n형과 p형 반도체를 접촉하면 접촉면을 중심으로 n형은 +이온층, p형은 −이온층이 발생하는 것이다. 여기에 역방향 전압을 공급하면 더욱 넓어지게 된다. 지금 드레인 영역은 pn접합에 역방향 전

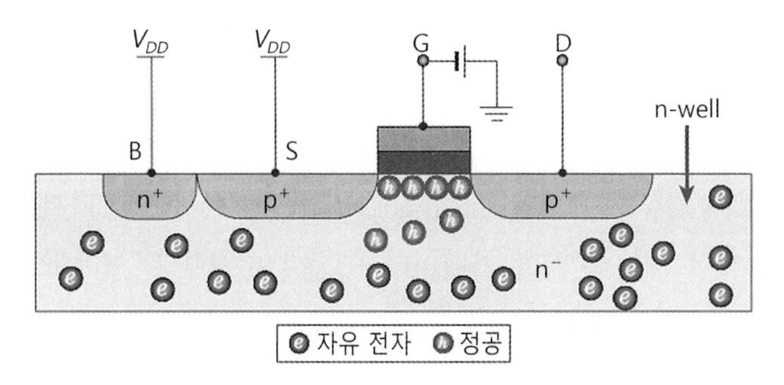

그림 3-11 pMOS의 p-채널의 형성

압을 공급하여 더욱 넓어진 공핍층을 보여주고 있다. 드레인전압 V_{DS}가 드레인 영역의 반전 전하밀도가 0인 상태로 될 때까지 충분히 높을 때, 핀치-오프pinch-off 상태가 되는 것이며 이때의 드레인전압이 핀치-오프 전압이다. 이 조건은 충분히 긴 채널 길이를 갖는 소자라고 가정하였을 때이다.

그러므로 V_{DS}가 더욱 증가하게 되면 채널이 드레인과 접촉해 있던 점이 소스 방향으로 이

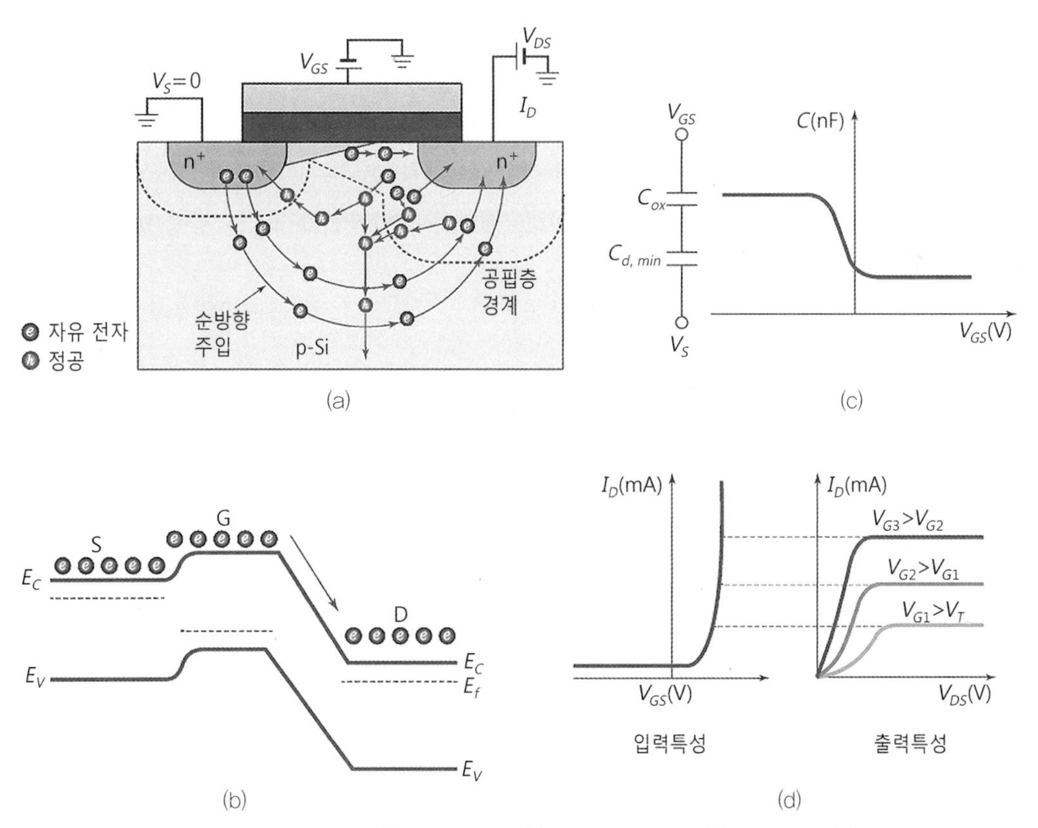

그림 3-12 MOSFET의 (a) 핀치-오프 (b) 에너지대 구조 (c) 커패시터 (d) 전류

동, 즉 채널 영역의 길이가 짧아지는 것이다. 핀치-오프 전압 이상에서 소스-드레인 사이의 채널은 없어지나, 그림 (b)의 에너지대와 같이 채널 영역의 밑부분에서의 높은 에너지에서 낮은 에너지로 전자가 이동하면서 전류가 만들어지는 것이다. 이것은 마치 npn 트랜지스터가 동작하는 것과 같은 원리로 전류가 흐르는 것이다. 그림 (c)에서는 C-V 곡선을 보여주고 있는데, 게이트 전압 V_{GS}가 낮을 때는 산화막 커패시터 C_{OX}만 존재한다. 드레인 전압이 커지면 공핍층의 발생에 의한 공핍층 커패시터 C_d가 직렬연결된 구조가 된다. 커패시터가 직렬연결하면 합성커패시터의 값은 작아진다.

채널의 끝부분과 드레인 영역 사이가 핀치-오프 영역이며 이 영역의 전자들은 전계에 의하여 빠르게 이 영역을 통과하여 드레인으로 흐른다. 핀치-오프 영역에서는 두 개의 전계 성분이 있는데, 하나는 드레인에서 채널로 향하는 전계이며 이 전계의 힘으로 채널에서 드레인으로 전자를 매우 빠르게 흐르게 한다. 또 하나의 성분은 드레인전류를 일정하게 하는 것이다. 즉, 빠르게 이동하는 전자의 양을 일정하게 유지하는 것이다. 이것이 MOSFET의 포화 상태 동작이다. 그림 (d)에서 입·출력 전압-전류 특성을 보여주고 있다.

3.1.6 기판 바이어스 효과

지금까지 MOSFET에서 기판은 소스와 접지에 연결된 것으로 하였다. 그러나 기판은 소스와 같은 전위가 되지 않아야 한다. 그림 3-13에서는 nMOS를 보여주고 있는데, 소스-기판 사이의 pn접합은 항상 0이거나 역바이어스이어야 한다. 왜냐하면 기판전압 V_B는 항상 0이거나 그 이상의 값을 가져야하기 때문이다.

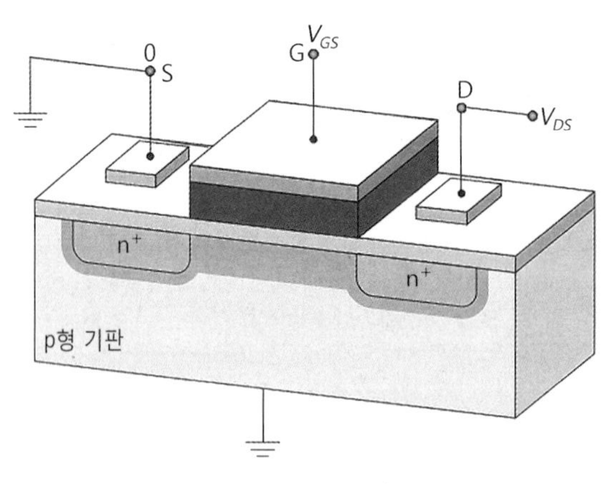

그림 3-13 nMOS의 구조

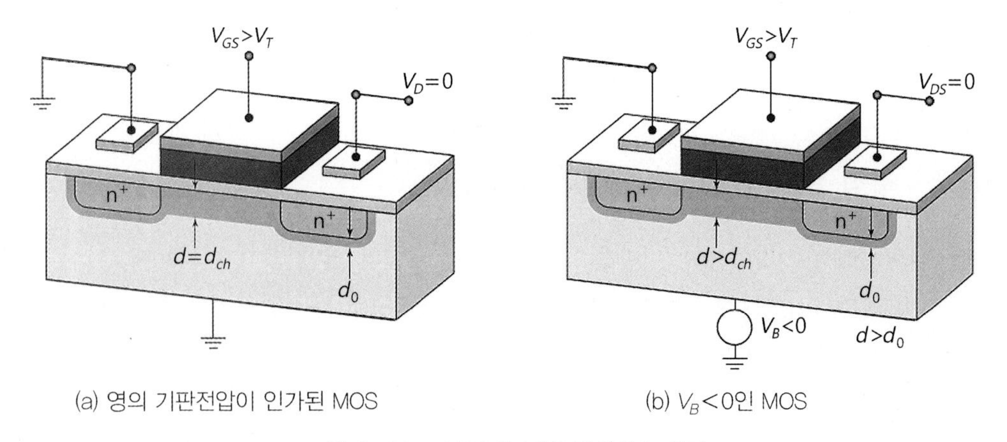

(a) 영의 기판전압이 인가된 MOS (b) $V_B<0$인 MOS

그림 3-14 nMOS의 기판 바이어스 효과

이제 MOSFET의 동작 특성에서 기판전압 V_B에 대한 효과를 살펴보자. 그림 3-14(a)에서는 기판전압이 없는 경우이고, 그림 (b)는 기판전압을 공급한 경우를 보여주고 있다. 그림 (b)와 같이 음(−)의 기판전압이 인가되면 소스-기판, 기판-드레인 사이의 pn접합에 역방향 전압이 인가된 것과 같은 작용을 하여 최초의 공핍층 두께인 d_0보다 그 두께가 증가하여 채널 영역의 공핍층 두께인 d_{ch}보다 큰 값이 된다. 여기서 게이트의 양(+)의 전압에 의한 전하는 음(−)인 공핍층 전하와 반전층 전하의 합에 의하여 균형을 이루게 된다. 이때 인가되는 기판전압 V_B가 0 V이하일 때, 전하의 균형을 이루기 위하여 공핍층 전하가 증가하게 되며 증가한 만큼 반전층 전하를 감소시킨다. 음(−)의 기판전압이 반전층 전하를 감소시키므로 이것으로 인하여 문턱전압을 증가시키는 결과를 초래한다. 이와 같이 기판전압에 의하여 임계전압이 변화되는 작용을 **기판 바이어스 효과**body bias effect라 한다.

3.2 MOSFET의 동작

3.2.1 MOSFET의 기본 원리

MOS 구조의 전기적 특성은 금속과 실리콘 사이의 산화막으로 형성되는 게이트 용량에 의해 결정되는데, 이것은 게이트에 인가된 전압에 의해 발생하는 전계효과가 영향을 미쳐 그 특성을 나타낸다. 게이트전압 V_{GS}가 기판전압 V_{BS}에 대하여 어떤 값을 갖느냐에 따라 **축적 모**

드accumulation mode, 공핍 모드depletion mode 및 반전 모드inversion mode로 그 동작이 구분된다. 이들을 그림 3-15에 나타내었다.

3.2.2 축적 모드

그림 3-15(a)에서와 같이 p형 기판을 갖는 구조가 용량의 역할을 하게 되는데, 이 구조에서 게이트 금속 극판의 전압 V_{GS}가 기판전압 V_{BS}보다 낮은 전위를 갖는 경우 그림 (a)에 나타낸 방향으로 전계 E가 형성된다.

이 전계가 반도체 내로 침투될 때 다수 캐리어인 정공이 전계의 힘을 받게 되어 정공이 반도체 표면에 축적되는 것이다.

이 층을 **축적층**accumulation layer이라고 하며 MOSFET의 동작을 결정하는 데에는 큰 의미가 없다.

3.2.3 공핍 모드

그림 3-15(b)와 같이 $V_{GS}>0$의 게이트전압을 인가한 경우 (+)전하가 위의 금속판에 존재할 것이고 전계는 이전과 반대방향으로 작용할 것이다. 이 전계가 반도체 내로 침투하면 다수 캐리어인 정공이 표면에서 밀려나고 고정된 억셉터acceptor 이온에 기인하여 (−)공간 전하 영역이 발생하게 된다.

3.2.4 반전 모드

공핍 모드에서 게이트전압 V_{GS}를 더욱 증가시키면 공핍층이 확대되는 현상이 일어난다. 그림 3-15(c)에서와 같이 V_{GS}가 어느 정도 증가하면 전계의 증가에 따라 산화막과 실리콘 경계면에 전자가 모이게 되는데, 이는 캐리어가 정공에서 전자로 바뀌는 것이므로 **반전**inversion되었

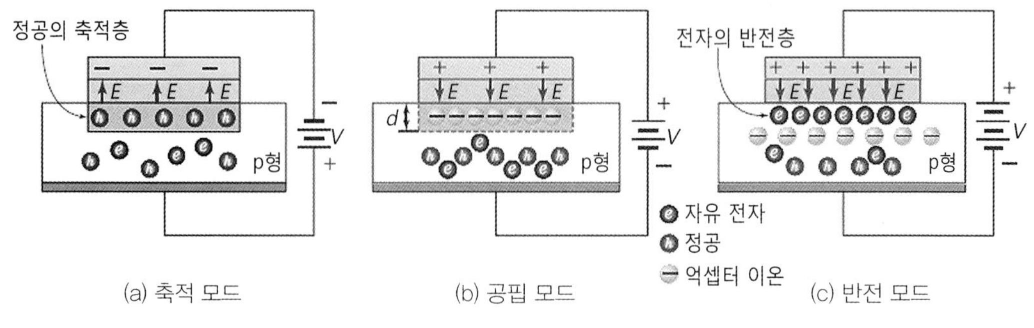

그림 3-15 증가형 MOS의 모드

다고 한다. 이 **반전층**inversion layer을 MOSFET에서 **채널**channel이라 부르며 이 채널을 통하여 전하가 이동하므로 전류가 형성된다. 이와 같이 반전층이 형성되어 전류가 흐르기 시작하는 시점의 게이트전압을 **문턱전압**threshold voltage이라 하고 V_T로 표시한다. 특히 기판전압 $V_B=0$인 경우의 문턱전압을 V_{TO}로 나타낸다.

3.2.5 MOS 동작

MOSFET은 앞의 설명과 같이 MOS 구조의 원리가 적용되는데, 게이트전압에 의하여 생성되는 채널 양쪽에 고농도 불순물 영역, 즉 소스와 드레인 단자를 만들면 두 단자 사이에서 채널은 전하의 이동통로 역할을 하게 된다. 이 채널을 통하여 흐르는 전류의 양은 두 단자 사이의 전압에 의해서 변화하도록 하는 것이 MOSFET의 동작 원리이나 3차원의 영향으로 두 단자 사이의 전압뿐만 아니라 게이트전압에도 영향을 받게 된다.

MOSFET의 종류에는 게이트에 인가된 전압이 채널을 형성하는지 또는 이미 만들어진 채널을 소멸시키는지에 따라 **증가형**enhancement type MOSFET과 **공핍형**depletion type MOSFET으로 구분된다. 형성된 채널에서 이동하는 캐리어의 종류에 따라 전자에 의해 동작하는 nMOS와 정공에 의해 동작하는 pMOS가 있다.

MOS 소자의 동작을 이해하기 위한 개념도를 그림 3-16에 나타내었는데, 댐을 연상하여 보

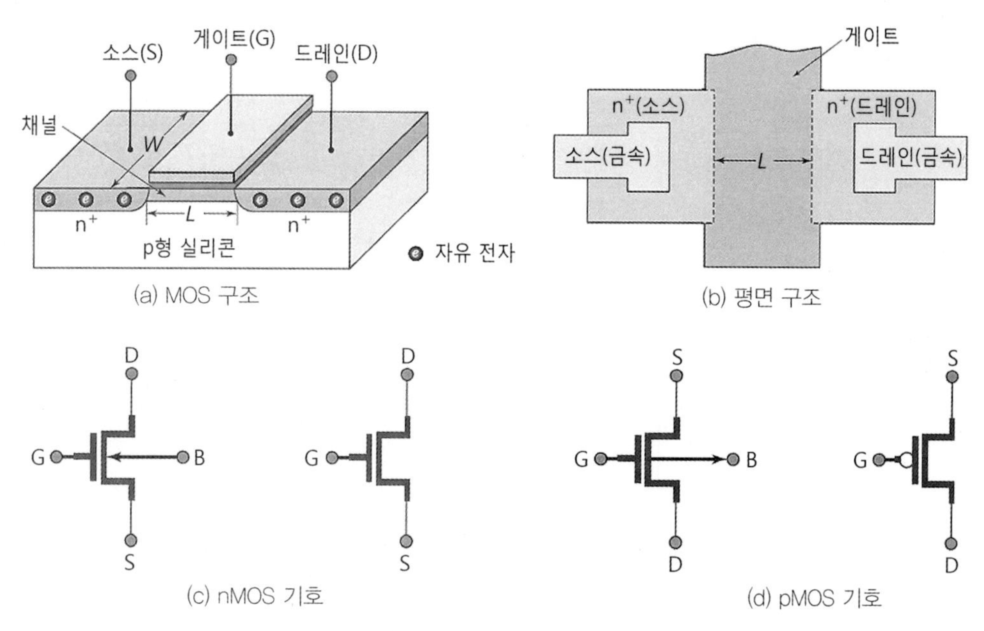

그림 3-16 증가형 MOSFET

면 전자의 원천인 소스, 배수구의 드레인, 수로의 문 역할인 게이트로 각각 대응하여 생각할 수 있다.

그림 (a)에서와 같이 MOSFET의 구조는 게이트 영역을 중심으로 좌우에 기판보다 높은 농도의 영역 즉 nMOS는 n^+, pMOS는 p^+를 정의하고 두 영역 사이의 전위차에 의해서 전류가 흐를 때 캐리어의 주입구를 소스source, 출구를 드레인drain으로 정한다. 그림 (b)에서는 MOSFET의 평면도를 나타내고 있다. MOSFET의 동작에 가장 큰 영향을 주는 요소 중 채널 길이(L)와 채널 폭(W)은 MOS 소자를 설계하는 데 중요한 요소로 작용하며, 특히 **종횡비**aspect ratio라 하는 W/L은 MOSFET의 채널영역의 저항성분을 결정하는 것으로서 MOSFET 제작에 큰 영향을 미친다.

그림 (c), (d)에서는 n형, p형 MOSFET의 기호를 나타내고 있는데, 기판 단자를 표시하는 경우와 그렇지 않은 경우를 보여주고 있다. 게이트 영역의 산화막은 저항률이 상당히 크기 때문에 게이트전압에 의한 전계는 대부분 산화막에 걸린다. 그러므로 게이트에 (+)전압을 인가한 경우 산화막 층에 존재하는 전계 E가 기판 내에 존재하는 전자를 끌어당겨 기판 표면에 모이게 한다. 이것은 원래 p형이었던 표면이 n형으로 변화된 반전층의 형성을 의미한다. 이와 같이 게이트의 (+)전압에 의하여 기판 표면에 n채널이 형성되어 FET가 동작하도록 하는 방식의 소자를 증가형 MOSFET이라 한다. n채널 MOSFET을 예로 하여 동작원리를 살펴보기 위하여 MOSFET 구조를 그림 3-17에 다시 나타내었다. 그림 (a)에서는 게이트전압 $V_{GS}=0$의 경우를 보여주고 있는데, 이때 nMOS 트랜지스터는 동작하지 않는 차단상태cut-off가 된다. V_{GS}를 약간씩 증가시킴에 따라 드레인과 소스 영역의 pn 접합에 공핍 영역이 생기기 시작한

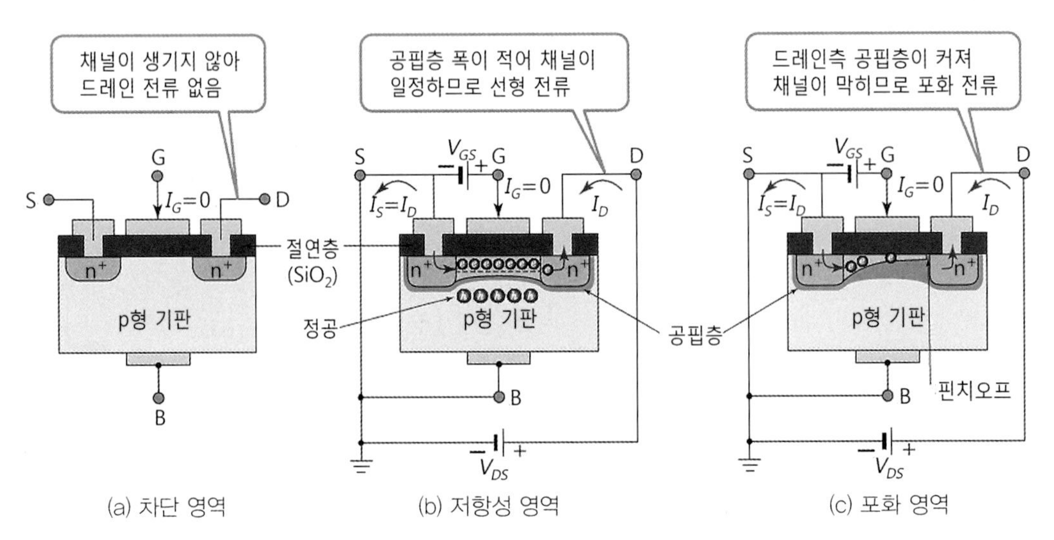

그림 3-17 **증가형 MOS의 세 가지 동작**

다. V_{GS}를 더욱 증가시키면 많은 전자가 게이트 밑의 기판 표면에 모여 이 부분을 n형으로 바꾸는 반전층inversion layer이 생성되어 채널이 만들어진다. 이때의 전압이 바로 **문턱전압**threshold voltage V_T인 것이다.

$V_{GS} > V_T$, $V_{DS} < (V_{GS} - V_T)$인 경우 미세한 전류가 채널을 흐르기 시작하는데, 이때 채널에서 전류에 의한 전압강하가 일어나기 때문에 이 전압 범위를 저항성 영역 혹은 선형 영역liner region이라 한다. 이를 그림 3-17(b)에 나타내었다. 여기서 한 가지 유의할 점은 공핍 영역의 형성이다. V_{DS}가 (+)전압을 가질 경우 드레인 영역에서 공핍층이 크게 형성되는데, 이 경우 드레인 영역의 pn접합은 소스보다 상대적으로 큰 역바이어스 상태가 되기 때문이다. 이 문제는 소자의 크기가 작아짐에 따라 고온전자hot carrier 발생의 원인으로 소자의 특성을 열화시킨다. 이 영역에서의 드레인전류 I_D는 다음과 같이 주어진다.

$$I_D = \frac{\beta}{2}[2(V_{GS} - V_T)V_{DS} - V_{DS}^2] \tag{3-1}$$

여기서 $\beta = K'(W/L)$, $K' = \mu_n C_{ox} = \mu_n \epsilon_{ox}/t_{ox}$이다. K'은 공정과 관련된 요소로 이동도와 단위면적당 용량의 곱이다. β는 소자의 크기와 관련된 요소이다. C_{ox}는 게이트-산화물-반도체가 이루는 커패시터capacitor의 단위면적당 용량값 [F/cm^2]을 나타내며 ϵ_{ox}는 게이트 산화막의 유전율인데, 산화막의 비유전율 ϵ_s와 진공 중의 유전율 ϵ_0를 곱한 값이다. t_{ox}는 산화막 두께를 나타낸다.

다음 그림 3-17(c)와 같이 $V_{GS} > V_T$, $V_{DS} > (V_{GS} - V_T)$인 경우가 되면 드레인 근처의 채널이 드레인 영역과 차단되어 막히는 현상인 핀치-오프pinch-off 상태에 도달하게 된다. 이때 반전층이 핀치-오프되어 V_{DS}가 증가하여도 드레인전류는 거의 일정하게 되는데, 이 영역이 포화

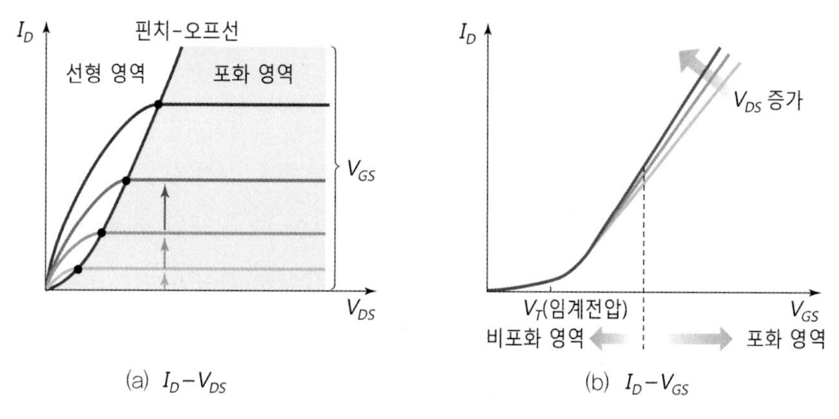

그림 3-18 증가형 MOS의 입출력 특성

영역saturation region이다. 이 영역에서의 $I - V$ 특성은 주어진 V_{GS}에 대하여 다음과 같이 주어진다.

그림 3-18(a)에서는 V_{GS}를 변수로 하여 $I_D - V_{DS}$의 관계를 나타낸 것이며, 그림 (b)는 V_{DS}를 변수로 한 $I_D - V_{GS}$ 관계의 특성곡선이다. 일반적으로 MOSFET의 특성상 V_{GS}를 입력전압input voltage, V_{DS}를 출력전압output voltage, I_D를 출력전류output current로 나타낸다.

그러므로 그림 3-18(a)는 출력의 전압-전류의 관계이므로 출력 특성output characteristics, 그림 (b)는 입력전압에 대한 출력전류의 관계이므로 전달 특성이라 한다.

$$I_D = \frac{\beta}{2}[V_{GS} - V_T]^2 \tag{3-2}$$

위의 식은 V_{DS}를 포함하고 있지 않으므로 V_{DS}가 $V_{GS} - V_T$보다 증가하여도 전류의 크기는 변화하지 않고 일정하게 된다.

한편, pMOS의 출력 및 전달 특성은 nMOS와 같으나 모든 바이어스 전압의 극성을 반대로 하면 된다.

3.3 MOSFET의 분석

MOSFET의 전류는 산화물-반도체 경계 근처의 채널 영역 혹은 반전층에서의 전하의 흐름에 기인한다. MOSFET의 동작은 크게 증가형 MOSFETenhancement type MOSFET과 공핍형 MOSFETdepletion type MOSFET으로 나누어진다. 전자는 반전층 전하의 생성에 의하여 동작하며, 후자는 게이트전압이 없는 경우에도 이미 채널이 형성되어 동작하는 것이다.

3.3.1 전압-전류 특성

그림 3-19에서는 $I_D - V_{DS}$ 특성을 살펴보기 위한 MOS 구조를 보여주고 있다. 그림 (a)에서는 $V_{GS} > V_T$이고, V_{DS}가 작은 경우로 반전 채널층 두께는 일정하다. 그림 (b)는 V_{DS}값이 증가할 때의 작용을 보여주고 있는데, 드레인전압이 증가할 때 드레인 단자 근처 산화막 양단의 전압강하는 감소한다. 이것은 드레인 근처의 유기된 반전층 전하밀도가 감소함을 의미한다.

드레인 근처 산화막 양단 전위가 V_T와 같은 위치까지 V_{DS}가 증가할 때 유기된 반전 전하밀도는 드레인 단자에서 0이다. 이 점에서는 드레인 컨덕턴스의 증가는 없으며 이는 $I_D - V_{DS}$ 곡선의 기울기가 0이라는 것을 의미한다. 즉,

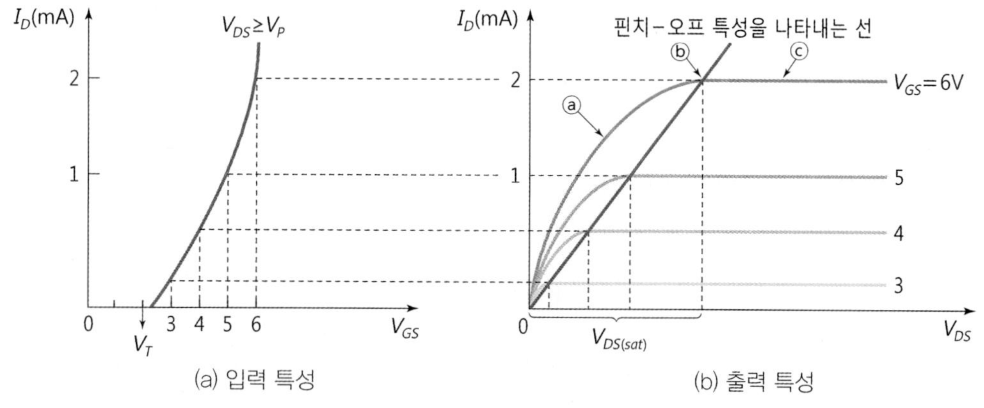

그림 3-19 FET의 입·출력 특성

$$V_{GS} - V_{DS(sat)} = V_T$$

$$V_{DS(sat)} = V_{GS} - V_T$$

여기서 $V_{DS(sat)}$는 드레인 단자에서 반전층 전하밀도를 0으로 하는 드레인-소스 사이의 전압을 나타낸다. V_{DS}가 $V_{DS(sat)}$값 이상으로 증가하면 전자들이 소스에서 채널로 들어가 채널을 통하여 드레인으로 향한다. 전하가 0으로 되는 지점에서 공간전하 영역으로 주입된다. 그 후 전계 E에 의하여 드레인 접촉부로 모이게 된다. 여기서 채널 길이의 변화량 ΔL이 원래의 채널 길이 L에 비하여 작으면 드레인전류는 $V_{DS} > V_{DS(sat)}$의 조건에서 일정하게 유지될 것이다. 이때의 $I_D - V_{DS}$ 특성 영역은 포화 영역saturation region이다.

이제 V_{GS}를 변화시켜 보자. V_{GS}가 변화될 때 $I_D - V_{DS}$ 특성도 변화될 것이다. I_D의 포화점 ⓑ를 경계로 하여 I_D가 V_{DS}에 따라 증가하는 선형 영역linear region ⓐ와 포화 영역 ⓒ로 나누어 생각할 수 있다.

▎선형 영역

게이트 밑에서 V_{DS}에 의하여 생긴 x방향의 전계는 표면에 유기된 전자를 가속시켜 드레인 전류를 흐르게 한다. V_{GS}에 의해서 생긴 y방향 전계는 전자를 표면으로 유기하여 반전층에 의한 n채널을 형성한다. 지금 V_{DS}에 의하여 채널 내 소스에서 거리가 x인 지점의 전위 V_x가 발생한다고 하자. 반전층 채널에 유기된 전하량 Q_I는

$$Q_I = -C_{ox}(V_{GS} - V_x - V_T) \tag{3-3}$$

로 된다. 채널전류 I_D는

$$I_D = Q_I \mu_n E_x W \tag{3-4}$$

로 나타낼 수 있다. 여기서, W는 채널 폭이다.

또 $E_x = -dVx/dx$를 고려하여 식 (3-3)과 식 (3-4)에서

$$I_D dx = \mu_n C_{ox} W(V_{GS} - V_x - V_T) dV_x \tag{3-5}$$

이다. 식 (3-5)의 좌변을 $x=0$에서 $x=L$까지, 우변을 $V_x=0$에서 $V_x=V_{DS}$까지 적분하여 정리하면

$$I_D = \mu_n C_{ox} \frac{W}{L} \left[(V_{GS} - V_T) V_{DS} - \frac{1}{2} V_{DS}^2 \right] \tag{3-6}$$

이다.

❙ 포화 영역

V_{DS}를 증가시키면 채널 근처의 공핍층이 드레인 영역에서 넓어지고 $V_x = V_{DS}$에서 드레인 영역의 반전채널이 없어지게 된다. 이때는 채널에 높은 저항이 직렬로 연결된 것과 같이 생각할 수 있으므로 전류가 포화하기 시작한다. 이 조건은 $V_x = V_{DS}$에서 $Q_I = 0$이다. 이를 식 (3-3)에 대입하면

$$V_{DS(sat)} = V_{GS} - V_T \tag{3-7}$$

로 된다. 이것이 포화점의 전압, 즉 핀치-오프pinch-off 전압이다.

식 (3-7)을 식 (3-6)에 대입하여 정리하면

$$I_{D(sat)} = \frac{\mu_n C_{ox} W}{2L} (V_{GS} - V_T)^2 \tag{3-8}$$

이고 포화점의 전류식이 얻어진다.

❙ 전달 특성

MOSFET의 트랜스컨덕턴스는 게이트전압의 변화에 대한 드레인전류의 변화로 정의되며 **전달이득**transfer gain이라고도 한다.

$$g_m = \frac{\partial I_D}{\partial V_{GS}} \tag{3-9}$$

선형 영역에서 동작하는 n채널 MOSFET인 경우 식 (3-6)을 이용하여 풀면

$$g_{ml} = \frac{\partial I_D}{\partial V_{GS}} = \frac{W \mu_n C_{ox}}{L} V_{DS} \tag{3-10}$$

이다. 트랜스컨덕턴스는 V_{DS}에 따라 선형적으로 증가하나 V_{GS}와는 무관하다. 포화 영역에서의 n채널 MOSFET은 식 (3-8)에서

$$g_{ms} = \frac{\partial I_{D(sat)}}{\partial V_{GS}} = \frac{W \mu_n C_{ox}}{L} (V_{GS} - V_T) \tag{3-12}$$

의 전달 특성을 얻을 수 있다. 포화 영역에서는 V_{GS}의 선형적 함수이나 V_{DS}와는 무관하다.

MOS 커패시터

그림 3-20에서 나타낸 p형 실리콘 기판을 이용한 MOS 구조에서는 게이트에 부負전위를 인가하면 정공이 실리콘 기판 표면에 축적된다.

게이트 전극의 단면적을 S, 산화막 두께를 t_{ox}, 그 유전율을 ϵ_{ox}라 하면 산화막의 용량은

$$C_{ox} = \frac{\epsilon_o \epsilon_{ox}}{t_{ox}} S \tag{3-13}$$

로 되며, 이를 MOS의 축적용량蓄積容量이라 한다. MOS 커패시터의 용량 값은 보통의 커패시터와는 다르며 게이트 바이어스 전압에 의하여 변화하는 특징을 갖고 있다.

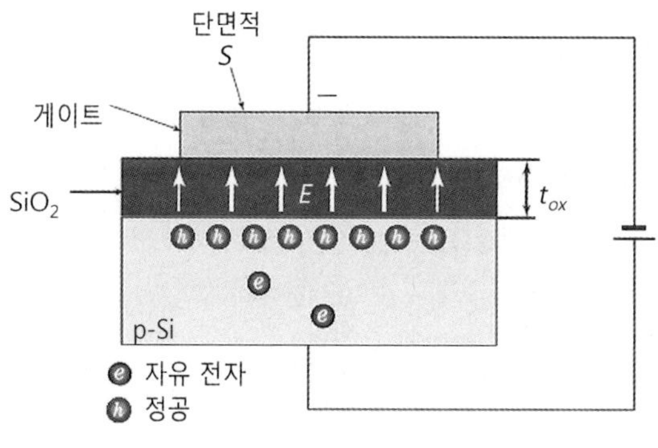

그림 3-20 MOS 커패시터

3.4 박막트랜지스터

3.4.1 스위치소자의 역할

액정디스플레이 화면에서 하나의 화소를 구현하기 위하여 그림 3-21에서 보는 바와 같이 각 화소에 x축과 y축으로 전극이 배열되는데, 이 x, y축이 수직으로 교차하는 위치가 화소의 역할을 하는 것이다. 화면을 이루고 있는 무수히 많은 점들인 화소는 행렬matrix 형태로 구성할 수 있다. 그림 3-22에서는 LCD의 단면 구조와 x, y축 배열을 보여주고 있다.

행렬 형태의 전극 구성을 살펴보자. 한쪽 기판에 띠band 모양의 **행전극**row electrode인 주사走査 전극을 배치하고, 다른 쪽 기판에 **열전극**column electrode인 신호 전극을 배치한다. 이때 행과 열이 교차하는 교차점 화소에 선택적으로 전압을 인가하면 문자, 도형, 그림 등의 정보가 표현되는 것이다. 이와 같은 구동 방식을 수동행렬PM, passive matrix이라 한다.

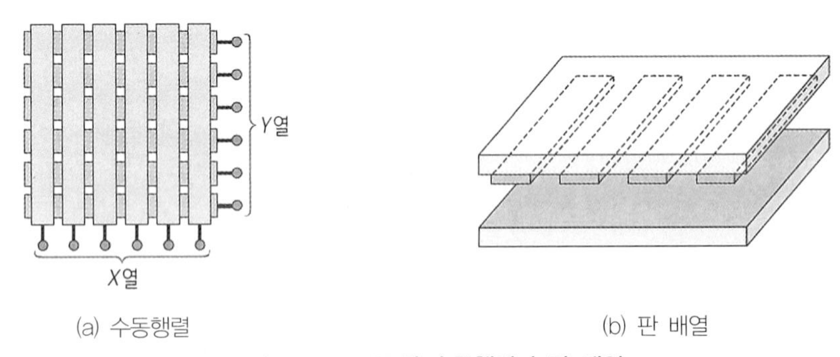

그림 3-21 LCD의 수동행렬과 판 배열

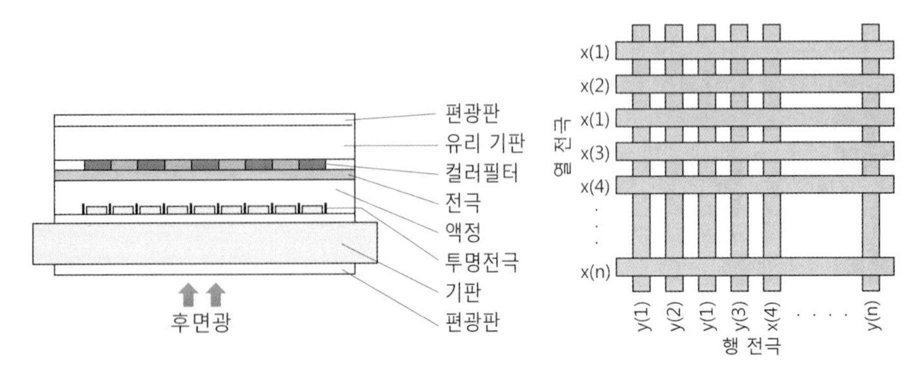

그림 3-22 수동형 LCD의 수동형 액정과 행렬전극 구조

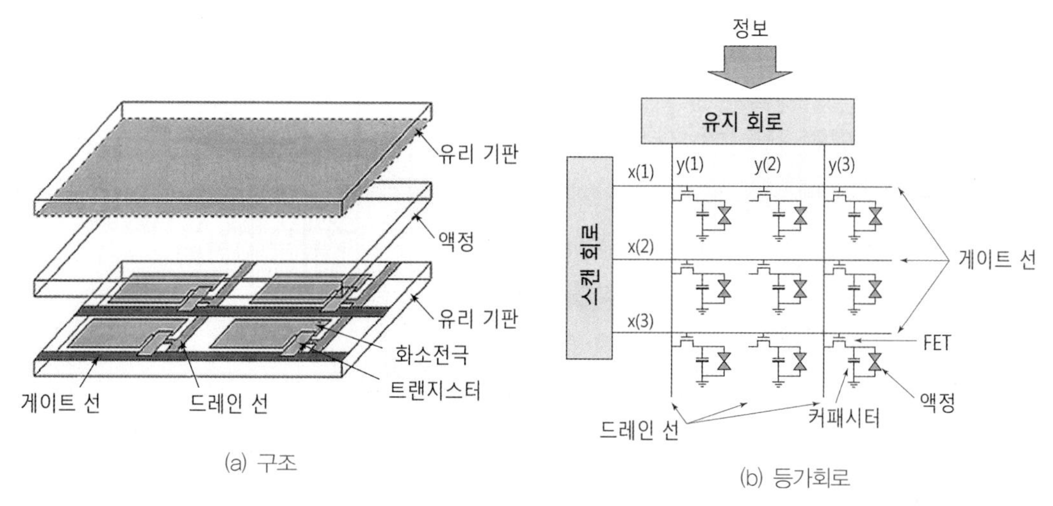

그림 3-23 능동형 LCD의 구조와 등가회로

한편, 그림 3-23에서는 이와는 다른 방식으로 능동행렬AM, active matrix방식을 보여주고 있다. 이것은 행전극과 열전극으로 구성되는 행렬이 교차하는 각 화소에 스위치소자와 커패시터를 배치하면 화상의 성능, 즉 명암도, 응답속도 등을 개선할 수 있다. 각 화소에 위치한 스위치소자와 커패시터가 비선택 시간에는 화소를 격리하고, 선택 시간에만 공급한 전압을 유지하여 화소에 공급된 전압을 쉽게 제어함으로써 자연의 색감을 보다 더 선명하게 구현할 수 있게 되는 것이다. 뿐만 아니라, 프레임 응답frame response이 거의 없기 때문에 점도가 낮은 액정 재료를 사용하여 동화상을 쉽게 구현할 수 있게 된다.

능동형 행렬 액정디스플레이는 화소마다 스위치소자를 배치하기 위한 집적화공정이 필요하며 이를 위한 추가 설비가 요구되는 등 수동형 액정디스플레이보다 제조비용이 높은 단점이 있기도 하다.

이러한 스위치소자는 여러 종류가 있다. 주로 3단자 소자로 전계효과 트랜지스터를 사용하는 것이 최근의 추세이다. 그림 3-24(b)는 그것을 보여주고 있는데, 스캔회로에서 게이트 전극에 차례로 주사를 하면 트랜지스터가 on동작을 하고, 드레인 전극이 주사되면 트랜지스터에 연결된 커패시터에 신호가 공급되는 방식으로 신호전하는 다음 프레임의 주사가 될 때까지 액정을 여기시키게 된다. 스위치소자로서 3단자 소자인 전계효과 트랜지스터를 어느 재료에서 구동하는지에 따라 단결정 실리콘형과 비결정질 소재인 유리 기판 위에 제조된 a-Si, poly-Si 등의 소재를 바탕으로 형성된 박막트랜지스터형 등이 있다. 그림 3-24에서는 수동과 능동행렬의 비교를 나타낸 것이다.

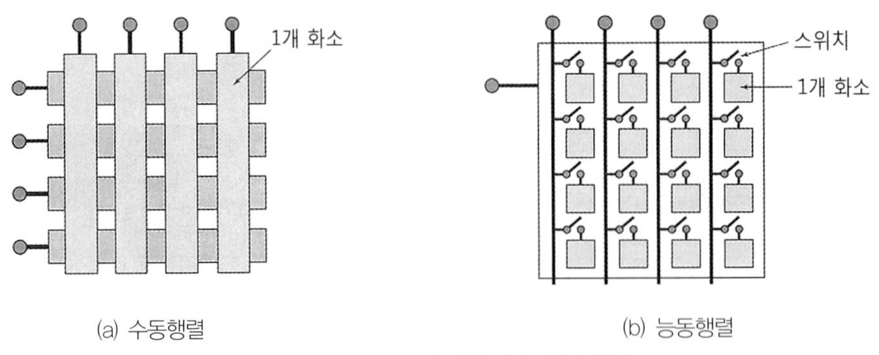

그림 3-24 LCD의 수동과 능동형 행렬

3.4.2 능동행렬의 표시방식

▎게이트와 소스 선

TFT를 사용하는 능동형 행렬 표시의 원리를 살펴보자. TFT는 그 자체가 스위치 역할을 하는 것으로 그림 3-25(a)에서 나타낸 바와 같이 스위치가 하나의 화소에 하나씩 배치되어 신호전압 V_s가 음(−)일 때는 전류의 방향이 거꾸로 되고, 충전된 전하의 양(+)과 음(−)이 거꾸로 되는 것이다. 전압이 음(−)이라도 액정은 응답한다. 그림 (b)에서와 같이 게이트 선에 15 V의 정압을 공급하면 스위치가 on상태로 작용하게 된다. 이때 소스 선에 의하여 신호전압

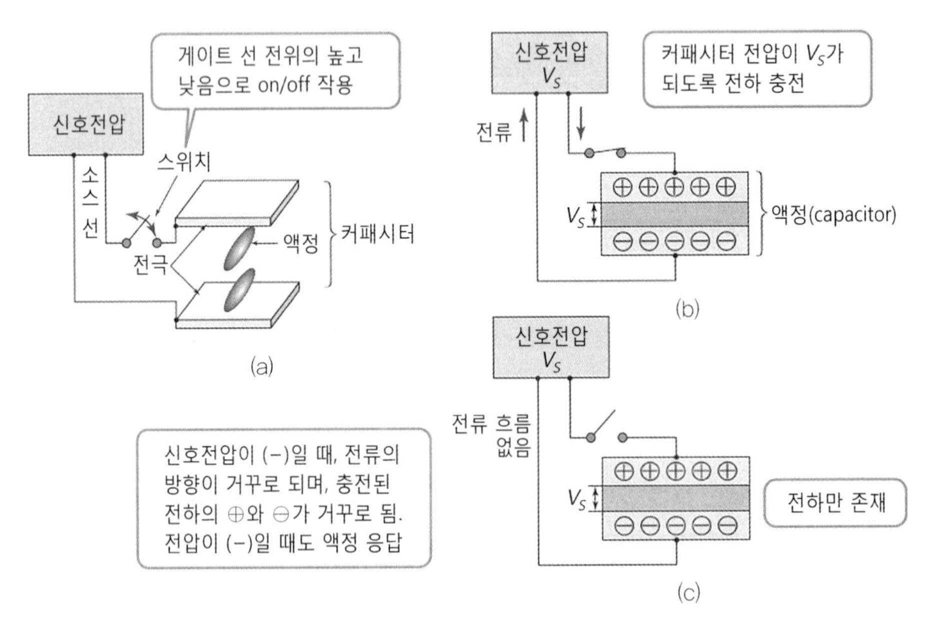

그림 3-25 TFT의 (a) 스위치와 액정 (b) 액정에 전하 충전 (c) 충전 전하의 유지

이 액정에 공급된다. on상태는 일반적으로 수십 μs 정도에서 게이트 선은 -5 V 정도로 내려간다. 그러면 스위치는 off상태가 된다. 이때 on상태에 있던 액정에 공급되었던 전압은 그대로 유지하게 된다. 이것은 그림 (c)에서와 같이 두 개의 전극 사이에 끼워진 액정이 커패시터 역할을 하기 때문이다.

on상태일 때 커패시터에 전압을 공급하면 용량에 따른 전하가 충전된다. off상태가 되어도 on상태일 때의 전하가 그대로 커패시터에 축적되어 액정은 전압이 공급된 채로 유지하게 되는 것이다. 결국, 수 μs 사이에 순간적으로 주어진 전압이 TFT를 동작함에 따라 그대로 유지된다는 의미이다.

선순차주사

다시 스위치가 on상태로 되기까지 같은 표시를 유지한다. on상태로 되면 다음의 새로운 신호 전압이 공급되어 표시 상태가 바뀌게 된다. 그림 3-26은 실제 구조의 등가회로를 나타낸 것이다. 그림과 같이 게이트 선과 소스 선이 행렬 구조로 된다. 제1열의 게이트 선이 높은 전위로 유지될 때, 그 게이트 선에 접속되어 있는 스위치만 모두 on상태로 유지된다. 이와 같이 스위치를 매개로 각 화소의 액정에 신호전압이 공급되는 것이다.

한편, 기타의 게이트 선이 낮은 전위로 유지되면 이들 게이트 선에 접속되어 있는 스위치는

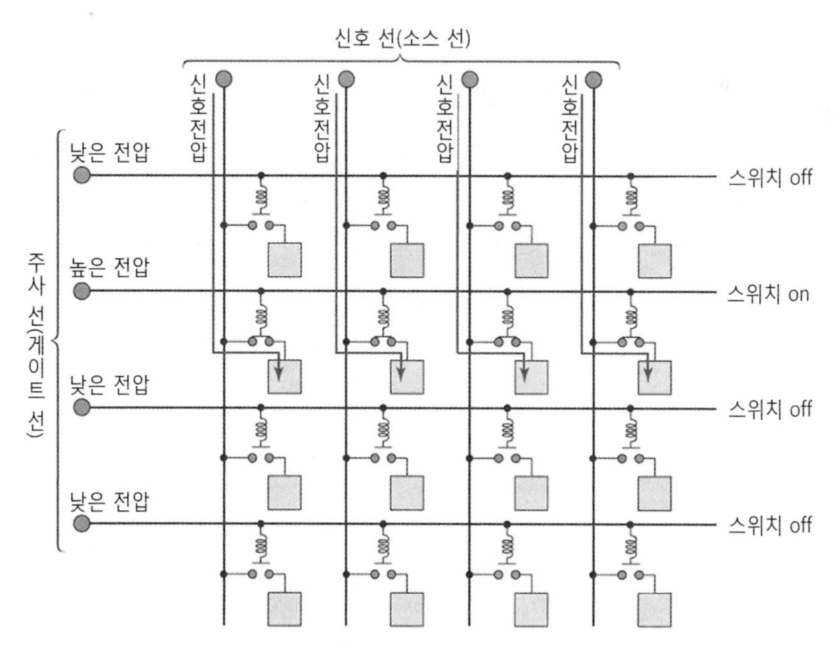

그림 3-26 선순차주사 방식의 행렬

모두 off상태로 되어 각 화소는 이전에 공급된 전압을 그대로 유지하게 된다. 수십 μs 후, 높은 전압을 유지하였던 게이트 선이 낮은 전압으로 되고, 그 밑의 화소에는 다음의 새로운 신호 전압을 각 화소에 공급한다. 순차적으로 이것을 되풀이하여 높은 전압으로 된 게이트 선이 제일 밑의 게이트 선까지 오면 하나의 화면이 만들어지는 것이다.

이 동작이 행렬 표시와 같은 선순차주사線順次走査 방식이다. 이와 다르게 보통 TV에서 이용하고 있는 점순차주사點順次走査 방식이 있다. 두 방식 모두 주사를 반복 수행하여 정지화면과 동화상을 만들어 내는 것이다.

3.4.3 박막트랜지스터의 특성

박막트랜지스터의 구조

세 단자 소자로서의 TFT의 스위치 작용은 기본적으로 MOS 구조를 갖는다. 물론 제조 공정에서 많은 차이점이 있으며, 두 소자 간에 커다란 차이점은 동작 모드가 다르다는 것이다. TFT는 MOS 구조의 여러 동작 중 축적 모드에서 동작하게 된다. 이는 게이트전압이 공급되면 캐리어carrier 밀도가 증가하게 된다. 이와 같이 TFT의 동작은 캐리어의 전도를 조절할 수 있도록 박막thin film을 사용하여야 하는 것이다. 반면, MOSFET은 축적 모드에서는 채널에 높은 전류가 흐르기 때문에 조절하기가 어렵지만 반전 모드에서는 적당한 전하가 이동하기 때문에 스위치 동작이 가능하게 된다.

TFT는 유리와 같은 절연된 기판 위에 증착한 반도체의 박막층을 이용하여 트랜지스터를 구성하게 된다. 기본적인 구성을 그림 3-27에서 보여주고 있다. 그림에서와 같이 TFT도 MOSFET과 같이 소스, 게이트, 드레인의 세 단자를 갖는 소자로서 스위치 동작이 가능하다. TFT의 동작은 소스와 드레인 사이에 흐르는 전류를 게이트에 공급한 전압으로 조절함으로써 on/off 동작의

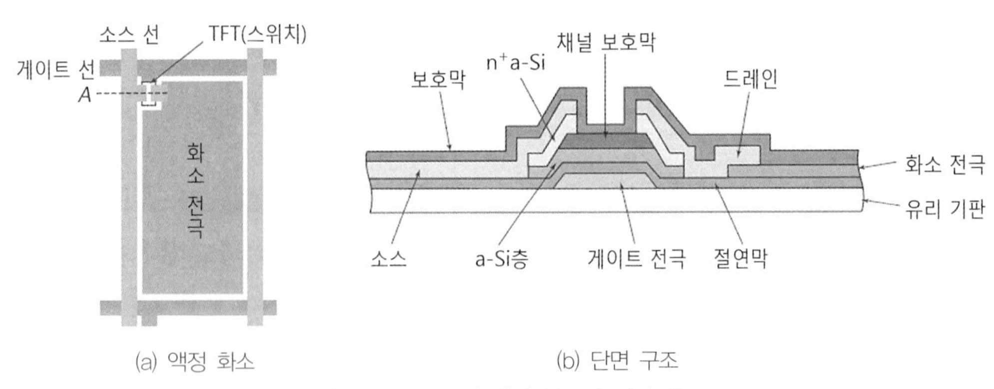

(a) 액정 화소 (b) 단면 구조

그림 3-27 TFT의 액정 화소와 단면 구조

수행이 가능한 것이다. 이 TFT는 스위치소자 외에 센서, 광소자에도 응용되며 액정디스플레이에서는 화소의 표시 기능을 조절하는 스위치로 사용하는 것이다.

그림 3-27(b)의 각 층의 특성은 다음과 같다.

유리 기판

일반적으로 저열 팽창률이 있으면서 평탄성이 우수하고, 알칼리 성분이 없는 등의 재료의 조건이 충족되어야 한다.

게이트 전극

금속 박막(Al, Ta, W 등)으로 만들어지는 게이트 배선을 TFT소자의 가장 아래쪽에 배치한다. 스위치 역할을 하는 TFT의 on/off 작용은 게이트 영역의 높은 전압과 낮은 전압으로 결정된다.

절연막

게이트 전극과 다른 영역을 전기적으로 절연하기 위하여 필요한 영역으로 산화막과 질화막 등으로 형성한다.

a-Si 층

이곳이 스위치 작용이 이루어지는 전류가 흐르는 영역이다. 비정질 실리콘a-Si: amorphous Si으로 제조한다.

n^+ a-Si

활성 반도체 층과 소스, 드레인 단자를 전기적으로 접속하도록 하는 영역이다.

채널 보호막

채널 보호층으로 최근에는 이 층을 없애는 경향도 있다.

소스/드레인 전극

게이트 전극과 마찬가지로 금속 박막으로 만들며, 소스에는 신호전압이 공급되고, 드레인에 공급된 것을 화소에 신호 전압을 공급하는 역할을 하게 된다.

화소 전극

투명 전극이며, 보통 ITO indium tin oxide를 사용한다.

보호막

TFT를 보호하기 위한 것이며, 질화규소 Si_3N_4 등의 재료로 만든다.

일반적으로 액정을 사용한 평판디스플레이FPD는 윗면과 아랫면의 유리 사이에 5 μm 두께의 액정을 채우게 되는데, 윗면과 아랫면 사이에 띠 모양의 전극이 교차하여 화소를 구성한다. 최근 TFT를 이용한 구동전압의 제어 방식으로 화소를 동작시키는 AMLCD가 정보디스플레이의 주요 방식으로 채택되고 있다. 특히, 그림 3-28에서 나타낸 바와 같이 비결정질 실리콘a-Si을 이용한 박막은 저온(350℃)에서 증착이 가능하기 때문에 대화면용 디스플레이 패널 제작에 이용할 수 있는 장점이 있다.

TFT를 다결정 실리콘 기판에 제조할 경우, 주변 구동회로를 TFT와 동일한 기판에 일체화하여 제작할 수 있으므로 구동부와 화소표시부와의 접속이 용이해지고, 또 투과형 LCD의 적용이 쉬워 자연의 색감을 더욱 잘 표현할 수 있다.

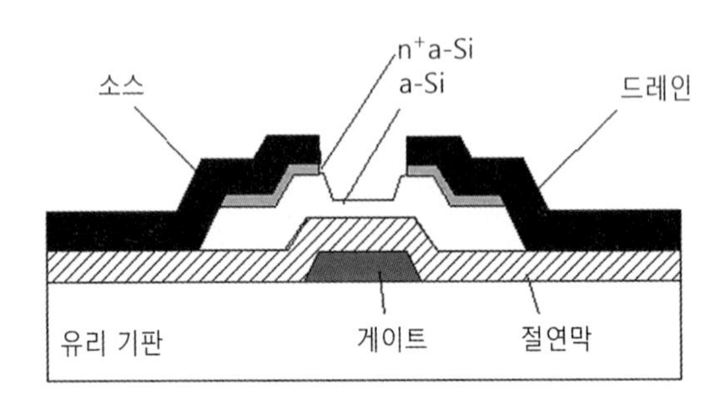

그림 3-28 **TFT 구조의 단면도(bottom gate)**

❙ 박막트랜지스터의 동작

박막트랜지스터TFT는 기본적으로 MOSFET과 같다. MOSFET은 단결정 Si 위에 형성이 되는 반면, TFT는 유리 또는 사파이어 등의 기판 재료 위에 제작한다. 최근에 박막 형성 기술이 발전되면서 LCD의 행렬회로에 TFT가 널리 채용되고 있다.

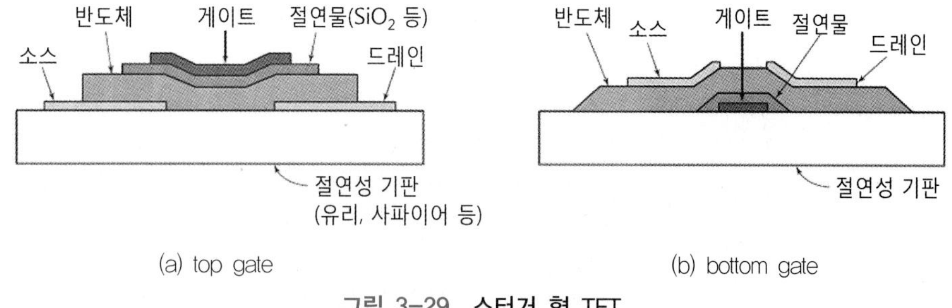

그림 3-29 스터거 형 TFT

그림 3-29에서는 대표적인 박막트랜지스터의 단면을 보여주고 있다. 그림 (a)는 스터거stagger 형으로 게이트가 위에 있는 **위쪽 게이트**top gate 구조이며, 그림 (b)는 역 스터거inverted stagger형으로 게이트가 아래에 있는 **아래쪽 게이트**bottom gate 구조를 나타낸 것이다. 박막 재료는 a-Si, poly-Si이 사용되고, 절연막은 a-Si_3N_4:H, SiO_2 혹은 SiN 등이 사용된다.

TFT의 동작은 MOSFET과 같이 선형 영역과 포화 영역으로 구분한다. 그림 3-30에서는 TFT형 MOSFET의 단면 구조와 전류-전압 곡선을 보여주고 있다.

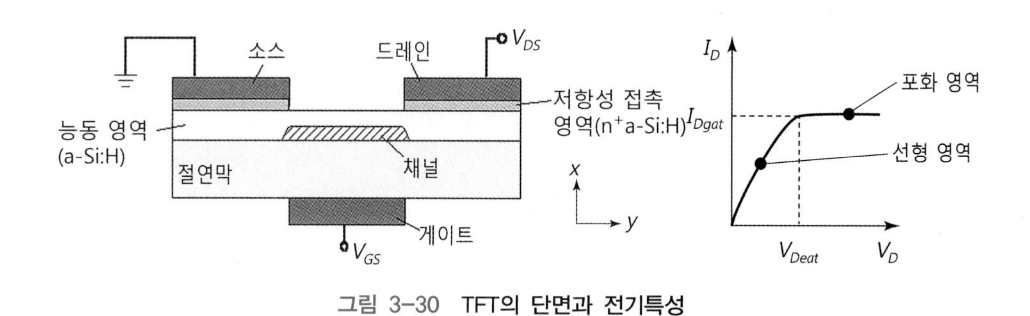

그림 3-30 TFT의 단면과 전기특성

선형 영역

드레인전압이 적을 때는 드레인과 소스 사이의 특성이 저항 성분을 가져 드레인전류는 드레인전압에 비례하여 나타나는 선형 영역의 특성을 갖는다. 드레인전압이 매우 작은 영역에서 전류-전압 특성을 확인하기 위하여 선형 채널 근사법을 적용하면 x축의 전계는 게이트전압의 영향을 받아 채널을 형성하며, y축의 전계는 드레인전류를 흐르게 하는 역할을 담당한다. 따라서 드레인전류 I_D는

$$I_D = C_{SiNx}\, \mu_n \frac{W}{L}(V_{GS} - V_T)V_D \tag{3-14}$$

로 주어진다. 여기서 V_T는 문턱전압, μ_n은 전자의 이동도이다. 식 (3-14)에서 전류-전압 특성에 영향을 미치는 성분은 절연체의 정전용량, 전자의 이동도, 채널의 길이와 폭W/L, 게이트전압 및 TFT의 문턱전압 등이다.

포화 영역

드레인전압이 높은 경우, 드레인전류가 드레인전압에 관계없이 일정한 값을 나타내는 포화 영역에 해당한다. 게이트전압에 의해서 채널은 드레인 영역에서부터 핀치-오프pinch-off 현상이 발생하며, 드레인전류는 더 이상 증가하지 않고, 일정한 값을 나타내는 포화 현상이 된다. 이 상태를 그림 3-31에서 나타내었다.

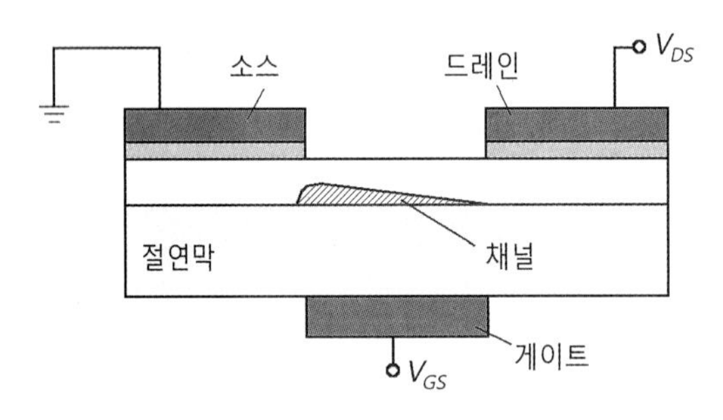

그림 3-31 **핀치-오프 상태의 TFT**

이 포화 상태의 드레인전류는 다음과 같다.

$$I_D = C_{SiNx}\,\mu_n \frac{W}{2L}(V_{GS} - V_T)^2 \tag{3-15}$$

그림 3-32를 이용하여 TFT의 동작 원리를 살펴보자. 채널의 길이와 폭을 각각 L, W, 박막의 두께 d, 절연막의 두께 t_{ox}, 저항률을 ρ라 하자. 게이트전압 $V_{GS}=0$일 때, 소스-드레인 간 전압 V_{DS}에 의해 흐르는 드레인전류 I_D는 다음과 같다.

$$I_D = Wd\,\frac{V_{DS}}{\rho}\,L \tag{3-16}$$

$V_{GS}>0$인 전압이 게이트에 공급되면 반도체의 표면에 (−) 전하인 전자가 유기된다. 유기된 표면 전하밀도 Q는

$$Q = C_{ox} V_{GS} \tag{3-17}$$

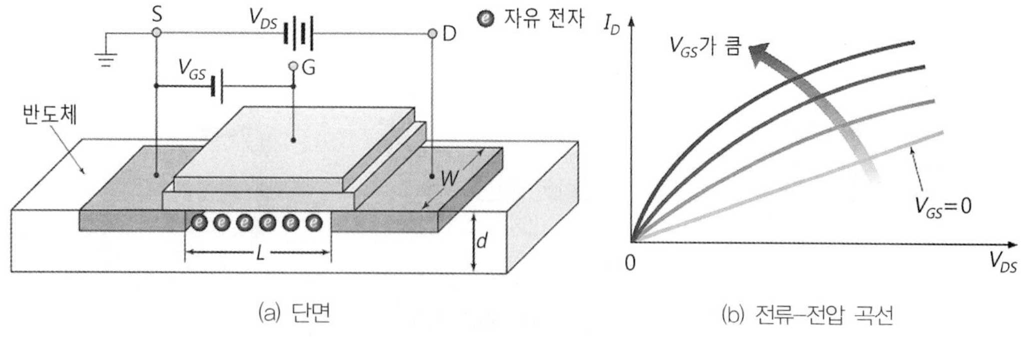

그림 3-32 TFT의 구조와 전류–전압 곡선

이고, C_{ox}는 단위면적당 게이트 용량이며, 유전율을 ϵ_{ox}라 하면

$$C_{ox} = \frac{\epsilon_{ox}}{t_{ox}} \tag{3-18}$$

로 된다. 유기된 전자는 게이트를 통해서는 흐를 수 없으나, 반도체 표면을 통하여 흐를 수 있다.

TFT의 스위칭 특성

게이트에 15 V 정도의 전압을 공급하면 반도체의 게이트 부근에 음(−)의 전하인 전자를 끌어드린다. 이때, 소스와 드레인 사이에 전위차가 존재하면 전가가 이동하여 결국 전류가 흐르는 것이다. 이 전류는 소스와 드레인이 같은 전위가 될 때까지 흐르게 된다.

게이트에 높은 전압을 공급하면 소스에서 드레인을 거쳐 신호전압이 화소 전극으로 전달되어 결국 소스-드레인 사이가 on상태가 되어 TFT가 sw-on상태가 된다. 반대로 게이트에 −5 V 정도의 낮은 전압을 공급하면 전에 유기되었던 전자들이 소멸하게 된다. 이 때문에 소스와 드레인에 전위차가 있어도 전류는 흐르지 않는다. 전류를 만드는 전자가 없으므로 소스-드레인 사이가 sw-off상태가 되므로 TFT 스위치가 off상태가 되는 것이다.

3.4.4 비정질 실리콘 박막트랜지스터

❙ 구조

비정질 실리콘은 구조적으로 결정의 원자배열이 규칙적이지 않아 무형의 결정질이라 한다. 비정질 실리콘은 결합각과 결합길이가 결정과 유사하나, 규칙성이 없다. 즉, 이웃하는 실리콘

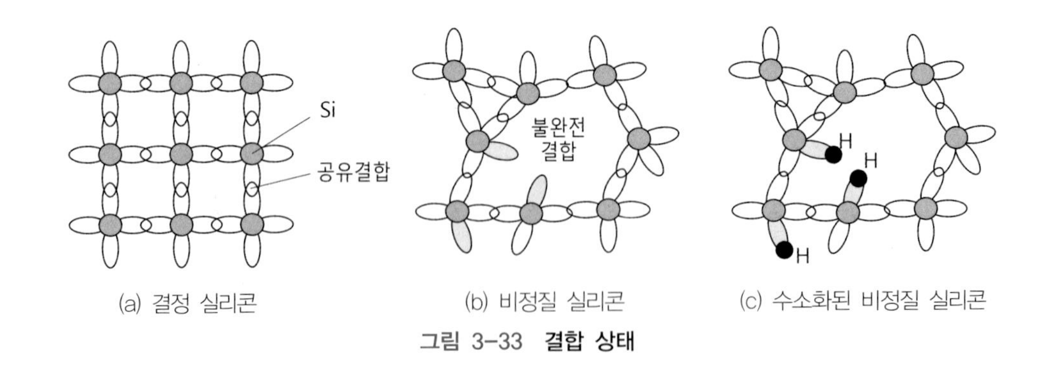

그림 3-33 결합 상태

원자와의 결합을 모두 하지 않고 일부가 끊어진 결합을 하고 있는 구조이다. 이러한 구조의 결합을 **불완전 결합**dangling bond상태라고 한다. 이것은 비정질 결정 물질 내부에서 불포화로 인하여 일부 결합이 절단된 상태에 있고, 여기에 원자 혹은 분자가 접근하면 쉽게 화학적 결합을 하는 성질이 있다. 이 미완의 결합 구조에 수소를 결합시켜 수소화된 비결정질 실리콘amorphous Si:H으로 변화시켜 사용하는데, 이렇게 되면 에너지 밴드 속에서의 상태 밀도를 줄이는 효과가 나타나 재료의 특성이 변하게 된다. 그림 3-33(a)에서는 원자번호가 $Z=14$인 실리콘 결정을 보여주고 있는데, 최외각 전자가 4개인 각 원자는 이웃하고 있는 실리콘 원자와 공유결합하여 결합의 규칙성을 나타내고 있다. 그림 (b)와 같이 비결정질 실리콘의 구성은 불완전 결합의 상태가 되어 결정의 규칙성이 없는 비정질 실리콘amorphous silicon이 되는 것이다. 그림 (c)에서는 이 불완전 원자에 수소를 결합시킨 결정을 보여주고 있는데, 이 상태에서는 금지대 폭이 1.72 eV 정도의 직접결합 반도체가 되고, 결정체인 실리콘보다 광을 흡수하는 비율이 높고 소자를 만들 때 큰 면적의 증착이 보다 쉽고, 저온 증착이 가능하며, 다른 물질과의 계면성질이 우수하여 TFT등의 소자를 제조하는 데 유용한 성질을 갖는다.

비정질 실리콘으로 제조한 LCD는 on/off상태의 전류비가 높고 공정상의 온도가 350℃ 정도로 비교적 낮아 유리 기판 위에 제조할 수 있는 장점이 있다.

TFT의 구조는 소스와 게이트의 위치에 따라 구조가 다른데, 이들이 동일 평면 위에 배치하는 형과 다른 평면에 위치하는 **어긋난 배열형**stagger type 등으로 구분한다. 그림 3-34에서는 어긋난 배열형을 보여주고 있다. 게이트를 소스/드레인보다 위에 위치시키는 방법으로 **위쪽 게이트**top gate 방식이다.

TFT의 제조는 얇은 막을 여러 층 쌓아 올리는 공정의 연속이다. 스위치역할을 하는 TFT는 반도체의 제조 공정 중의 하나인 광 사진식각 공정photolithography을 이용하여 만들 수 있다. 광 사진식각 공정은 유리 기판에 고분자 막을 도포하여 여기에 자외선을 쪼여서 패턴을 새겨 넣는 기술이다. 그림 3-35에서 광 사진식각 공정의 주요 단계를 보여주고 있다.

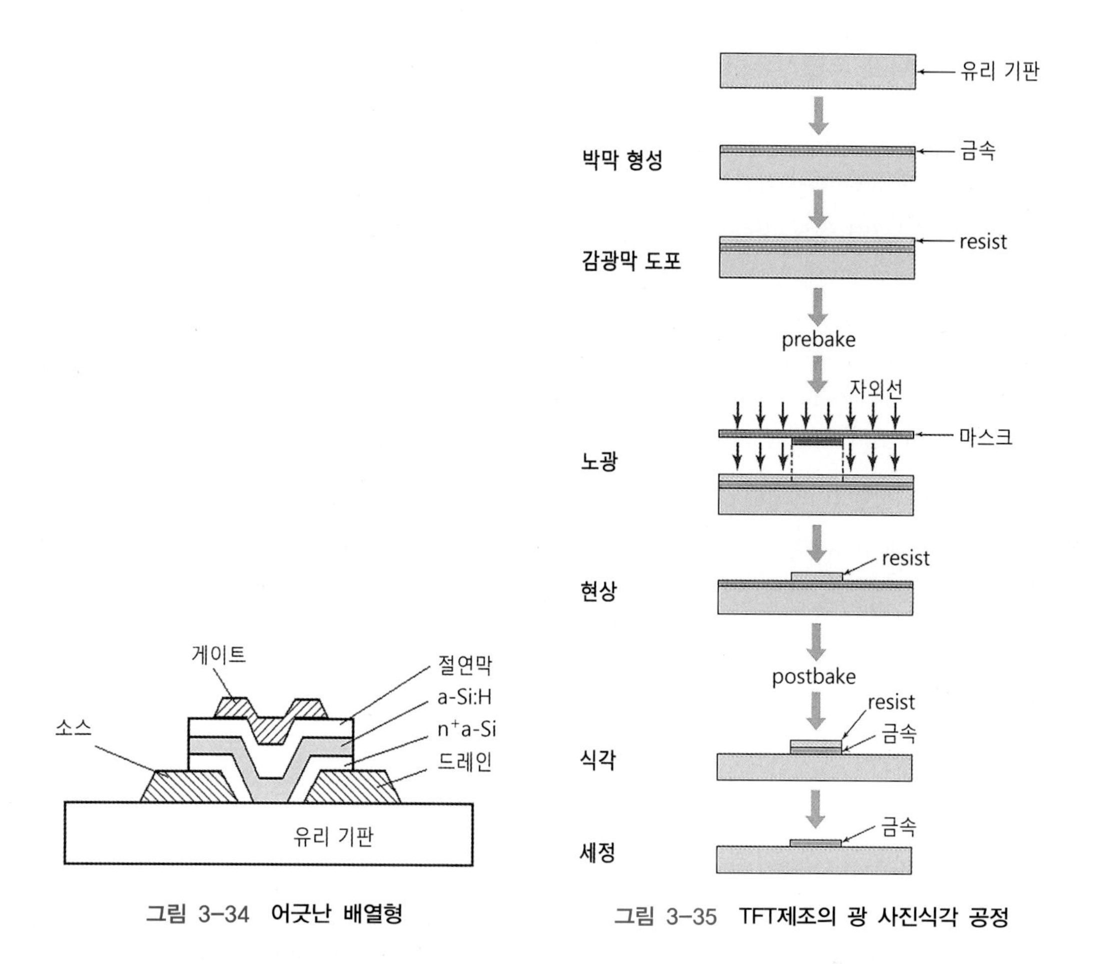

그림 3-34 어긋난 배열형

그림 3-35 TFT제조의 광 사진식각 공정

박막 형성 단계에서 플라즈마 CVD, 스퍼터링sputtering 기술을 이용하여 절연막, 반도체층, 금속층 등을 형성한다. 각 층의 두께는 보통 0.1～0.4 μm 정도이다.

감광막은 자외선에 반응하는 감광막photoresist을 도포한다. 일반적으로 스피너spinner 위에 유리 기판을 장착하고, 그 위에 감광액을 떨어뜨리고 고속회전시키면 기판 표면에 감광막이 균일하게 도포된다. 도포된 감광막을 오븐에서 사전굽기prebake를 한다.

노광은 미리 그려놓은 마스크mask를 감광막 위에 겹쳐 놓고 그 위에 자외선을 조사하는 과정이다. 현상은 노광된 감광막에 조사된 부분의 막을 현상액으로 제거하는 과정이다. 사후굽기postbake는 노광으로 자외선이 조사된 부분을 다시 굽는 과정이다. 식각etching은 감광막으로 덮여져 있지 않는 부분의 막인 절연막, 반도체층, 금속층 등의 식각액으로 제거하는 과정이다.

세척은 마지막으로 남아 있는 감광액을 세척액 등으로 없애고, 순수한 물로 세척하는 과정이다. 표표하는 박막만 유리 기판 위에 남는다. 이와 같이 여러 종류의 박막을 여러 층으로 만들어 TFT가 만들어지는 것이다.

비정질 실리콘 트랜지스터의 공정

앞에서 살펴본 바와 같이 TFT배열의 제조는 여러 종류의 박막을 증착하는 과정에서 노광 공정, 식각 공정 등을 반복적으로 수행하면서 이루어진다. 공정 과정에서 사용되는 광 마스크의 수는 대략 5～7매 정도 사용한다. 그림 3-36에서는 TFT제조의 주요 공정을 보여주고 있다.

박막 공정

TFT를 제조하기 위하여 유리 기판 위에 박막을 증착하는데, 이 박막을 제조하는 방법으로 화학적으로 증착하는 방법인 PECVDplasma enhanced chemical vapor deposition와 물리적 방법인 스퍼터링 방법을 많이 사용한다. PECVD는 SiN*x*, a-Si:H 박막을 증착하기 위하여 사용된다. 화소전극인 ITOindium tin oxide, 금속전극, 금속 배선 등은 스퍼터링 방법으로 증착하고 있다.

노광 공정

이 공정은 정렬기stepper에 광 마스크를 장착하고 유리 기판을 정렬하여 광원을 조사하는 과정이다. 광 마스크는 유리 기판 위에 수십 μm 정도를 띄워 평행 광을 비추어 패턴을 광에 노출시키는 방법이다.

식각 공정

이 공정은 증착된 박막 중에 불필요한 영역을 제거하는 과정이다. 화학용액을 사용하는 습식식각wet etching과 플라즈마plasma 등을 이용하는 건식식각dry etching이 있다. 습식식각은 화학용액 속에 유리 기판의 패턴을 담그는 방식dipping type과 화학용액을 뿌리는 방식spray type이 있다. 한편, 건식식각은 고진공 챔버 속에 유리 기판의 패턴을 장착하고 이 속에 반응가스를 넣어 플라즈마 방전을 발생시켜 이온화된 기체 가스가 박막과 충돌하여 원하는 영역을 제거하는 방식이다. 이 방식은 고정밀의 TFT를 제조할 때 유리한 방식이다.

세척 공정

TFT의 제조 공정 과정에서 발생한 먼지, 유기물 등의 불순물을 제거하는 과정이다. 세척 공정은 물리적 방법과 화학적 방법으로 나눌 수 있다. 물리적 세척 공정은 초음파를 사용하고, 화학적 방법은 산성 또는 알칼리성 화학용액을 사용하여 플라즈마 가스를 이용하는 것이다.

박막트랜지스터 공정

박막트랜지스터의 공정은 그림 3-36에서 보여주는 바와 같이 5장의 광 마스크를 이용한다.

첫 번째의 게이트의 형성 공정은 금속을 스퍼터링sputtering 방법을 이용하여 박막을 형성하면서 동시에 커패시터 전극을 형성하는 공정이다. 여기서 스퍼터링이란 기체의 플라즈마에서 생성된 높은 에너지의 양이온이 전기적으로 음극 영역에 있는 목표물의 물질을 떼어내는 물리적인 현상으로 떼어내진 목표물의 원자 혹은 분자가 기판 위에 쌓여 증착되는 것을 말한다. 주로 알루미늄Al이나 크롬Cr을 이용하여 박막을 성장하고, 하나의 게이트 마스크를 이용하여 사진식각 공정을 통하여 게이트를 형성한다. 이를 그림 3-36(a)에서 보여주고 있다.

두 번째는 활성층/절연층의 형성인데, 게이트 금속의 위에 수소화된 비정질 규소의 박막을 플라즈마 화학기상 증착법PECVD, plasma enhanced chemical vapor deposition을 이용하여 성장시키고, n^+a-Si과 절연층인 질화실리콘SiNx를 동시에 적층하여 성장한다.

세 번째는 소스/드레인 전극의 형성인데, 이것은 스퍼터링법을 이용하여 금속 박막을 증착한

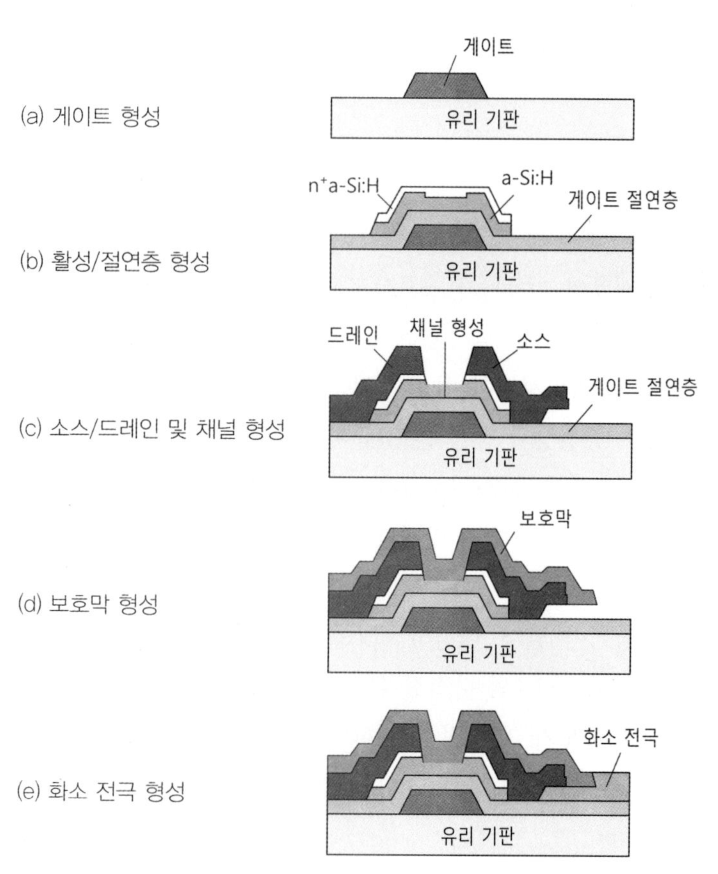

그림 3-36 TFT의 주요 제조 공정

후, 사진식각 공정을 통하여 소스/드레인을 동시에 증착한다. 이렇게 정의된 소스/드레인 전극은 다음에 채널 영역을 만들기 위한 공정의 자기정렬self aligned 마스크로 활용된다. 다음의 채널형성 공정은 소스/드레인 전극이 자체 마스크 역할을 하여 반응성 이온식각법으로 n^+a-Si을 식각하고 동시에 a-Si:H을 식각한다. 이 채널형성 공정은 TFT의 특성을 결정하는 중요한 과정이다.

네 번째는 PECVD 방법을 이용하여 보호막passivation을 형성하는 공정으로 TFT의 게이트와 데이터 선을 보호하기 위하여 진행하는 공정이다.

다섯 번째는 화소전극을 형성하는 공정인데, 스퍼터링 방법으로 증착된 투명전극인 ITO 박막은 화소 마스크로 정의되고, 컬러필터 ITO의 상대 전극으로 형성된다.

3.4.5 다결정 실리콘 박막트랜지스터

다결정 실리콘poly silicon 박막은 MOS형 집적회로가 적용되면서 1970년대에 상업용으로 개발되기 시작하였다. 집적회로에서 다결정 실리콘은 불순물을 도핑하여 게이트 물질로 사용되었는데, 이것은 다결정 실리콘이 낮은 비저항의 값을 갖는 특성이 있어 금속과 같은 전도성 재료이기 때문이다.

❙ 다결정 TFT의 특성

비정질 실리콘 TFT는 제조 공정 온도가 350℃ 이하의 저온에서 유리 기판 위에 보다 쉽게 만들 수 있다. 그러나 재료의 이동도가 낮으므로 고속 동작용 TFT 혹은 집적회로에는 적합하지 않은 단점을 갖고 있다. 다결정 실리콘은 비정질과 비교하여 이동도가 높은 특성을 갖고 있어 디스플레이의 스위치소자로서 적합한 특성을 나타내 적용하기 시작하였다.

다결정 실리콘은 제조 공정상의 공정 온도에 따라 유리 기판상에 450℃ 정도에서 수행하는 저온 공정과 1,000℃ 정도에서 수행하는 고온 공정으로 나눌 수 있다. 이 고온 공정의 경우는 유리 기판 대신 석영 재료를 사용한다. 다결정 실리콘 TFT는 고온 공정이므로 실리콘 기반 집적회로의 제조 공정 기술을 그대로 이용할 수 있어서 디스플레이의 구동회로를 동일한 기판 위에 제조할 수 있는 장점이 있다. 따라서 디스플레이와 구동회로 IC를 일체화할 수 있다.

표 3-1에서 비정질 실리콘 TFT와 다결정 실리콘의 저온 및 고온 공정의 특성을 비교하였다. 다결정 실리콘의 전자이동도가 비정질에 비하여 10～500 $cm^2/V \cdot s$로 상당히 높기 때문에 TFT의 크기를 작게 할 수 있다. 따라서 디스플레이의 화면의 개구율을 크게 할 수 있는 장점이 있다.

표 3-1 비정질, 저온 및 고온 폴리 실리콘 TFT의 특성

항목	비정질 TFT	폴리실리콘(고온)	폴리실리콘(저온)
공정 온도[℃]	350	1,000	450
기판 재료	유리	석영(quartz)	유리
전자이동도 [cm^2/V · s]	1 이하	100 이하	500 이하
구동 IC	비 내장	내장	내장
마스크의 수[장]	7	11	11
개구율	좁음	넓음	넓음

저온 다결정 TFT의 공정

그림 3-37에서는 저온 공정의 다결정 실리콘 TFT의 단면도를 보여주고 있는데, 그림 (a)는 게이트가 위쪽에 배치하는 위쪽 게이트$_{\text{top gate}}$방식이며, 이것은 기존의 실리콘 재료의 MOSFET 구조와 유사한 구조를 갖고 있어 기존의 공정 기술을 활용할 수 있는 장점이 있다. 그림 (b)는 아래쪽 게이트$_{\text{bottom gate}}$를 나타낸 것이다. 앞에서 기술한 비정질 실리콘 TFT와 같은 구조로 다결정 실리콘 층이 게이트의 절연층 위에 성장하기 때문에 유리 기판에 있는 불순물의 유입을 막을 수 있는 장점이 있다.

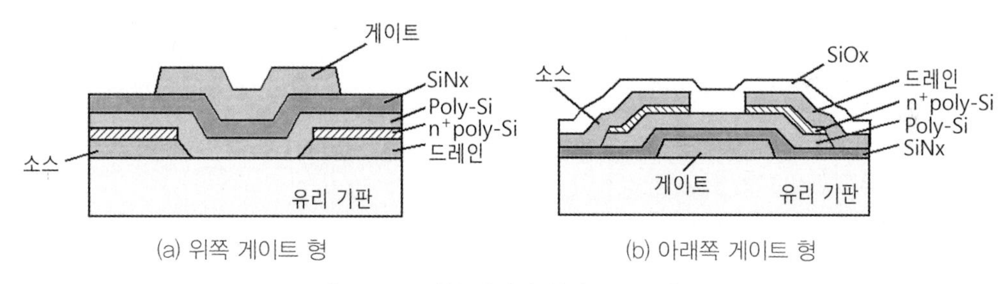

그림 3-37 저온 다결정 실리콘 TFT의 구조

고온 다결정 TFT의 공정

높은 온도의 다결정 실리콘 TFT의 공정은 2,000℃ 이상에서 녹을 수 있는 석영 재료를 기판재료로 사용하므로 일반 실리콘 재료를 사용하여 반도체를 제작하는 공정 기술과 설비를 이용할 수 있으므로 쉽게 제조할 수 있다. 석영 기판 위에 비정질 실리콘을 화학기상증착$_{\text{CVD}}$ 방법으로 성장시키고, 600℃ 정도에서 열처리 과정을 거쳐 비정질 실리콘을 결정화한다. 결정성을 높이기 위하여 이온 주입을 하기도 한다.

그림 3-38 저온 다결정 실리콘 TFT의 공정 순서

게이트 절연막은 실리콘 온도를 1,000℃ 정도로 높여주면서 산화시킨다. 산화막이 성장하면서 실리콘의 일부가 산화층으로 바뀌고 기존 실리콘 두께가 얇아진다. 산학막의 두께는 1,000Å 정도이다. 그림 3-38에서 저온과 고온 다결정 TFT의 제조 공정 순서를 보여주고 있다.

연구문제 CHAPTER 3

1. 바이폴러 트랜지스터와 전계효과 트랜지스터의 특성을 비교하시오.

2. 접합형 FET과 MOSFET의 동작을 비교하시오.

3. 증가형 MOSFET과 공핍형 MOSFET의 특성을 비교 검토하시오.

4. 채널 폭이 3×10^{-4}cm, 핀치-오프 전압 $V_p = 9$V인 n채널 접합형 전계효과 트랜지스터가 채널 폭이 4×10^{-4}cm로 변화한 경우 핀치-오프 전압 V_p는 얼마인가? (단, a: 채널폭, Φ_D: 0.6V 이다)

힌트 $V_p = \dfrac{eN_d a^2}{2\epsilon_o \epsilon_s}$

5. 다음과 같은 값을 갖는 접합형 전계효과 트랜지스터의 g_m의 값을 구하시오.

$N_d = 10^{22}\text{m}^{-3}$, $\mu_n = 0.13\text{m}^2/\text{V}\cdot\text{s}$, $a = 10^{-6}$m, $W = 100\mu m$, $L = 5\mu m$

힌트 $g_m = \dfrac{2eaW\mu_n N_d}{L}$

6. 접합형 FET가 열폭주(thermal runaway)가 일어나기 어려운 이유는 무엇인가?

7. 폭 $W = 30\mu m$, 채널 길이 $L = 1\mu m$, 전자이동도 $\mu_n = 750\ \mathrm{cm^2/V \cdot s}$, $C_{ox} = 1.5 \times 10^{-7}\ \mathrm{F/cm^2}$, $V_T = 1\mathrm{V}$인 nMOS에서 게이트전압 $V_{GS} = 5\ \mathrm{V}$일 때 포화 상태의 드레인전류 I_{Dsat}와 상호컨덕턴스 g_{ms}를 구하시오.

힌트 $I_{Dsat} = \mu_n C_{ox} \frac{W}{2L}(V_{GS} - V_T)^2$, $g_{ms} = \mu_n C_{ox} \frac{W}{L}(V_{GS} - V_T)$

8. FET의 종류 및 그 응용 분야에 관하여 기술하시오.

9. 다음과 같은 변수를 갖는 이상적인 n채널 MOSFET이 있다.

$\mu_n = 450\mathrm{cm^2/V \cdot s}$, $t_{ox} = 350\ \text{Å}$, $V_T = 0.8\mathrm{V}$, $C_{ox} = 6.4 \times 10^{-8}\mathrm{F/cm^2}$,
$L = 1.15\mu m$, $W = 11\mu m$

① $V_{DS} = 0.5\ \mathrm{V}$일 때 g_{ml}을 계산하시오.

② $V_{GS} = 4\ \mathrm{V}$일 때 g_{ms}를 계산하시오.

10. 다음의 물리적 요소를 갖는 n채널 MOSFET이 있다.

$W=30\mu m$, $L=2\mu m$, $\mu_n=450\text{cm}^2/\text{V}\cdot\text{sec}$, $t_{ox}=350\,\text{Å}$, $C_{ox}=6.4\times10^{-8}\text{F/cm}^2$, $V_T=0.8\text{V}$

① $0\le V_{DS}\le 5$ V이고 $V_{GS}=0, 1, 2, 3, 4, 5$ V일 때 I_D-V_{DS} 곡선을 그리시오.

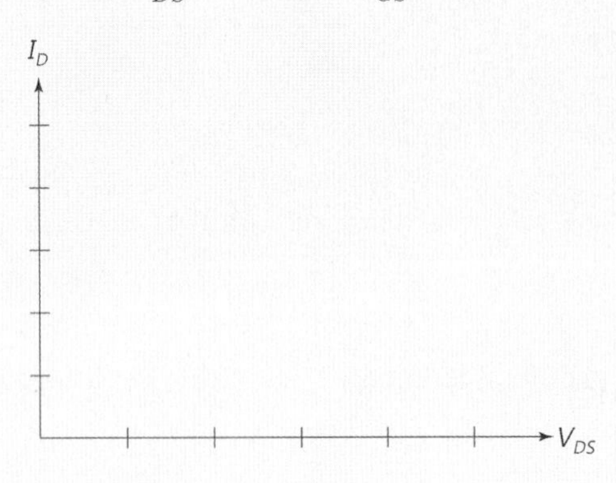

11. TFT-LCD에 응용되는 a-Si TFT의 장단점은 무엇인가?

12. TFT동작에서 선형 영역과 포화 영역을 설명하시오.

17. a-Si TFT의 구조에서 stopper형과 Back channel etched 형의 장단점을 기술하시오.

18. a-Si:H에서 수소의 역할을 기술하시오.

19. a-Si:H과 PECVD 실리콘 질화막 사이의 경계면의 상태 밀도에 대하여 기술하시오.

20. a-Si:H에서 인(P)을 도핑할 때, 결정 실리콘 물질과의 차이점은 무엇인가?

21. AMLCD에서 TFT가 필요한 이유를 기술하시오.

CHAPTER

4

액정디스플레이 (Liquid Crystal Display)

4.1 액정의 종류와 구조

액정디스플레이LCD, liquid crystal display란 액체와 고체의 중간적인 특성을 갖는 액정液晶, liquid crystal의 전기·광학적 성질을 표시장치에 응용한 것이다. 액체처럼 유동성을 갖는 유기有機 분자인 액정이 결정처럼 규칙적으로 배열된 상태를 갖는 것으로, 이 분자배열이 외부 전계에 의해 변화되는 성질을 이용하여 표시소자로 만든 것이 액정디스플레이이다.

4.1.1 액정의 정의

액정液晶, liquid crystal의 최초 발견자는 Reinitzer이며, 1889년 실제 시료를 통하여 '흐르는 결정'이라는 연구 논문을 발표한 Lehmann이 이를 완성하게 되었다. 얼음을 녹이면 물이 되고, 여기에 온도를 상승시키면 증발해버린다. 이와 같이 보통 물질은 고체(결정), 액체 및 기체의 세 가지 상태로 나눌 수 있는데, 액정은 이 세 가지로 분류할 수 없는 네 번째의 상태로 유동성流動性이 있으나 유동성이 강한 액체와는 분명히 차이가 있는 물질이다.

물질이 액정의 상태를 갖기 위해서 물질의 형태를 구성하는 분자가 독특한 형태를 가질 필요가 있다. 보통의 액체는 분자의 방향과 배열에 규칙성이 없으나, 액정은 어느 정도의 규칙성을 갖는 액체와 비슷한 성질을 갖는다. 어떤 물질을 가열하면 **복굴절**複屈折, double refraction과 같은 이방성異方性, anisotropy을 나타내는 액체의 상태를 갖는 고체가 있다. 복굴절이란 방향에 따라 굴절률이 다른 결정체에 입사한 빛이 방향이 다른 두 개의 굴절광으로 굴절되는 현상을 말한다.

액정을 만드는 기본적인 분자는 가늘고 긴 막대모양의 봉상棒狀의 형태와 원반圓盤의 형태를 하고 있다. 봉상棒狀 분자의 결정이 분해될 때의 상태를 생각하여 보자. 결정結晶, crystal상태에서 분자는 그 중심의 위치와 방향이 어느 규칙에 따라 배열된다. 그림 4-1(a)에서는 상태에 따른 봉상 분자의 결정 배열을 나타낸 것이다.

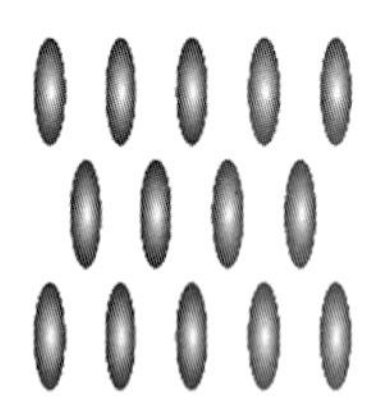
(a) 결정 상태

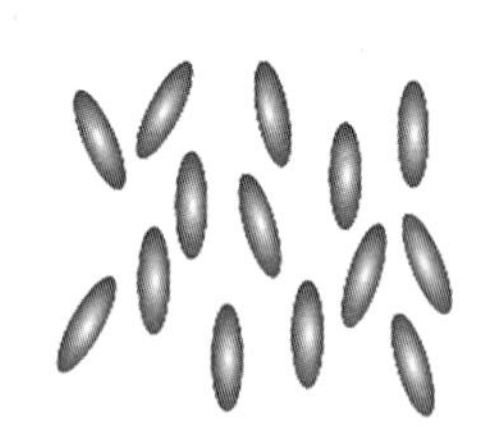
(b) 액정 상태

(c) 액체 상태

그림 4-1 봉상 분자의 배열 상태

보통 물질이 분해되면 그 중심의 위치와 방향이 흩어지게 되는데, 중심의 위치만을 분해하고, 분자의 방향은 분해되지 않는 규칙성을 대체로 유지하는 것이 액정의 상태이다. 그림 (b)에서 나타낸 바와 같이 액정液晶, liquid crystal 상태에서 분자는 그 중심 위치의 규칙성은 잃지만, 방향의 규칙성은 대체로 유지하게 된다. 이것이 액체 상태와 다른 점이다. 온도를 더 올리면 방향의 규칙성도 잃어버려 흩어지는 것이 일반적으로 액체 상태이다. 그림 (c)에서 나타낸 바와 같이 액체 상태에서는 중심 위치와 방향이 흩어져 있으므로 어느 방향에서 보아도 액체의 분자 배열은 똑같이 흩어져 보인다.

액정 상태를 정면에서 본 것과 밑에서 본 것은 분명히 다르다. 보는 방향에 따라서 물질이 다르게 보이는 것은 이방성의 특성을 갖는 것이다. **이방성**異方性, anisotropy이란 물체의 물리적 성질이 방향에 따라 다른 특성을 말한다. 결정에는 이방성이 있으나, 액체에는 이방성이 없다. 이와 같이 액정은 액체의 유동성과 결정의 이방성을 동시에 갖는 액체와 결정의 중간적 성질을 갖고 있다.

앞에서 기술한대로 액정을 이루는 분자는 봉상과 원반상이 있다. 그림 4-2(a)에서는 대표적인 봉상 분자의 화학적 배열을 보여주고 있는데, 이것은 1973년 영국의 Gray가 합성한 것으로 상온에서 액정 상태이며 화학적으로 안정하여 초기의 액정 재료로 디스플레이 응용 연구에 많은 기여를 한 화합물이다. 탄소C, 질소N, 수소H가 연결되는 구조로 되어 있다. 원반圓盤상의 분

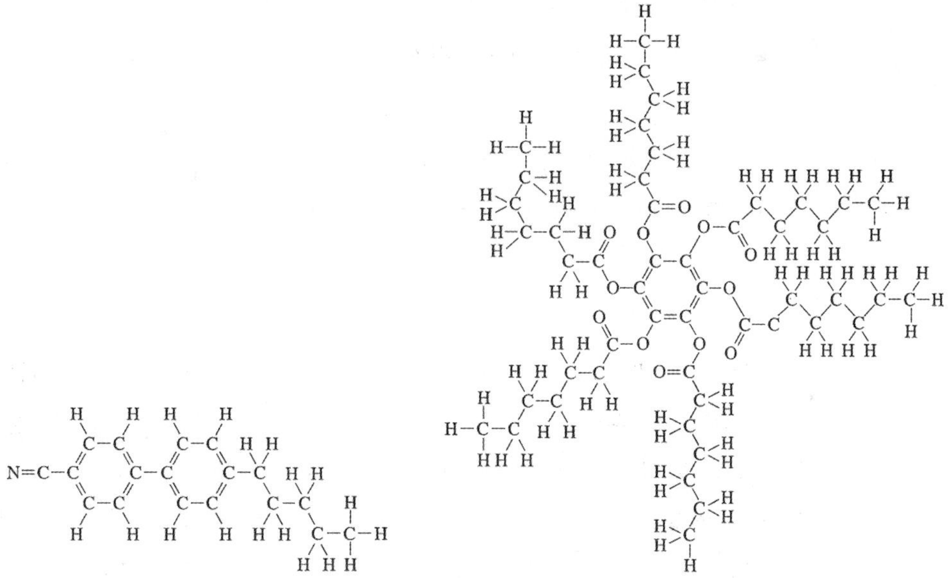

(a) 봉상 (b) 원반상

그림 4-2 액정 분자의 구조

자는 인도의 Chandrasekhar에 의하여 처음으로 발견된 액정 물질이다. 이것은 중앙에 원반 형태의 골격 부분을 구성하고, 그 주변에 6개의 유연한 고리 사슬을 갖고 있어 이것도 액정 분자의 조건을 만족하고 있다. 그림 (b)에서는 원반상의 분자 구조를 보여주고 있다.

4.1.2 액정의 종류

액정의 분류 방법은 배열 구조, 액정 상태의 유발, 액정 분자의 크기, 액정 분자의 기능 및 액정의 용도에 의하여 분류하고 있다. 배열 구조에 의한 액정의 종류를 살펴보자. 앞 절에서 결정을 분해하여 위치질서가 없어지고, 방향질서만 남은 액정 상태를 기술하였다. 위치질서가 완전히 소멸되는 것이 아니라, 일부의 위치질서는 소멸되지만, 어느 방향의 위치질서는 유지된 상태로 있을 수 있다. 액정 상태를 배열 구조로 나눌 때, 네마틱상과 스멕틱상 외에 콜레스테릭 액정 등 세 가지로 분류하고 있다.

▎스멕틱 액정

스멕틱smectic 액정은 봉상 분자가 규칙적으로 배열되어 층의 구조를 형성하고 있는데, 수직축 방향으로 규칙성을 갖고 평행하게 배치되어 있다. 한쪽 방향으로 규칙성을 유지하고 있는 분자 배열로 분자층 사이의 결합은 매우 약하여 액체보다 점도가 커서 끈적끈적한 성질을 갖는다. 최초의 비누는 암모늄 NH_4과 pH7 이상의 염기성鹽基性을 띤 물질로 물에 잘 녹으며, 산을 중화시키는 화합물인 알칼리alkali 성분의 비누이었기에 스멕틱이란 용어는 희랍어 비누soap에서 유래하였다.

그림 4-3(b)에서는 스멕틱 액정의 분자 구조를 보여주고 있는데, z방향의 위치질서는 남아 있으나, xy면을 이루는 층 내의 위치질서가 소멸된 상태를 나타내고 있다.

▎네마틱 액정

네마틱nematic의 용어는 액정 분자의 결합 모양이 실과 같아서 붙여진 이름으로 희랍어 실thread에서 유래하였다. 이를 그림 4-3(a)에서 보여주고 있는데, 네마틱 액정은 봉상 분자들이 일정한 온도 범위에서 긴 축을 일정한 방향으로 향하고 있으면서 그 중심의 위치질서는 보통의 액체와 같이 불규칙하게 분포되어 있는 상태, 즉 액정 분자의 위치에 대한 규칙성은 없으나, 분자축의 방향으로는 질서를 유지하고 있는 배열의 형태이다. 스멕틱 액정과 같은 층상의 구조를 갖지 않으므로 점도는 비교적 낮다.

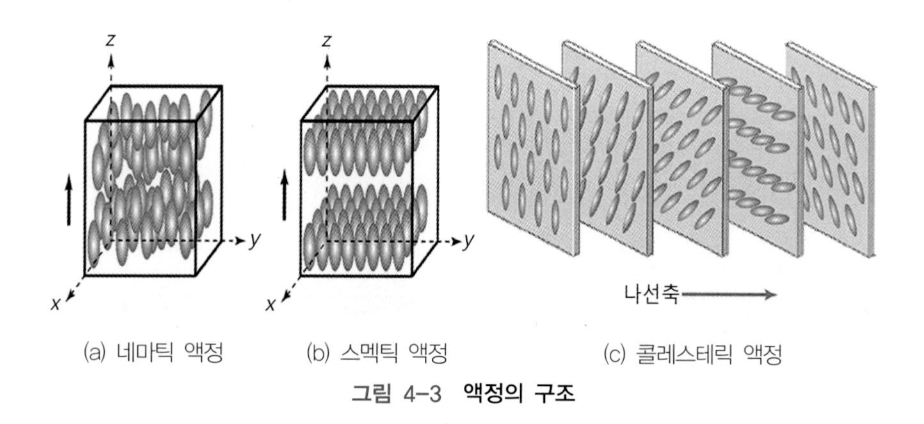

그림 4-3 액정의 구조

이 상태는 z방향으로의 1차원의 위치질서 즉, 층 구조를 갖고 있는 것으로 그림 (b)에서 나타낸 액정 상태와는 분명히 다르다. 이와 같이 위치질서가 완전히 소멸한 액정 상태를 **네마틱 액정**nematic liquid crystal이라 한다.

STN 액정

뒤틀린 네마틱, 즉 TN 모드의 액정을 개량한 **초 뒤틀린 네마틱**STN, super twisted nematic 모드가 있다. 액정 분자를 180°～270°로 비틀어서 TN형 액정에 비해 더 나은 대비 효과를 제공하는 매트릭스 LCD기술이다. TN은 정보 표시양의 한계로 큰 화면 개발이 불가능하기 때문에 뒤틀림각을 더 크게 하여 전기적 및 광학적 특성의 경사도를 향상시킨 것이다. STN 모드 외에 이것의 두 배인 DSTNdouble STN이나, 세 배인 TSTNtriple STN 등이 있다. 일반적으로 더 많이 비틀리면 비틀릴수록, 색 대비 효과가 더 좋아진다.

이러한 액정에서는 높은 투과율과 전압특성을 얻기 위하여 탄성계수彈性係數비가 큰 재료를 이용하는 것이 필요하다.

콜레스테릭 액정

콜레스테릭cholesteric 액정은 네마틱 액정에서와 같이 일정한 방향으로 배열되어 있는 층상의 분자에 비틀림 구조가 더해져 전체적으로는 층과 수직 방향으로 나선螺旋, spiral 모양을 이루는 상태로 콜레스테롤 물질의 분자 구조와 유사하여 붙여진 이름이다. 이것은 액정 분자의 배열이 스멕틱 액정과 같은 층상의 구조를 가지면서 각 분자의 층은 네마틱상과 같이 평행한 배열로 층과의 사이에는 분자 축의 방향이 조금씩 뒤틀려 배열된 상태이다. 이를 그림 (c)에서 보여주고 있다.

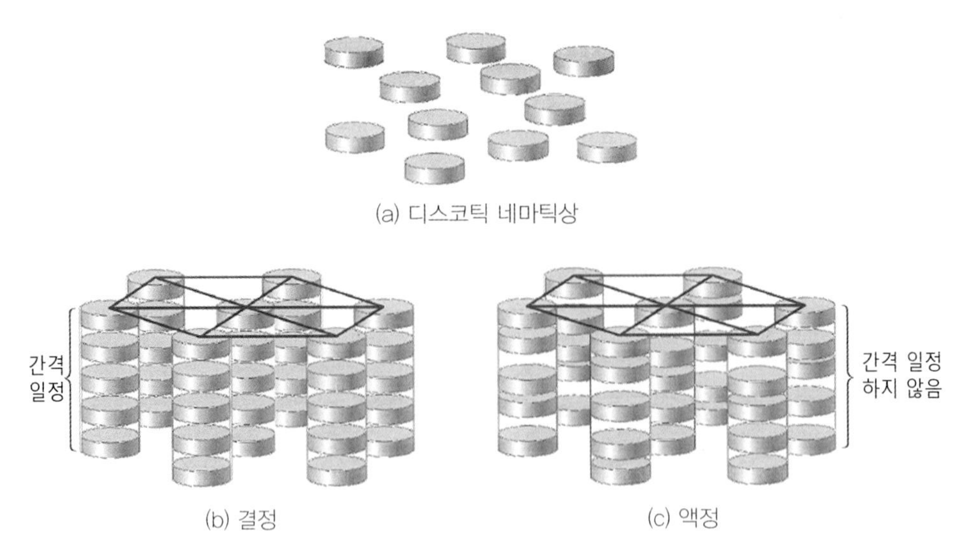

그림 4-4 디스코틱 네마틱상의 구조

❙ 원반상 액정

원반상圓盤相 분자의 액정 상은 두 가지로 분류할 수 있다. 봉상 분자의 네마틱상에 대응하는 것이 **디스코틱**discotic**상**이다. 이 상은 그림 4-4(a)에 나타낸 바와 같이 분자의 위치 질서는 완전히 소멸되어 있으나, 전체 분자의 원반 면은 평균적으로 보면 어느 방향을 향하고 있다.

그런데 원반상의 분자가 고체 상태에 가까운 액정상의 구조로 그림 (b)와 같은 원반상 분자의 결정을 생각하여 보자. 분자는 규칙적으로 겹쳐져 유리 통筒상의 구조를 형성하고 있다. 이 통을 가득히 하나의 통으로 묶은 것은 통을 위에서 보면 마치 벌집과 같은 구조를 하고 있다. 이 결정이 분해될 때, 벌집 구조를 유지한 채로 분자가 겹쳐 쌓은 방향의 위치질서가 소멸되면 어떻게 될 것인가? 봉상 분자의 스멕틱상이 1차원의 위치질서를 갖는 2차원 액체인 것에 대하여 2차원 위치질서를 갖는 1차원 액체라고 할 수 있다. 이를 그림 (c)에서 보여주고 있다.

❙ 모노트로픽 액정

고체 상태의 얼음은 분해되면 액체로 되고 온도를 올리면 기체 상태로 상태의 변화가 이루어진다.

액정 물질은 온도를 올려감에 따라 고체固體상, 스멕틱smectic상, 네마틱nematic상, 액liquid상으로 변화하게 된다. 온도 변화에 의하여 상태를 변화시키는 것이다. 이와 같은 액정을 온도전이형溫

度轉移型, thermotropic 또는 열향성熱向性 액정이라 한다.

액정 상태의 유발은 온도를 올릴 때와 내릴 때 다른 것도 있다. 예를 들어 온도를 올릴 때는 고체에서 직접 액체로 되는 것과 액체의 온도를 내리면 직접 고체로 되지 않고, 액체 상태를 나타내는 것도 있다. 이와 같은 액정 상태를 **모노트로픽**monotropic 액정이라 한다.

현재, 액정디스플레이에 사용되고 있는 것은 모두 온도전이형 액정이다. 액정 상태로 사용하는 것이므로 디스플레이용 액정 재료는 디스플레이가 사용하는 온도 범위에서 액정 상태를 유지할 필요가 있다. 액정의 온도 범위를 넓히기 위하여 여러 액정을 혼합한 재료의 개발이 진행되고 있다.

┃ 고분자 액정

지금까지 살펴본 액정 분자는 원자의 수 측면에서 생각해보면, 수십 개에서 고작해야 수백 개 정도의 원자로 구성되는 길이 3 nm 정도의 작은 저분자低分子이다. 이에 대하여 원자의 수로 치면 수만 개에 이르는 고분자의 형태를 갖는 액정도 존재하고 있다. 이들을 보통 저분자 액정과 고분자 액정이라 부른다.

고분자는 어느 반복 단위인 주된 사슬고리main chain가 연결되어 구성되지만, 이 주된 사슬고리 자체가 액정 구조를 이루는 것은 주 사슬고리형 고분자 액정과 주 사슬고리에서 옆으로 퍼진 측면 사슬고리 부분이 액정 구조를 이루는 측면고리형 고분자 액정의 두 가지가 있다. 사슬이란 원자 혹은 분자 여러 개가 한 줄로 곧게 이어져 분자를 구성하거나 몇 개의 작은 분자가 곧게 이어져 커다란 분자를 구성하는 결합 형태를 말하는데, 주사슬이란 가지가 있는 사슬 모양의 고분자 화합물에서 골격을 이루고 있는 사슬이다. 이를 그림 4-5에서 보여주고 있다. 여기서 주 사슬고리형은 네마틱상, 측면고리형은 스멕틱상을 나타낸 것이다.

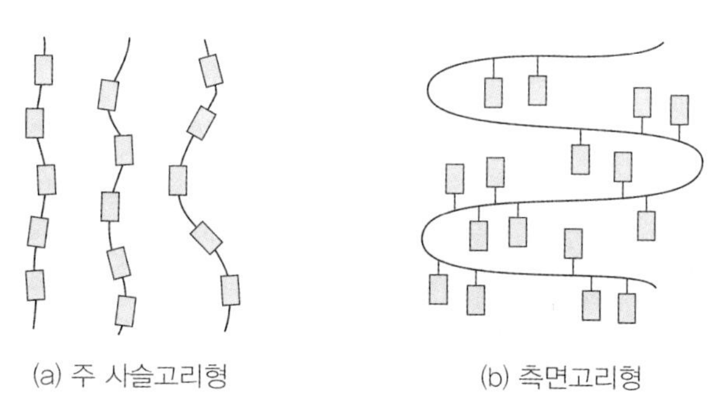

그림 4-5 고분자 액정의 구조

4.1.3 액정 분자의 기본 구조

❙ 액정의 성질

액정은 앞에서 기술한 바와 같이 액체로서의 유동성과 고체로서의 이방성異方性의 성질을 갖고 있다. 이방성이라고 하는 것은 일종의 규칙성을 말하는데, 이는 방향에 의하여 규칙성이 다르다는 것을 의미한다. 이 규칙성은 어디에서 오는 것일까? 이는 분자의 형태에 의존하는 경우가 많다. 분자는 몇 개의 원자가 사슬고리 모양의 가지로 결합하여 굳어진 것이다. 예를 들어 수소원자 2개와 산소원자 1개가 가지로 결합되어 H_2O의 분자가 되는 것과 같다. 이들 분자가 많이 모여서 생긴 액체가 물인 것이다.

❙ 액정의 분자 구조

액정은 유기화합물有機化合物의 일종으로 분자를 구성하고 있는 원자는 주로 탄소C, 수소H, 산소O 및 질소N 등이 있으며, 그 외에 불소F 및 염소Cl 등이 포함되는 경우도 있다. 탄소는 가지가 4개, 수소는 1개, 산소는 2개가 있어서 전체의 가지가 반드시 몇 개의 다른 원자의 가지와 묶여진 상태로 존재할 필요가 있다. 액정을 나타내는 분자의 모형을 그림 4-6에서 보여주고 있는데, 봉상棒狀 혹은 원반상圓盤狀의 분자 형태로 존재하는 것이 많다.

여기서 일반적으로 디스플레이에 사용되는 것은 봉상 구조이나, 최근에는 원반상 구조도 사용되고 있다. 봉상 구조를 조금 더 살펴보면, 대체적으로 3개에서 5개의 부분으로 나눌 수 있음을 알 수 있다. 중심부의 말단 고리 및 공간 부분으로 나누어 생각할 수 있는데, 중심부는 분자의 중심 부분으로 벤젠 고리(벌집과 같은 모양) 몇 개가 옆으로 이어서 결합된 것이다. 이는 분자 속에서 단단한 부분으로 되어 있다. 말단 부분은 탄소 1개에 수소 2개가 묶여져 있고, 그것이 고리 형상으로 배열되어 있는 유연한 부분이다. 공간 부분은 중심부와 말단 부분을 연

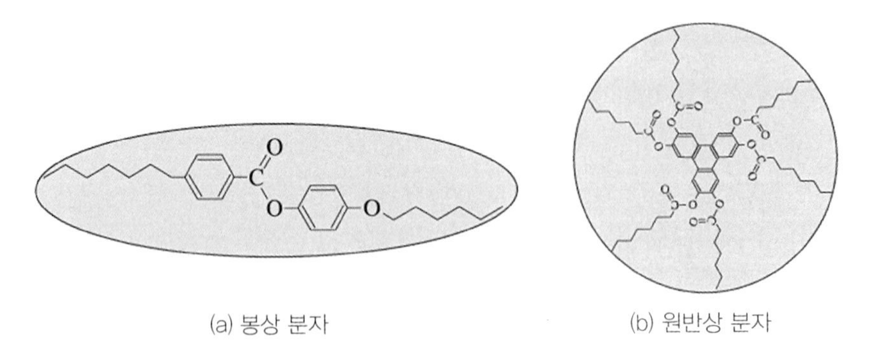

그림 4-6 액정 분자의 구조

결해주는 역할을 한다.

4.2 액정 재료의 특성

이 절에서 액정에는 어떤 유형이 있으며, 각종 표시 모드에 어떤 액정 재료가 사용되는지를 살펴본다.

4.2.1 액정의 변위

구체적으로 실제 디스플레이에 사용되고 있는 액정 재료는 어떤 것이 있는지 살펴보자. 액정 디스플레이에서는 액정 분자에 전압을 걸어 분자를 움직이게 하여 액정 스위치의 개/폐開/閉, on/off 작용을 한다. 앞에서 기술한 90° 뒤틀림을 기본으로 하는 모드가 **뒤틀린 네마틱**TN, twisted nematic 이다. 이외에도 많은 액정의 종류가 있다.

각 모드의 원리는 다소 차이가 있으나, 공통적으로 전압을 걸어서 액정 분자의 배열이 변화를 일으켜, 그것을 명암明暗표시의 작용으로 이용하고 있다.

전기를 사용하므로 재료에 어떤 전기적 특성 즉, 어느 정도의 전압으로 얼마만큼 크게 움직이는지, 어느 정도 빠르게 움직이는지 등이 중요한 요소로 작용한다. 또 그 움직임에 의해서 빛을 통과시키거나 차단함으로써 표시소자의 역할을 수행하는 것이므로 빛에 대한 성질 즉, 어느 정도의 빛을 통과할 것인지, 어떤 색의 파장으로 빛을 통과시킬 것인지 등이 중요한 요소이다.

이제 결정에 전압을 인가하면 어떠한 작용이 일어나는지를 살펴보자. 액정 분자에는 많은 전자가 있다. 전자는 외부에서 전압을 걸면 양(+)의 전극 방향으로 이동하는 경향이 있으므로 분자에서는 전기적인 편향을 일으키게 된다. 이런 편향 발생에 영향을 미치는 요소를 **유전율**誘電率이라 한다.

분자는 완전히 둥근 형태가 아니므로 편향의 용이성 즉, 유전율은 방향에 따라 다르게 된다. 이것이 유전율의 이방성인 것이다. 분자에 전압을 인가하면 분자는 전압의 편향이 전압 방향으로 될 수 있는 한 크게 되도록 한다. 그림 4-7에서는 액정 분자에 전압을 인가하면 전압의 방향에 따라 분자가 편향되는 상태를 보여주고 있다. 마치 금속 못을 자석 N극과 S극 사이에 놓고 못이 양극을 연결하는 방향으로 향하는 것과 유사하게 생각할 수 있다.

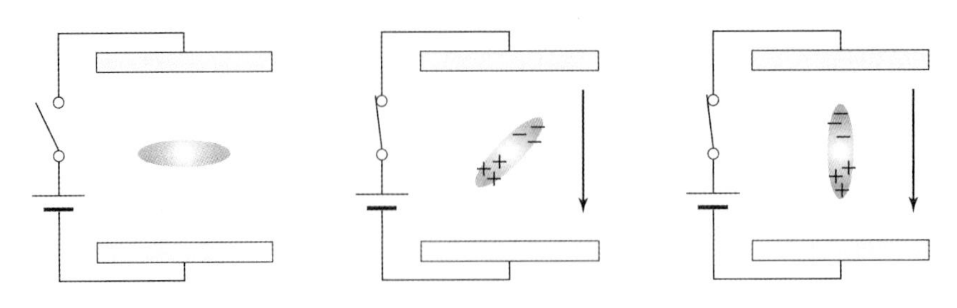

그림 4-7 전압에 의한 액정 분자의 배향

4.2.2 액정의 특성

┃ 액정의 탄성

일반적으로 탄성계수는 물질의 왜곡상태歪曲狀態와 견고성 등을 나타내는 척도로 사용한다. 예를 들어 단단한 용수철은 탄성계수가 크다고 알려져 있다. 앞에서 기술한 바와 같이 네마틱 액정에는 위치 질서가 없으므로 압축 등에 의한 탄성이 없다. 그러나 방향질서는 있으므로 분자의 방위 변형에 대한 탄성은 존재한다.

네마틱 액정은 크게 나누어 세 가지의 변형을 생각해 볼 수 있다. 그림 4-8에서 보여주는 것과 같이 액정의 구부러짐bend과 퍼짐spray의 변형에 대한 탄성계수를 나타낸 것이다. 이외에도 뒤틀림twist 변형이 있다.

┃ 액정의 광학 특성

네마틱 모드의 액정 분자 구조는 광학 특성에 있어서도 복굴절複屈折이 크게 이루어지는 특성도 갖고 있어 우수한 재료로 평가할 수 있다. 이 복굴절은 굴절률의 이방성이라고도 한다.

진공 중에 진행하는 광의 속도는 3×10^{8} m/s이지만, 유리, 물 등의 물질 속을 통과할 때는 광속보다 훨씬 느리게 된다. 굴절률은 이 속도가 지연되는 척도를 말한다. 여기서의 이방성이라

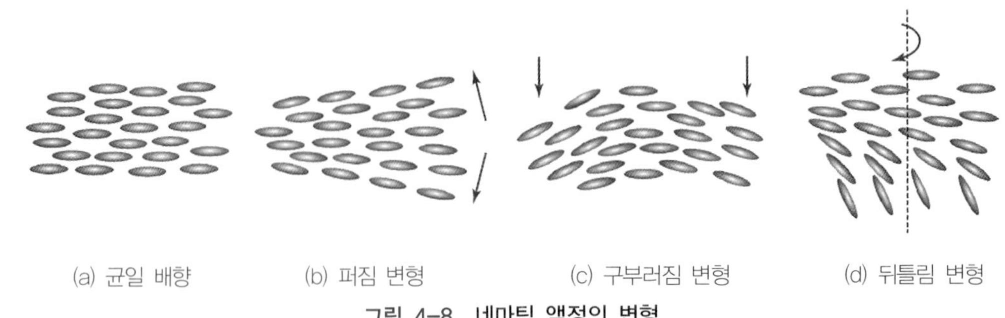

그림 4-8 네마틱 액정의 변형

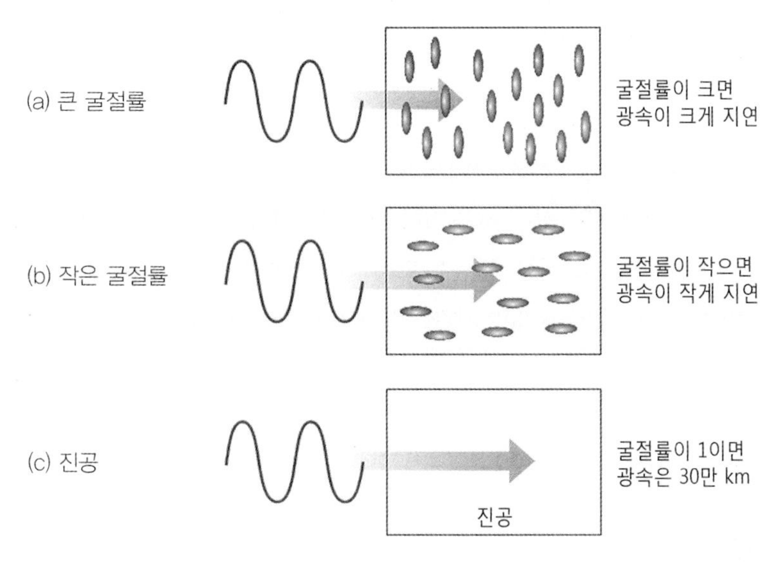

그림 4-9 굴절률에 의한 빛의 속도 변화

하는 것은 빛의 진행 (또는 진동) 방향에 의하여 속도가 변한다는 것을 의미한다. 이것에 의하여 액정 속을 통과하는 편광의 상태가 변하는 특성으로 표시display작용이 이루어지는 것이다. 이를 그림 4-9에서 나타내었다.

현재 가장 많이 사용하고 있는 디스플레이는 액정과 TFT를 조합시켜 구성한 능동행렬active matrix 형이다. 이 방식의 액정 재료에 요구되는 가장 중요한 점은 단위길이당 저항 값인 비저항이 커야 하며, 자외선에 대한 높은 안정성이다.

재료의 안정성도 전압의 유지율에 관계하므로 열과 빛에 의한 분해가 일어나지 않는 것도 중요한 요소이다. 분해가 되면 액정 중에 이온이 발생하여 실제의 전압을 떨어뜨리는 원인이 되기 때문이다. 이러한 상태를 그림 4-10에서 보여주고 있다.

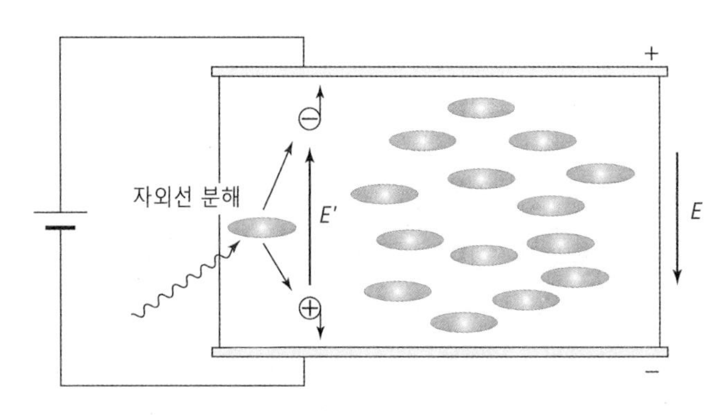

그림 4-10 자외선에 의한 액정의 분해

4.3 액정 분자의 배향

액정 물질을 단순히 유리glass 기판 사이에 끼우는 것만으로는 같은 분자배열 상태를 얻기가 어렵기 때문에 기판내벽에 배향막配向膜을 형성하여야 한다. 어떠한 종류의 액정 분자 배열이 형성되는지는 액정과 기판으로 이루어진 계면상태의 배향 효과에 의해 결정된다. 따라서 사용할 액정이 결정되면 그의 분자 배열은 기판표면에 어떠한 배향처리가 되어있는지에 따라서 결정된다.

4.3.1 액정 분자의 배열

액정의 배열

액정디스플레이의 대부분은 네마틱nematic액정을 이용하고 있다. 이 네마틱 액정의 특징은 분자의 중심 위치는 흩어져 있으나, 긴 축 방향이 거의 한쪽 방향으로 향하고 있다는 것이다. 이를 그림 4-11에서 보여주고 있다.

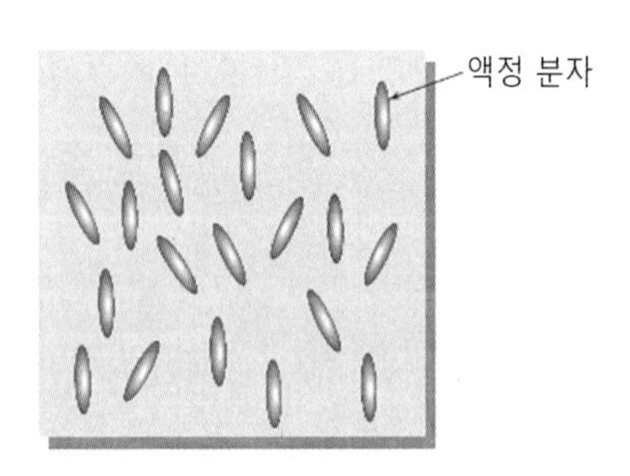

그림 4-11 네마틱 액정의 분자 배열

배향처리

액정디스플레이에서 이 네마틱 액정은 두 장의 유리 기판이 마주보는 얇은 간격(약 5 μm) 사이에 넣어져 있다. 여기서 5 μm의 간격은 우리 머리카락 굵기의 1/10 정도로 얇은 공간을 말한다. 이 공간에서 액정이 배열되는 것이다. 네마틱 액정의 개개의 분자는 서로 같은 방향으로 향하고 싶어 하는 성질을 갖고 있다. 그러나 그 방향으로 정렬한 분자의 집단을 전체로서 한 방향으로 향하게 하기 위해서는 어떠한 외부의 힘이 필요하다. 이러한 외부의 힘이 액정에게 전달되도록 하여 디스플레이의 역할을 하기 위해서는 배향막配向膜, alignment film이 형성되어야

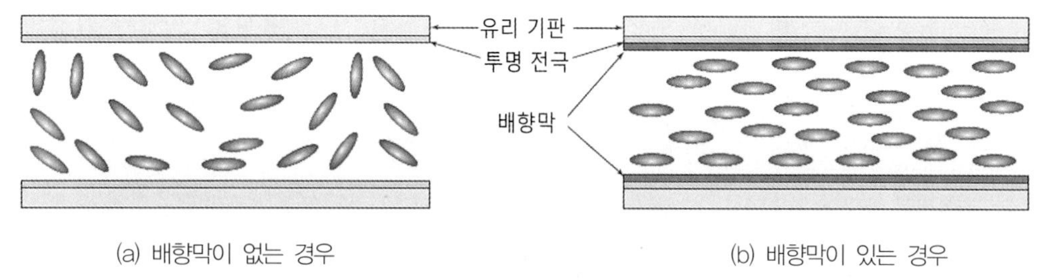

그림 4-12 분자 배열의 변화

한다. LCD에서 화면에 나타나는 화상을 정확하게 표현하려면 화소 하나 하나의 밝기를 정확하게 조절하여야 하며, 이를 위해서 액정 분자의 초기 배열상태를 정확하게 유지하도록 하여 액정의 움직임을 균일하고 정확하게 조절할 필요가 있다. 액정을 유리 기판 사이에 주입하는 것만으로는 균일한 분자의 배열을 얻을 수 없다. 그래서 액정 분자가 균일한 방향의 정렬상태를 유지하기 위하여 유리 기판의 상판과 하판의 내벽에 얇은 유기화합물인 폴리이미드PI, polyimide가 도포되어 배향막을 형성하고, 도포한 배향막 표면에 같은 방향의 홈이 만들어지도록 하는 것이 배향처리配向處理이다.

이 배향막은 0.1 μm 정도의 두께를 갖는 고분자 막으로 만들어져 있는데, 유리 기판 위에 인쇄하여 박막 형태로 형성하는 방법이 일반적이다.

그림 4-12에서 액정 분자의 배향하는 모양을 나타낸 단면을 보여주고 있다. 유리 기판 위에 전압을 걸기 위한 투명 전극이 있고, 그 안쪽으로 배향막이 형성되어 있다. 배향막을 접하고 있는 액정 분자의 긴 방향을 거의 유리 기판 면과 평행하도록 속박하는 힘을 갖고 있는 것이다.

액정 분자가 유리 기판에 거의 평행하도록 하는 배향을 **수평 배향**水平配向이라 하고, 배향막의 종류를 변화시키면 액정 분자가 거의 유리 기판에 수직으로 세워진 **수직 배향**垂直配向을 얻을 수 있다.

연마

배향막의 존재에 의해 액정 분자를 유리 기판 위에 평행하게 고정하였다. 유리 기판 면에 액정 분자가 평행하도록 속박되어 있어도 그 방향은 유리 기판 면 내의 모든 방향(360°)으로 가능하다. 그림 4-13에서 보여주는 바와 같이 액정 분자의 배향은 연마rubbing라 하는 처리를 할 필요가 있다. 이 연마는 "문지르기"라는 뜻이 있듯이 유연한 포布로 배향막을 한쪽 방향으로 문질러 준다. 일반적으로 그림 (c)에서 나타낸 것과 같이 굴림대roller에 포를 감아 붙이고 그것

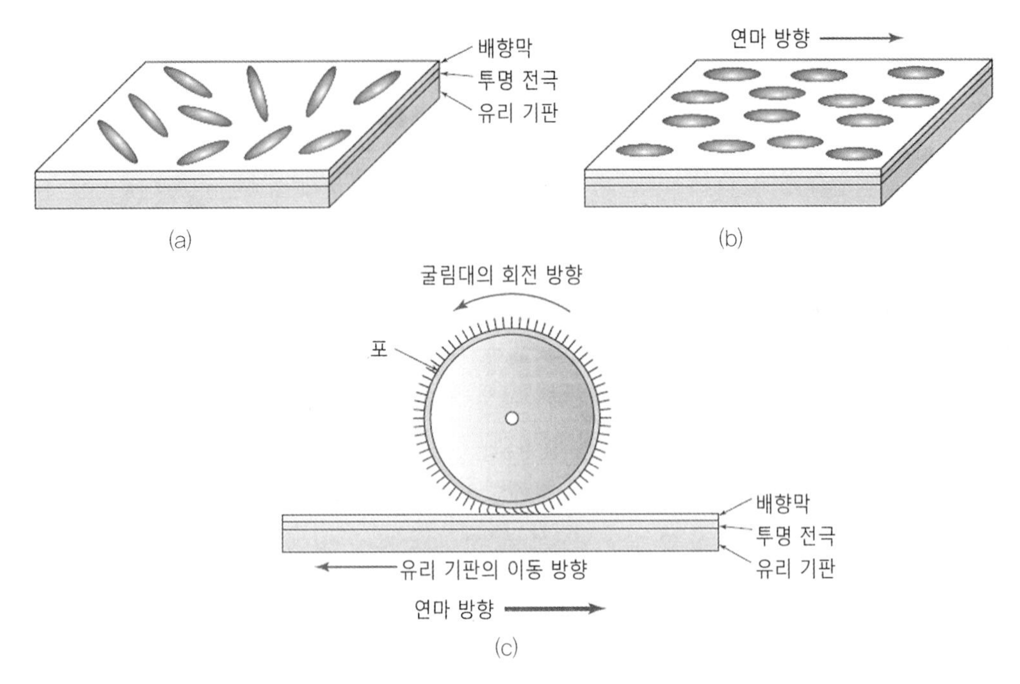

그림 4-13 연마에 의한 분자 배열의 변화

을 유리 기판 위에서 회전시켜 처리한다. 연마를 미리 수행한 배향막에 액정 분자가 접하면 간단히 그 방향으로 액정 분자가 배열되어 가는 것이다. 이를 그림 (b)에서 보여주고 있다.

연마에 의한 액정 분자의 배향은 다음과 같은 특성에 의하여 이루어진다.

(1) 포布로 배향막을 문질러 주면 배향막 표면에 상처가 생겨 대단히 미세한 도랑이 만들어진다. 액정 분자는 이 도랑에 꼭 끼여 들어가 한 방향으로 배향한다.
(2) 배향막에 손상이 없어도 연마에 의하여 액정 분자를 그 방향으로 배향하게 하는 전기적인 힘이 배향막에 주어진다.

방향에 의해서 물리적인 성질이 다른 것을 이방성이라 하였는데, 연마에 의하여 유리 기판에 이방성이 부여된 것으로 된다. 그래서 이 배향막의 이방성과 액정 분자가 갖는 이방성이 서로 작용하여 액정 분자가 한 방향으로 배향한다.

❙ 수평 배향

액정 분자를 평행 배향시키는 것만으로는 액정 분자의 배열 방향에 자유도가 있기 때문에 액정 분자를 소정의 방향으로 배열시키는 것이 어렵다. 그래서 평행 배향의 경우는 기판의 표면에 특정 방향으로 정렬하는 피착물 또는 홈(도랑)을 만들고 액정 분자의 길이의 축 방향을 물리적으로 규제하는 수단이 필요하다. 이 방법에 주로 쓰이는 것이 경사 증착법과 연마rubbing 법이다. 연마법에는 기판 자체를 직포 등으로 연마하는 방법, 기판 위에 무기물 피막을 씌운 후 연마하는 방법, 기판 위에 계면활성제 등을 피착시킨 후 연마하는 방법, 폴리이미드PI 수지를 피착시킨 후 연마하는 방법, 화학 구조가 액정에 유사한 수지를 피착시킨 후 연마하는 방법 등이 있다.

❙ 경사 배향

액정 분자의 경사 각도가 작은 경우(평행 경사 배향)와 경사 각도가 큰 경우(수직 경사 배향)는 각각 배향 방법이 다르다. 평행 경사 배향의 경우는 작은 각도의 경사 증착법에 의해 액정 분자를 경사 배향시킨다. 또한 수직 경사 배향의 경우는 앞에서와 같이 작은 각도의 경사에서 증착시켜 기판 표면에 무수히 많은 경사면을 형성하고, 그 경사면에 액정 분자를 수직으로 배향시키는 방법이 일반적으로 이용되고 있다. 또한 경사 배향은 액정 표시 소자가 전계의 힘에 응답할 때, 액정 분자가 기울어지기 시작하는 문턱전압threshold을 저하시키는 목적과 액정 분자가 기울어지는 방향을 일정하게 갖추어 역 경사reverse tilt를 방지할 목적으로 이용되고 있다.

4.4 액정의 모드

액정디스플레이에는 여러 가지 방식이 있다. 이들을 모드mode라 하고, 모드의 이름은 전압을 걸지 않은 상태에서의 액정 분자의 배열을 이용한 것이 몇 가지 있다. 액정디스플레이 중에서도 가장 넓게 이용되고 있는 TNtwisted nematic 모드도 그 중 하나이다. 이것은 뒤틀린 네마틱이라는 의미이다. 뒤틀린 네마틱을 개량한 것이 초 뒤틀린 네마틱STN, super TN이다. 이는 TN 모드와 같은 구조를 갖고 있으나, 비틀린 각이 TN보다 큰 액정이다. TN은 90°의 뒤틀린 각을 갖지만, STN은 180°이상의 뒤틀린 각을 갖는다. STN 모드는 많은 양의 정보를 표시할 수 없는 TN모드의 단점을 보완하기 위하여 개발된 것으로 비틀림 각이 커지면 전기·광학적 특성의 기울기가 증가하고 이 증가에 따라 표시정보의 양도 증가하여 표시 품질이 우수해진다.

지금까지 액정 분자의 일반적인 배향에 대하여 설명하였으나, 이번에는 실제 액정디스플레이 중에서 액정 분자는 어떻게 배향되는지, 전압을 인가하면 어떻게 변화하는지를 생각하여 보

자. 뒤틀림 방향에는 좌左 뒤틀림과 우右 뒤틀림의 두 가지 가능성이 있다. 앞서 유리 기판의 연마 방향이 단지 직교하고 있는 경우에는 좌 뒤틀림 혹은 우 뒤틀림을 한정할 수 없다. 만일 좌 뒤틀림과 우 뒤틀림 현상이 동시에 존재한다면, 액정 분자의 배향이 흩어져 혼란스럽게 되어, 표시 기능의 품질이 떨어지는 결과를 초래하게 된다. 액정은 좌·우 어느 쪽인지의 한 방향으로 뒤틀리는 성질을 갖고 있다.

LCD의 구조는 유리 기판 사이에 액정이 위치하고 빛의 편광을 이용하기 위해 위상차 판을 양쪽의 유리 기판에 장착하고 있다. 여기서 액정의 방향성을 주기 위하여 뒤틀림각을 만들게 된다. 이 뒤틀림각의 차이에 따라 TN(90°), STN(180~240°)으로 분류된다

액정 분자가 면에 따라 한 방향으로 배향하도록 처리한 유리판을 직각으로 교차한 후 배향시키고 그 사이에 액정을 넣으면 액정 분자의 배열이 뒤틀린 상태가 되고, 여기에 전압을 인가하면 액정 분자가 전계 방향으로 배열을 바꾸는 원리이다. 양쪽에 전압을 인가하지 않으면 입사광이 통과하고, 전압을 인가한 상태에서는 입사광을 차단하여 명암의 화상을 얻을 수 있는데, 이 효과를 표시장치에 응용하는 것이다. on, off상태에 따라 액정의 분자배열이 90°의 뒤틀린 각을 갖게 된다. 그로 인하여 시야각이 좁아 정보량 표시에 한계가 발생한다. 그림 4-14에서는 TN과 STN 모드의 방식을 비교하였다.

STN 모드는 TN 모드와 동작은 갖지만, 뒤틀림각이 더 주었다는 것이 특징이다(90° → 240° 정도). TN이 가지는 단점인 정보 표시량의 한계에 의해 대화면으로 응용이 불가능하기 때문에 뒤틀림각을 크게 하여 전기·광학적 특성의 경사도를 향상시킨 것이다.

TN 모드에 비하여 STN 모드를 이용하는 LCD의 단점은 액정의 복굴절複屈折, double refraction 특성을 주로 이용하기 때문에 디스플레이가 황색yellow, 청색blue, 회색gray 모드로 되어 흑백black & white 모드를 얻을 수가 없다. 이러한 광왜곡현상을 보상하기 위해 보상판을 사용하게 된다.

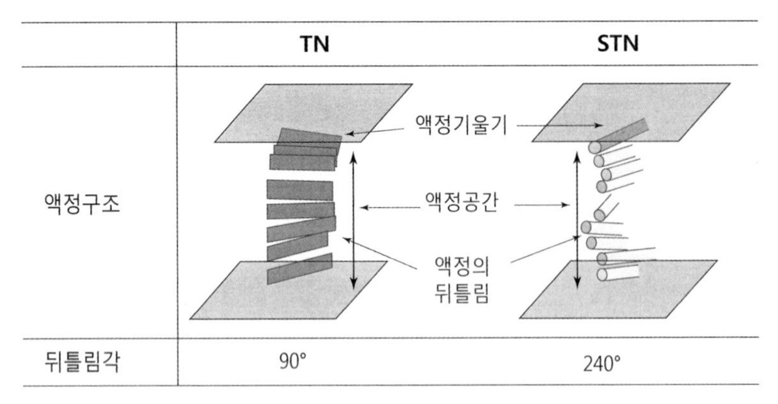

그림 4-14 TN과 STN 모드의 비교

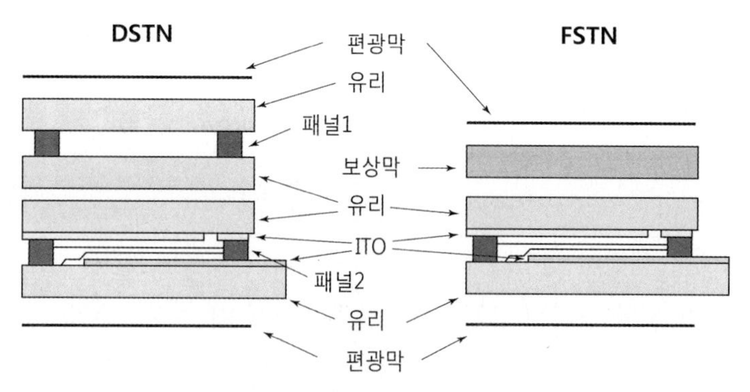

그림 4-15 DSTN과 FSTN 구조

이 보상판으로 액정 패널을 추가 사용하는 것을 복층 STN DSTN, double layer STN이라 하고, 보상막을 사용하는 것을 FSTN film STN이라 한다. DSTN은 STN에서 흑백상태를 구현하기 위하여 뒤틀림이 서로 반대인 두 개의 STN 액정이 겹쳐진 액정 소자를 의미한다. 초 뒤틀림 구조가 갖는 복굴절 효과로 인하여 일정한 바탕색을 갖고 있는데, 이 바탕색은 컬러 STN의 구현에 단점으로 작용하기 때문에 컬러를 실현하기 위해서는 흑백의 상태가 필요하다. 이때 복층 STN이 흑백 상태를 만드는 한 가지이다. FSTN은 DSTN과 유사하나 컬러를 보상하는 층을 고분자 소재인 폴리머 polymer의 얇은 막으로 사용한다. 그림 4-15에서는 DSTN과 FSTN방식의 단면 구조를 보여주고 있으며, 표 4-1에서는 각 모드별 특성을 보여주고 있다.

표 4-1 **액정 모드별 특성**

구분	구조	색상	장점	단점	응용
TN 모드	• 네마틱 액정 • 90° 뒤틀림각	• 흑백	• 낮은 가격 • 높은 대비	• 대용량 표시의 어려움	• 시계, 계산기 • 오디오
STN 모드	• 네마틱 액정 • 240° 뒤틀림각	• 회색 • 황색, 청색	• 대용량 표시 • 넓은 시야각	• 낮은 대비 • 넓은 시야각	• 게임기 • OA용
DSTN	• STN 셀을 이층으로 겹침(보상 셀)	• 흑백 • 다종 컬러	• 온도에 강함 • 흑백표시 가능 • 컬러표시 대응	• 두께가 두꺼움 • 공정의 어려움 • 제조비용 상승	• 차량용 계기판 등
FSTN	• STN에 위상차 보상막을 붙임	• 흑백 • 다종 컬러	• 대용량 표시 • 컬러표시 대응	• 가격이 높음	• 전화기 • PC

4.5 액정의 전압 응답

┃ 투명전극

액정디스플레이에서 액정의 응답을 얻기 위해서 액정 양단에 전압을 공급해야 한다. 전압 공급의 유·무에 따라 빛이 통과되거나 통과되지 않는 on/off 특성을 얻을 수 있다. 이때 빛이 통과하면서 전극 역할을 하는 투명전극이 필요하다. 투명전극은 전압을 on/off하기 위하여 형성한 것으로 인듐과 주석의 합금과 산화물로 구성되는 ITOindium tin oxide를 주로 사용한다.

┃ 양각형 네마틱 액정

액정의 전압에 대한 응답은 유전율에 이방성이 있기 때문에 발생한다. 액정디스플레이로 널리 이용하고 있는 네마틱 액정은 정正의 유전 이방성誘電 異方性을 갖기 때문에 양각positive형이라 한다. 분자의 긴 축 방향이 짧은 축 방향보다 유전율이 크다. 이것이 큰 특징이 된다.

양각형 네마틱 액정에 전압을 인가하면 그림 4-16과 같이 누워있던 액정 분자들이 전압과 같은 방향으로 변화하여 일어나 버린다. 미소한 수 V에서 이런 특성이 일어나는 것은 액정이기 때문이다. 액정 분자는 모두 어느 한 방향으로 정렬되는 것이다. 전압에 대한 응답도 액정 분자 하나하나가 아니라 큰 집단이 방향을 변화시키기 때문에 큰 힘이 되어 작은 전압에서도 움직이는 것이다. 마치 지레의 원리와 같다고 할 수 있다. 지레를 사용하여 바위를 움직이고자 할 때, 지렛대가 짧으면 큰 힘이 필요하고, 길면 작은 힘으로도 움직일 수 있는 것이다.

온도를 올려서 액정 상태에서 액체 상태로 되어 버리면, 사방으로 향해 있는 분자를 어느 방

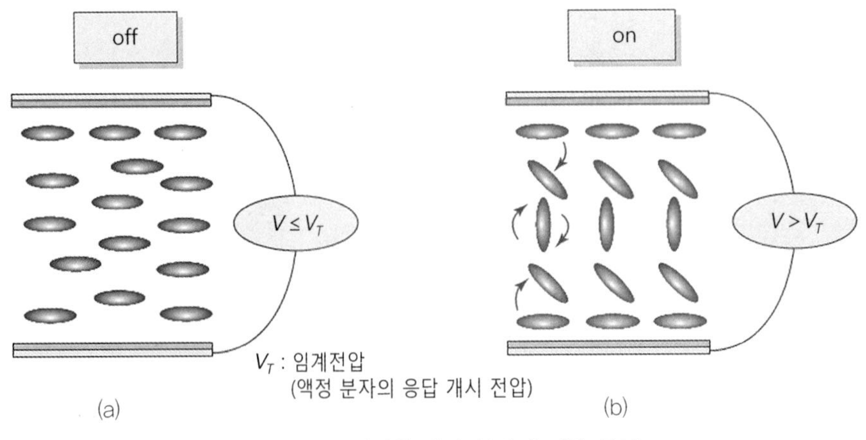

그림 4-16 양각형 액정 분자의 전압 응답

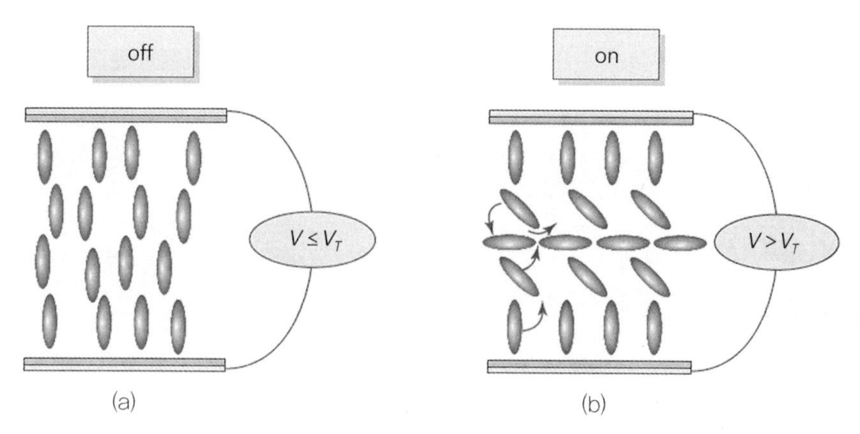

그림 4-17 음각형 액정 분자의 전압 응답

향으로 향하도록 하기 위해서 큰 전압을 공급해야 한다. 액정디스플레이에서 사용하고 있는 전압으로는 아무것도 일으키지 못한다.

❙ 음각형 네마틱 액정

액정에는 분자의 긴 축長軸 방향보다 짧은 축短軸 방향의 유전율이 큰 음각negative형의 것도 있다. 최근 일부 액정디스플레이에서 이 음각형 네마틱 액정을 사용하는 경우도 있는데, 이 음각형 액정에서는 전압을 인가하면 그림 4-17과 같이 액정 분자가 전압과 수직으로 되어 버린다. 결국 유리 기판과 같은 방향이 되는 것이다.

음각형 네마틱 액정은 전압을 공급하지 않을 때, 액정 분자의 초기 배향이 유리 기판과 수직 즉, 수직배향이 되고, 이와 같은 분자 배열을 얻기 위하여 수직 배향막을 선택해야 한다.

❙ 액정 분자의 배향 변화

액정 분자가 전압에 응답하는 모양을 더 상세하게 생각하여 보자. 액정 분자가 일어나는 방향에는 두 가지 방법이 있다. 여기서 위와 아래의 유리 기판과 조합시켜 생각하여 보면, 결국은 액정 분자의 응답은 네 가지가 존재하고 있음을 알 수 있다. 액정디스플레이에 있어서 이 네 가지의 응답이 불규칙하게 혼재한다면 액정의 배향이 산란되어 액정 표시 소자로서의 품질이 떨어지게 된다.

그러나 실제 액정디스플레이에서는 그러한 것이 일어나지 않는다. 왜냐하면 연마에 의하여 분자는 완전히 기판과 평행하지 않고, 기판에 대하여 조금 각도를 유지하며 떠 있는 것이다. 그림 4-18에서는 전압에 의하여 액정이 변화되는 모양을 보여주고 있다. 그림 (a)는 외부전압

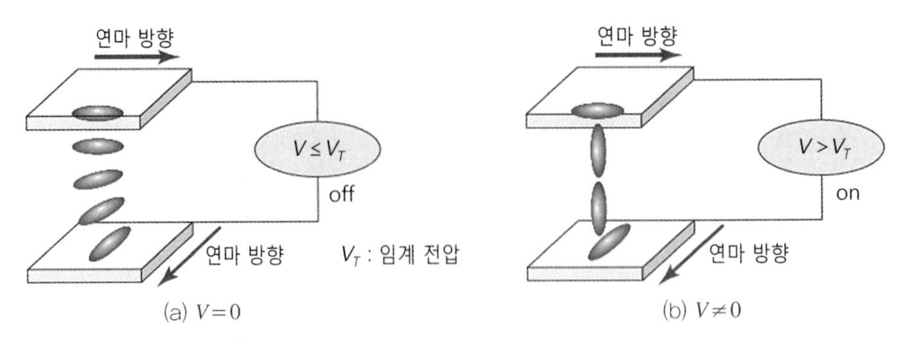

그림 4-18 전압에 의한 배향의 변화

이 공급되지 않아서 액정이 연마 방향으로 배열되고 있으나, 그림 (b)와 같이 외부전압의 힘에 의하여 액정이 수직으로 배열하고 있다.

4.6 액정의 편광

편광의 개념

많은 액정디스플레이에서 액정 분자가 뒤틀린 배향인 TN 모드가 이용되고 있으나, 어떻게 문자와 그림 등의 표시가 가능한 것인지를 살펴보자. 먼저 **편광**偏光과 편광막에 대하여 이해할 필요가 있다.

빛은 전자파라고 하는 파波의 일종이다. 이것은 수면에서 발생하는 파와 긴 줄을 움직여서 발생하는 파와 같은 것으로 **횡파**橫波이다. 이 횡파는 파가 진행방향과 수직으로 진동한다. 이에 대하여 **종파**縱波의 대표적인 음파는 파의 진행방향과 진동방향이 같다. 그림 4-19에서는 자기장

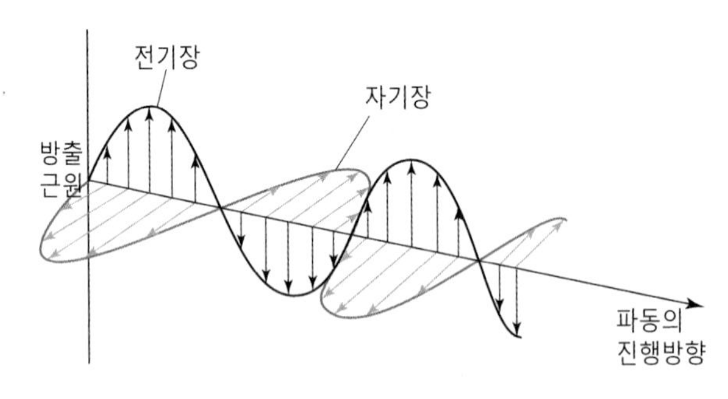

그림 4-19 파동의 진행 방향

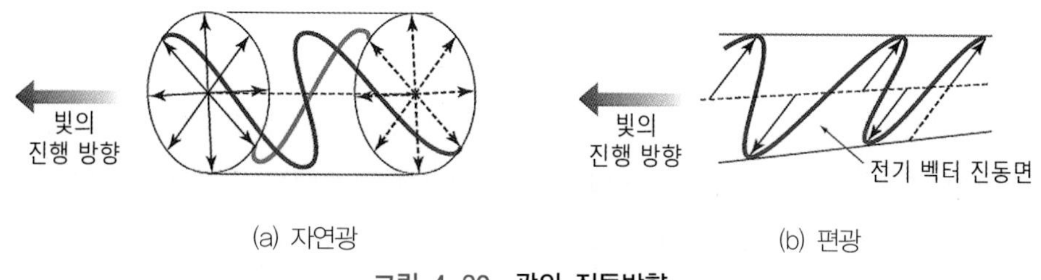

그림 4-20 광의 진동방향

과 전기장으로 만들어지는 횡파와 종파의 모양을 보여주고 있다.

보통 태양이나 형광등 등에서 나오는 빛은 모든 방향으로 진동하고 있어서 자연광이라고 한다. 그림 4-20에서 자연광과 편광의 진동방향을 보여주고 있다.

❙ 편광막

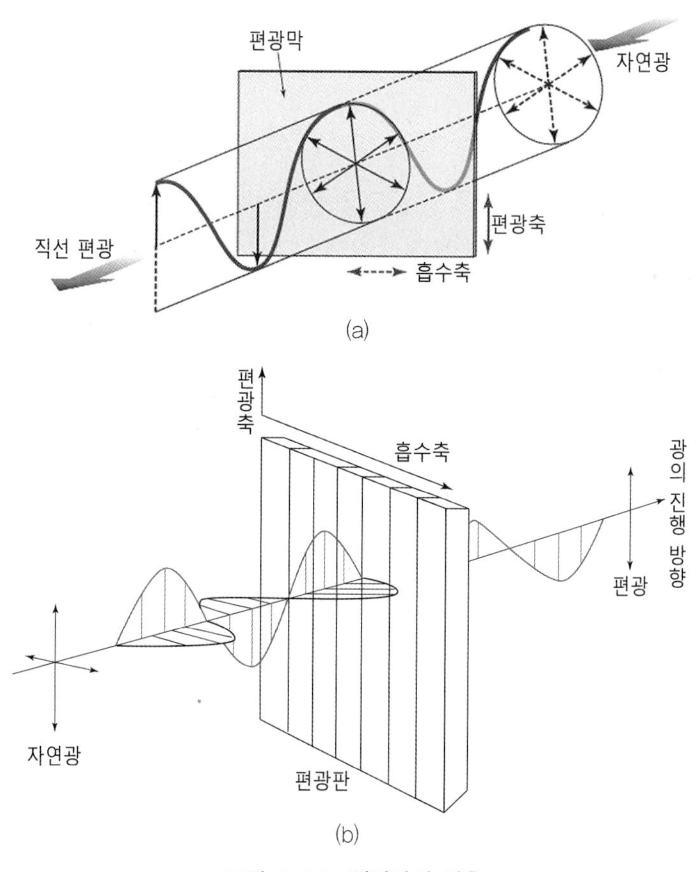

그림 4-21 편광막의 작용

많은 액정 모드에서 일정 방향만으로 진동하는 빛을 사용할 필요가 있다. 이러한 빛을 만들어 내는 것이 **편광막**이다. 그림 4-21에서 보여주는 바와 같이 이 편광막에 자연광이 들어오면 수직 또는 수평의 특정방향으로 진동하는 빛만을 투과하고 나머지는 흡수하는 작용을 하게 된다. 이 투과된 광은 일정 방향으로만 진동하는 빛으로 이것을 직선편광이라 한다. 이때 빛의 진동방향을 편광축이라 하고, 이것에 직교하는 방향을 흡수축이라 한다. 그림 (b)에서는 수직 편광의 모양을 보여주고 있다.

▎편광 발생 방법

편광을 만드는 방법은 여러 가지가 있다. 그림 4-22에서는 편광막을 두 장 중첩하여 구성하는 경우의 빛의 투과와 흡수의 과정을 보여주고 있는데, 그림 (a)와 같이 두 장의 편광막을 편광축과 평행하도록 겹쳐 놓으면, 첫 번째 편광막을 투과한 빛은 편광이 되고, 이 편광은 두 번째 편광막을 투과할 수 있다. 이제 두 장의 편광축을 서로 직교하도록 겹쳐 놓으면, 첫 번째 편광막을 투과한 편광은 두 번째 막에 흡수된다.

이와 같이 두 장의 편광막을 겹쳐서 광이 투과하는 경우와 투과하지 않는 경우를 선택할 수 있는 것이다.

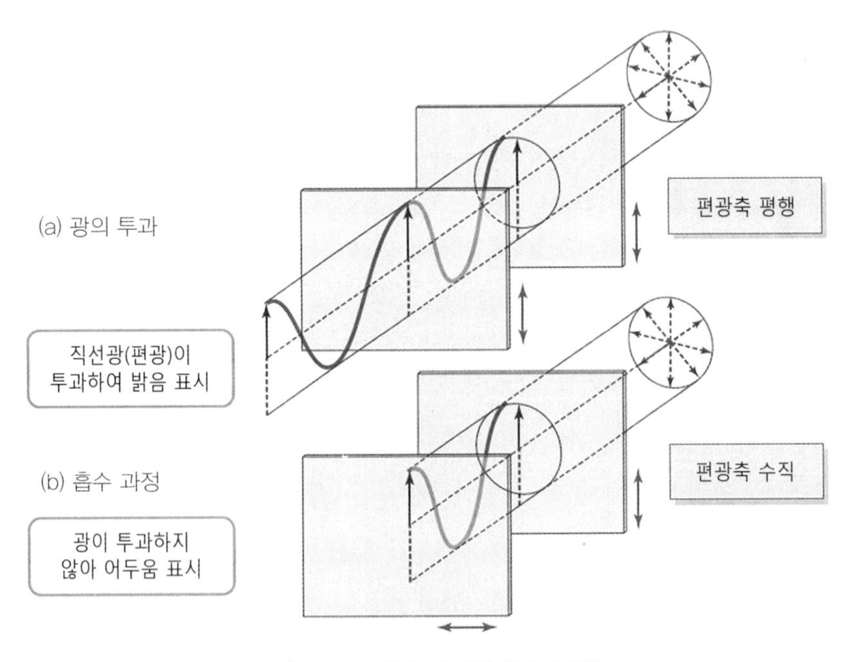

그림 4-22 **광의 투과와 흡수 과정**

4.7 액정의 표시

밝음과 어두움 표시

TN 모드를 이용한 액정표시소자의 구동을 그림 4-23에서 보여주고 있다. 두 장의 유리 기판 표면에 편광막을 붙인다. 각 편광축 방향은 액정 분자의 배향 방향과 일치시켜 놓는다. 결국, 두 장의 편광축이 직교하게 된다. 만일 액정이 없으면 빛은 투과하지 않을 것이다. 그러나 뒤틀려 배향된 액정이 존재하면 다음과 같은 현상이 일어난다.

(1) 빛의 진동방향이 액정 분자의 배향 방향에 따라서 회전한다[그림 4-23(a)].

(2) 그 결과 빛의 진동방향은 두 번째 편광막의 편광축과 일치한다.

(3) 빛이 투과한다.

이와 같이 액정이 존재하지 않으면 투과할 수 없었던 빛이 액정의 존재에 의하여 투과할 수 있게 되는 것이다. 이것이 TN 모드의 밝기白표시의 상태이다.

여기서 이 액정표시소자에 전압을 인가하여 다음의 상태를 살펴보자.

(1) 액정 분자는 유리 기판으로부터 일어서게 된다[그림 4-23(b)].

(2) 액정 분자의 뒤틀림 구조가 없어진다.

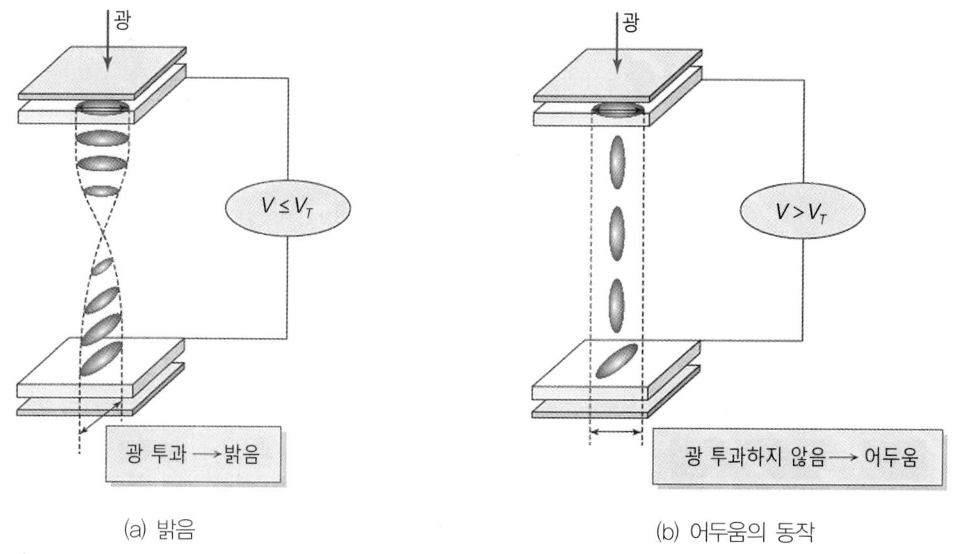

(a) 밝음　　(b) 어두움의 동작

그림 4-23 액정의 밝음과 어두움의 동작

(3) 빛의 진동방향이 회전할 수 없게 된다.

(4) 그대로 반대 측의 편광막에 흡수되어 버린다.

이것이 TN 모드의 배향에 대한 어두움黑표시 상태이다. 만일 편광막을 평행하게 한 경우, 전압을 인가하지 않으면 어둡고, 인가하면 밝게 된다는 것을 알 수 있을 것이다.

전압을 인가하지 않을 때, 밝기 표시의 모드를 normally white 모드라 한다. 한편, 전압이 인가하지 않은 상태에서 어둡게 되므로 이 어두움 표시 모드를 normally black 모드라 한다. 일반적으로 TN 모드는 먼저 기술한 normally white 모드가 사용되고 있다. 두 번째 편광막에 의한 빛의 흡수가 있는지 혹은 없는지를 TN 모드로 배향한 액정의 전압에 의하여 배향이 되어 흑과 백을 표시하는 것이 TN 모드이다.

액정은 광원이 없으면 표시할 수 없다. 광원으로는 액정디스플레이에 내장한 LED를 사용한 후면광後面光, back light이다. 이 점은 CRT, PDP 등의 자발광 즉, 스스로 빛을 내는 것으로 흑과 백을 표시하는 점에서 크게 다르다. TN 모드의 배향에서 흑과 백의 중간의 밝기표시는 액정에 공급하는 전압의 크기를 조절하여 얻는다.

▎액정 분자의 뒤틀림

액정디스플레이에서 액정은 두 장의 유리glass 사이의 좁은 공간에 설치되며, 그 두께는 머리 굵기의 1/10 정도인 5 μm정도이다. 액정의 분자는 평균적으로 어느 방향을 향하고 있다. 이 어느 방향을 부여하는 것이 유리인데, 이 유리면을 포로 마찰시키면 액정 분자는 그 마찰 방향을 향하게 된다. 액정의 위와 아래에 접하는 면을 같은 방향으로 마찰하여 놓으면 유리 사이에

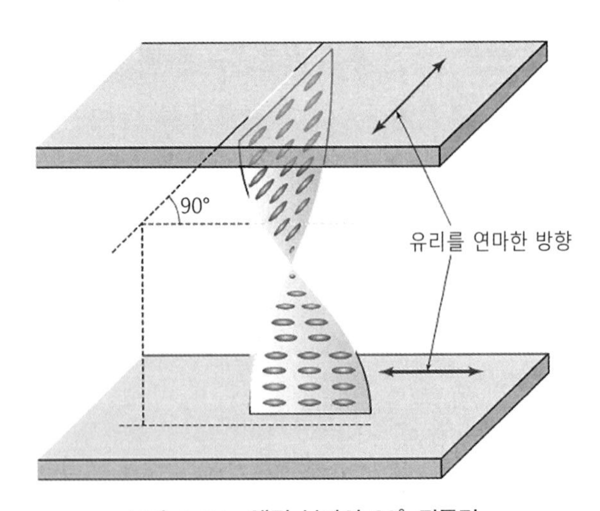

그림 4-24 액정 분자의 90° 뒤틀림

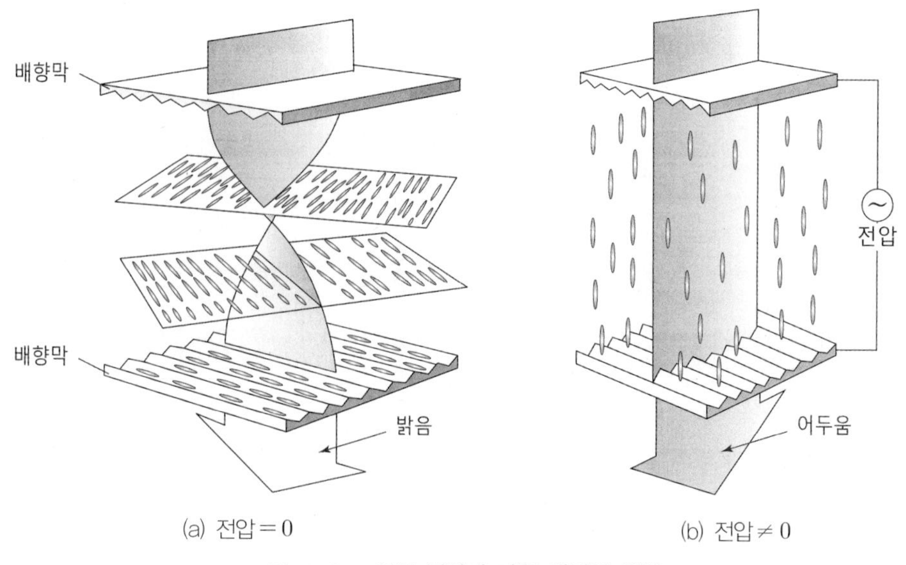

그림 4-25 공급 전압에 따른 액정의 변화

서 액정 분자는 그 방향을 향하게 된다. 유리의 마찰 방향을 직각으로 하면, 각각의 유리 위에서 액정 분자는 서로 늘어서므로 두 장의 유리 사이에서 똑같이 뒤틀린 상태가 나타나며, 정확히 나선형 계단의 1/4 회전한 만큼 액정 분자가 늘어선 모양으로 된다. 이를 그림 4-24에서 나타내었다.

그림 4-25에서는 액정층 양단에 공급하는 전압의 크기에 따라 액정의 변위를 보여주고 있다. 그림 (a)는 전압을 공급하지 않은 상태로 배향막에 의해 액정이 90° 뒤틀림으로 배열되어 있어서 광이 투과되어 밝음 표시가 되고, 그림 (b)는 외부의 전압으로 전계의 힘이 작용하여 이 힘으로 액정이 배열되어 있어서 광이 통과하지 못하여 어두움을 표시하는 것을 나타낸 것이다.

그림 4-25(a)는 전압을 인가하지 않은 off상태를 나타낸 것이다. 편광판을 통과한 빛이 액정의 분자 배열을 따라 꼬여지면서 교차된 다른 편광판을 통과하게 된다. 즉, 전압을 인가하지 않은 상태에서는 빛이 통과한다. on상태는 전압을 가한 상태를 나타내며 이때에는 전계의 방향을 따라 액정 분자가 일어서면서 편광판을 통과한 빛을 그대로 교차된 편광판에 전달시킴으로써 빛은 편광판에 의해 차단된다. 전압을 선택적으로 인가함으로써 위·아래판의 전극 모양에 따라 원하는 도형 또는 문자를 표시할 수 있게 된다.

편광막의 작용

액정디스플레이는 보통 편광偏光을 사용한다. 편광은 어느 방향으로만 진동하는 광파를 말한

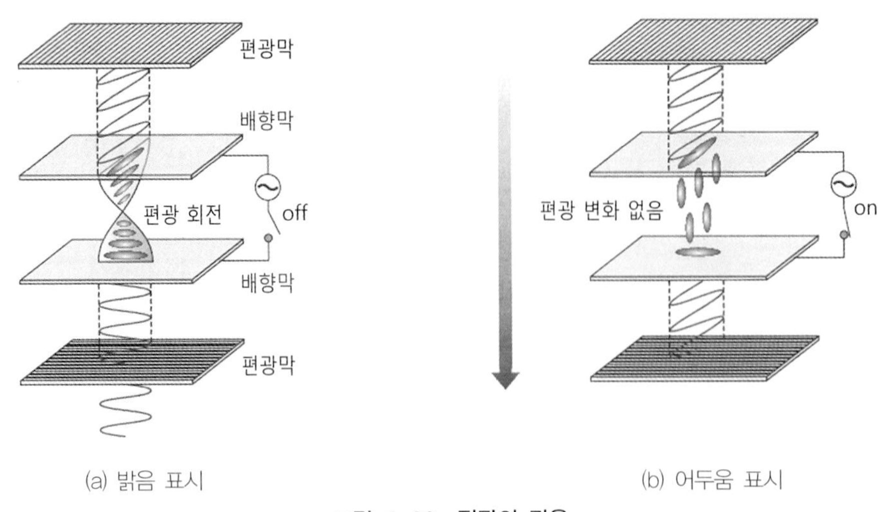

그림 4-26 편광의 작용

다. 이와 같은 광을 만들어 내는 편광막을 두 장의 유리에 붙여놓는다. 이때 광의 진동 방향은 각 유리면의 액정 분자의 방향으로 맞추어진다. 앞서 기술한 액정의 뒤틀린 액정 분자의 배열은 광의 진동 방향을 회전하는 역할을 한다. 즉, 광의 진동 방향은 액정을 빠져 나간 후에 90° 뒤틀리게 되는 것이다. 편광막은 유리면 위의 액정 분자의 방향에 맞추어 붙였으므로 광은 편광막을 통과하여 밝음 표시가 만들어진다. 이를 그림 4-26(a)에서 보여주고 있다.

투과하는 광을 변화하는 데에는 액정 분자의 배열을 변화시킬 필요가 있다. 액정은 유동성이 있고, 더구나 같은 방향으로 향하는 성질이 있으므로 작은 전압으로 간단히 액정의 분자 배열을 변화시킬 수 있다.

유리의 안쪽에 붙여진 투명전극을 사용하여 수 V의 전압을 인가하면 액정 분자의 방향이 전압을 걸은 방향으로 배열된다. 이렇게 하여 늘어선 액정 분자의 배열이 뒤틀린 구조가 되지 않으므로 광은 그 진동 방향을 바꾸지 않고 액정 속을 통과한다. 그러면 반대 측의 편광막을 통과할 수 없으므로 어두운 표시를 할 수 있게 된다. 이를 그림 (b)에서 보여주고 있다.

▎숫자와 화상의 표시

뒤틀린 액정의 배열, 편광막, 전압의 on, off로 광의 투과(밝음), 차단(어두움)을 제어할 수 있다. 즉 액정 배열의 변화에 의한 광의 셔터라고 할 수 있다. 카메라의 셔터는 기계적으로 광의 통로를 차단하여 이루어지나, 액정디스플레이에서는 액정이 그 역할을 하는 것이다. 이 원리를 사용하면 간단한 숫자표시를 할 수 있다. 7개의 부분으로 만들어진 8자형의 전극을 준비하고 7개의 부분 중 전압이 인가된 부분을 적당히 선택하면 0에서부터 9까지의 숫자를 표시할 수 있다.

최근 노트북의 액정화면은 완전한 컬러 그림을 낼 수 있다. 기본은 노트북의 화면에 수백만 개의 액정 셔터가 배열되어 있는 것이다. 색을 내기 위해서 셔터는 적색, 청색, 녹색 기능을 가져야 한다. 하지만 수백만 개의 셔터 전극 하나하나에 전압을 걸기 위한 전선을 끌어낼 수는 없다. 그래서 유리의 위와 아래에 줄무늬stripe 형상의 전극을 서로 직교하도록 배치한다. 이것이 행렬 방식이다.

4.8 LCD의 종류

4.8.1 전극 구조에 따른 분류

액정 표시 장치는 그 표시 형태에 따라 조각segment형 표시, 행렬matrix형 표시로 구분할 수 있다. 구동segment형 표시는 표시량이 적은 경우 정적static방식으로 구동하고, 표시량이 많은 경우 다중multiplex방식으로 구동한다. 그림 4-27에서는 표시 형태에 따른 구조를 보여주고 있다.

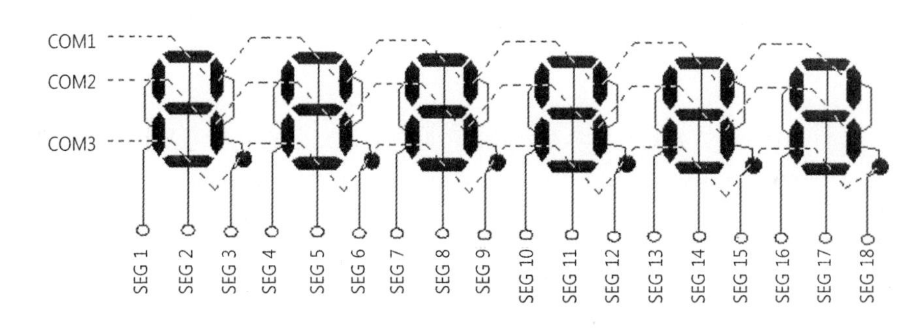

(a) 7-segment

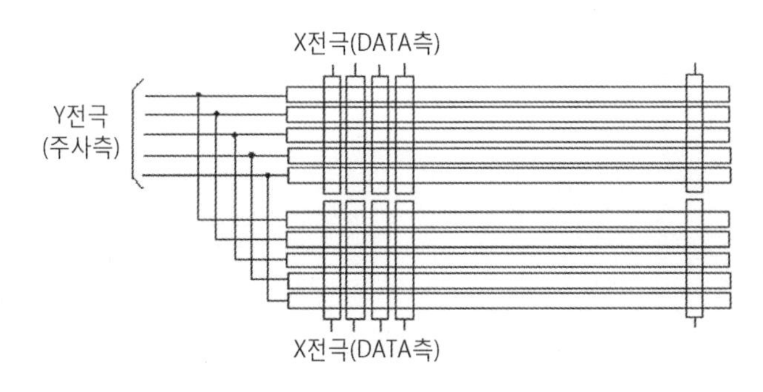

(b) 행렬 방식

그림 4-27 표시 형태에 따른 구조

점 행렬dot matrix형 모듈의 구동은 그림 (b)와 같이 상·하로부터 X전극을 빼내 화면을 두 개로 나눠 두 개의 화면을 동시에 조작하는 두 화면 동시 구동방식이 많다. X전극이 상·하 중 한 방향에서 빼낸 하나의 화면 구동방식도 있다.

4.8.2 구동 방식에 따른 분류

행렬 표시

세그먼트segment 표시에도 한계가 있다. 숫자라면 좋지만, 임의의 그림을 나타내기 위하여 투명전극의 형태를 어떻게 할 것인지를 고려하여 생각한 것이 행렬matrix 표시라 하는 것이다.

그림 4-28에서 행렬 전극의 개략도를 나타내었다. 기판 위쪽의 투명전극이 종縱 방향으로 줄무늬stripe 형상의 패턴pattern이 되어 있고, 기판 아래쪽에는 횡橫 방향으로 줄무늬 형상의 패턴이 되어 있다. 그러므로 기판의 위와 아래의 줄무늬 형상의 전극을 조합하면 전극은 격자상格子狀이 된다.

종, 횡 방향의 줄무늬의 열수를 각각 X열, Y열이라 하면 투명전극이 교차하는 부분이 (X×Y)개가 되는 것이다. 이 교차하는 부분을 화소畵素라 한다. 이 화소의 각각에서 액정은 on/off 작용이 제어되어, (X×Y)개의 화소에서 임의의 문자나 그림 등을 만들 수 있는 것이다.

세그먼트 표시에서 (X×Y)개의 화소 표시를 하고자 하는 경우, (X×Y)개의 전극에 대한 전압을 하나하나 제어할 필요가 있으나, 매트릭스 표시에서는 (X×Y)개의 줄무늬 형상의 전극에 대해서만 전압을 제어하면 된다는 것이 중요한 점이다. 이러한 차이점은 대단히 큰 것이다. 임의의 그림을 그리고자 할 때, 행렬 표시는 대단히 유효한 방법이다. 복잡한 화상을 표시하는 경우, 이것으로 완전히 문제가 해결되는 것이 아니고 다음의 두 가지 문제를 더 해결해야 한다. 첫째는 액정의 응답시간 지연, 둘째는 누화cross talk 문제이다.

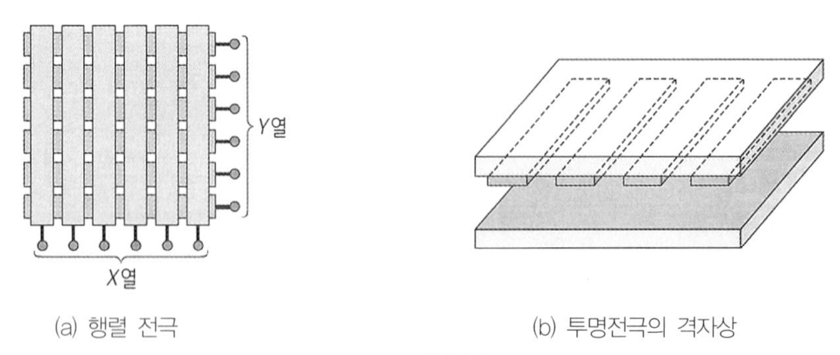

(a) 행렬 전극　　(b) 투명전극의 격자상

그림 4-28 행렬의 구조

액정의 응답시간 지연

행렬 표시에서 전극은 위, 아래 X열과 Y열만 존재한다. 이들에게 한번에 전기적인 신호를 보내, 임의의 화상을 표시할 수는 없다. 종 방향의 X열에 들어온 신호에 대하여 횡 방향의 Y 전극에 1열씩 순차로 신호를 넣어 1열, 1열 화상 정보를 입력하게 된다. 이것이 선순차線順次 방식이라 한다. 동화상動畫狀을 표시한다고 하면, 1초에 60매 정도의 그림을 그릴 필요가 있으므로 1매의 그림을 표시하는 데에 할당된 시간은 1/60 sec가 된다. 300열의 Y전극이 있다면 1열의 전극에 할당되는 시간은 1/300이므로 약 1/20,000 sec(0.05×10^{-3}sec) 밖에 걸리지 않는다. 그러나 액정은 걸린 전압에 대하여 그렇게 빠르게 응답할 수 없다. 대략 10 ms 정도이다. 전압이 걸린 전극은 0.05 ms 후에 다음 행으로 이동하여 가기 때문에 작은 움직임이라 하여도 다음 순번으로 돌아올 때까지 지연하게 된다. 이 문제의 근본적인 해결책은 TFT를 사용하는 것이다.

Cross-talk 대책

컴퓨터에 사용하는 디스플레이의 화소畵素 수 규격은 VGA나 XGA로 나타내는데, 예를 들어 VGA는 (640×480)열의 행렬로 구성되어 있다. 이와 같이 배선의 수가 많은 경우, 전압-투과율 특성곡선이 TN 모드와 같이 완만한 것과 누화cross-talk에 의하여 흑백 표시의 차가 분명하지 않아 명암도가 낮게 표시된다. 여기서 전압-투과율 특성곡선이 급준하여 흑백 표시가 분명한 STN 배향이 개발된 것이다.

액정디스플레이의 문제점

STN 모드를 이용한 액정디스플레이는 노트북, 컴퓨터 등에 폭넓게 이용되고 있으나, 다음과 같은 문제점이 있다.

(1) STN 모드의 전압에 대한 응답이 늦어 동화상의 경우, 잔상이 보일 수 있다.
(2) 측면에서 보면 시야각이 좁아 표시 화면을 보기 어렵다.
(3) 배선 수가 증가하면 명암도contrast가 낮다.

최근에는 박막트랜지스터를 이용한 것 즉, TFT형이 주로 이용되고 있다. STN 모드를 이용한 것을 수동행렬PM, passive matrix 표시라고 하는 것에 대하여 TFT형은 능동행렬AM, active matrix이라고 한다. 이 능동행렬 표시에는 TFT 외에 MIMmetal insulator metal이 있으나, 여기서는 현재 TFT형을 많이 이용하고 있으므로 이것에 대하여 기술하고자 한다.

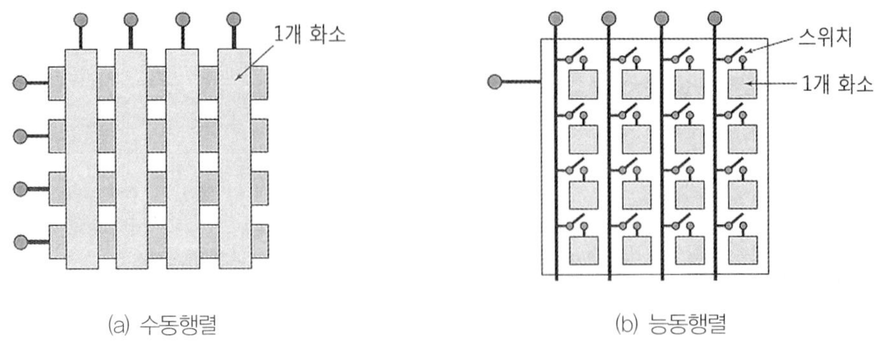

그림 4-29 행렬의 구조

수동행렬의 표시

수동행렬의 표시는 그림 4-29와 같이 유리 기판의 위와 아래에 각각 종·횡 줄무늬상의 투명 전극이 형성되어 있다. 각각의 교차점이 하나의 화소라고 하는 의미이다. 따라서 종 방향의 X 열과 횡 방향의 Y열의 전압을 제어하여 여러 가지 화상을 형성하게 되는 것이다.

능동행렬의 표시

그림 4-29(b)와 같은 능동행렬 표시에서 유리 기판 위쪽의 전극은 세그먼트segment 표시와 같아서 하나씩 배열되어 있다. 아래쪽의 전극은 (X×Y)개가 존재하고 각각이 하나의 화소가 된다. 이것이 큰 특징이나, 각각의 화소에 스위치가 하나씩 달려 있는데, 이 스위치는 각각의 화소를 신호선에 대하여 on/off 선택을 하는 기능을 갖는 것이다. 이 스위치의 존재 때문에 능동행렬 표시에서는 STN 모드를 이용할 필요가 없고, TN 모드가 이용되는 것이다. 따라서 응답속도, 시야각, 명암도가 개선되어 현재의 노트북, 컴퓨터, 자동차 내비게이션, 액정 TV 등에 폭넓게 이용된다.

능동행렬 표시의 구조

게이트 선과 소스 선

TFT를 사용한 능동행렬 표시의 원리를 상세하게 살펴보자. TFT 자체가 스위치라고 생각하여도 좋다. 그림 4-30(a)에서 보여주고 있는 바와 같이 이 스위치는 하나의 화소에 하나씩 설치되어 있다. 신호전압 V_S가 음(−)일 때는 전류의 방향이 거꾸로 되고, 충전된 전하의 양(+)과 음(−)이 거꾸로 된다. 전압이 음이라도 액정은 응답한다.

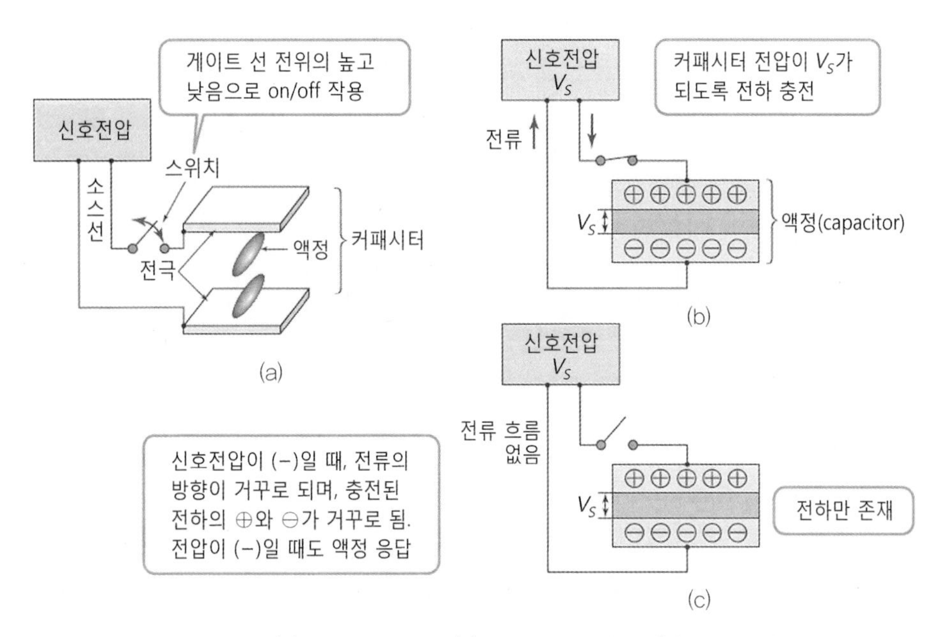

그림 4-30 (a) 스위치와 액정 (b) 액정의 전하충전 (c) 전하의 유지

예를 들어 그림 (b)와 같이 게이트 선에 15 V 정도의 높은 전압을 유지하면 스위치가 on상태 즉, 도통 상태로 작용하게 된다. 그러면 소스 선에 의하여 신호전압이 액정에 공급된다. on상태는 보통 수십 μs 정도로 짧아 곧 게이트 선은 -5 V의 낮은 전위로 내려간다. 그러면 스위치는 off상태, 즉 비 도통 상태로 된다. 이때 on상태에서 액정에 인가되어 있던 전압은 그대로 유지하게 된다. 이것은 그림 (c)와 같이 두 개의 전극 사이에 끼워진 액정이 커패시터capacitor 역할을 하고 있기 때문이다. on상태일 때, 커패시터에 전압을 인가하면 용량에 따른 전하가 충전되는 것이다. 다음, off상태가 되어도 on상태일 때의 전하가 그대로 커패시터에 축적되어 있어 액정은 전압이 인가된 상태를 그대로 유지하게 되는 것이다. 이 특성은 다소 어렵게 이해될 수도 있으나, 결국 수 μs 사이에 순간적으로 주어진 전압이 TFT를 사용함에 따라 그대로 유지된다는 의미이다.

선순차주사

다시 스위치가 on상태로 되기까지 같은 표시를 유지한다. on상태가 되면 다음의 새로운 신호 전압이 인가되어 표시가 고쳐지게 된다. 그림 4-29(b)의 구조에 대한 등가회로를 그림 4-31에서 보여주고 있다. 그림과 같이 게이트 선과 소스 선이 행렬의 상태로 되어 있다. 그래서 첫째 열의 게이트 선이 높은 전위로 유지될 때, 그 게이트 선에 접속되어 있는 스위치만 모두 on

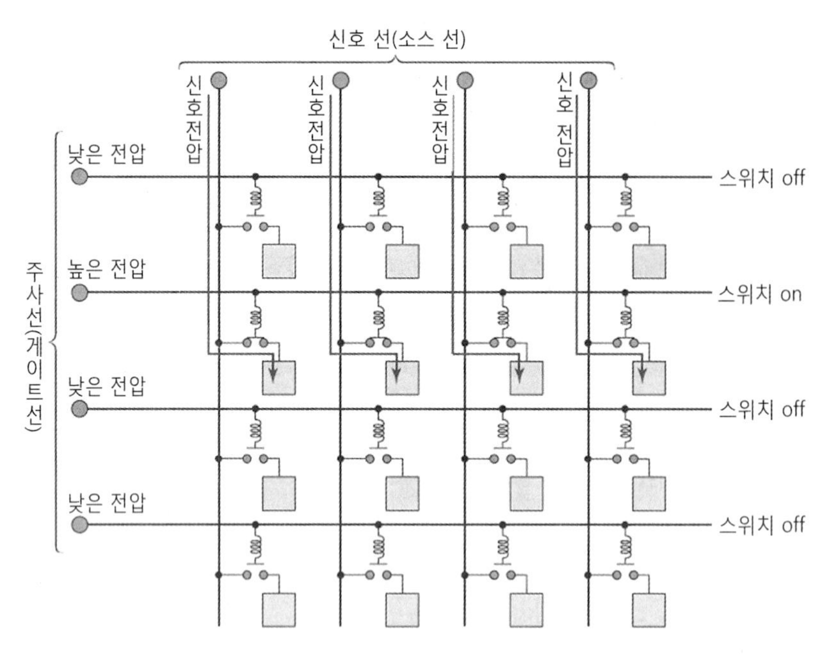

그림 4-31 **선순차주사용 행렬**

상태가 된다. 이들 스위치를 매개로 하여 각 화소의 액정에 신호 전압이 공급되는 것이다.

한편, 기타의 게이트 선이 낮은 전위로 유지되면, 이들 게이트 선에 접속되어 있는 스위치는 모두 off상태로 되어 각 화소는 이전에 인가된 전압을 그대로 유지하게 되는 것이다.

수십 μs 후, 높은 전위의 게이트 선이 낮은 전위로 되고, 곧 아래의 게이트 선이 높은 전위로 된다. 그러면 위의 화소에 인가된 신호 전압은 그대로 유지되고, 그 아래의 화소에는 다음의 새로운 신호 전압을 각 화소에 공급한다. 순차적으로 이것을 되풀이하여 높은 전위로 된 게이트 선이 제일 아래의 게이트 선까지 오면 하나의 화면이 만들어지는 것을 의미한다.

이 동작을 행렬 표시의 때와 같이 선순차주사線 順次走査 방식이라 한다. 이에 비하여 보통의 TV에서 이용하고 있는 브라운관(음극선관)에서는 점순차주사点 順次走査 방식으로 동작하는 것이다. 두 방식 모두 이 주사를 반복 수행하여 정지 화면과 움직이는 화면의 화상을 만들어 내는 것이다.

구동 방식에 따라 수동행렬PM 방식과 능동행렬AM 방식이 있다. PM 구동 방식은 그림 4-32(a)와 같이 수직전극과 수평전극을 XY형태로 배치하고 그 교차 부분에 순차적으로 주사하여 디스플레이하는 방식이다. TN, STN LCD가 여기에 속하며, 표시량이 많은 용도에 STN, 시계, 계산기 등 표시량이 간단한 용도에 TN 모드가 사용된다. AM 구동 방식은 그림 4-32(b)와 같이 각 화소에 공급되는 전압을 조절하는 스위치로서 트랜지스터를 사용한다. 독립적으로

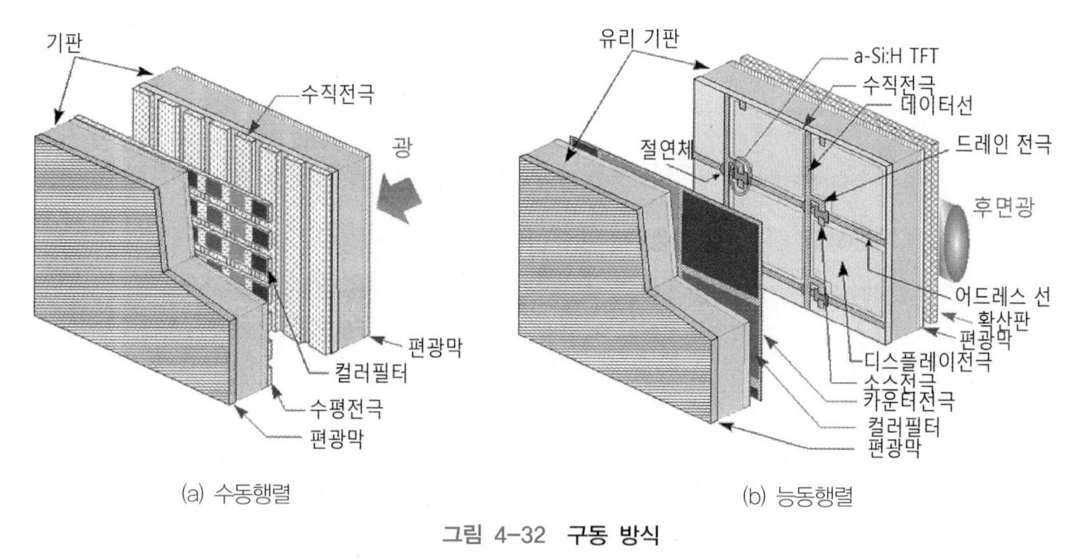

그림 4-32 **구동 방식**

화소를 제어하기 때문에 라인 상호 간의 간섭에 의한 누화漏畵, crosstalk가 없고 화질이 깨끗하게 표시된다. 현재 모니터, 노트북 PC에 사용되는 대부분의 것이 이 방식에 속한다.

4.8.3 표시 방식에 따른 분류

표시 방식에 따라 투과형, 반사형 및 반투과형으로 나눌 수 있다. 그림 4-33에서는 투과형 LCD를 보여주고 있는데, 액정소자에 적색, 녹색, 청색의 컬러필터를 장착한 형태로 되어있다. 뒷면에 후면광back light을 장착하여 컬러필터를 통해 투과되는 빛의 조합으로 완전한 색을 표시하게 된다. 광원을 이용하기 때문에 소비전력이 높다. 반사형 LCD는 후면광이 없어도 외부의 빛을 반사시키는 방식으로 고화질의 컬러를 구현한다. 뿐만 아니라 외부의 빛을 반사시켜 색을

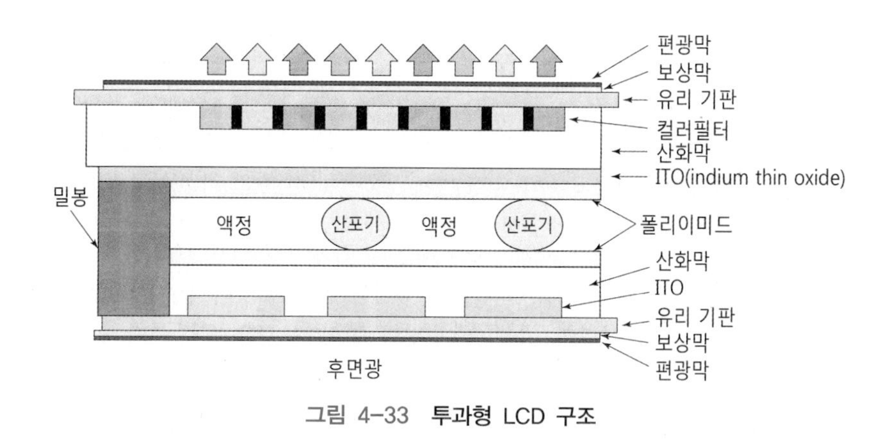

그림 4-33 **투과형 LCD 구조**

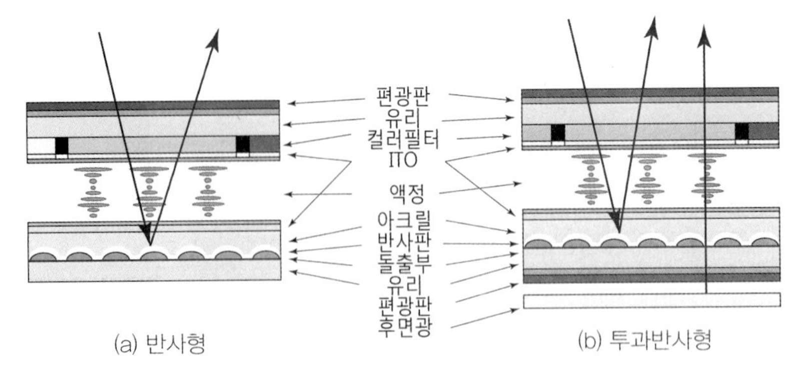

그림 4-34 반사형과 반투과형 LCD 구조

나타내기 때문에 투과형에 비해 낮은 소비전력의 디스플레이 구현이 가능하다. 하지만 외부의 빛이 없는 경우에는 사용이 불가하다. 그물 모양의 미세한 구멍의 조합으로 구성한 반투과형 컬러 LCD는 반사형 LCD가 어두운 곳에서 화면이 보이지 않는 단점과 투과형의 고소비전력의 단점을 보완하기 위하여 어두운 곳에서는 후면광을 이용하고 밝은 곳에서는 후면광 없이 화면을 표시하는 방식이다. 그림 4-34는 반사형과 반투과형을 나타내었다.

4.9 LCD의 구조와 동작

현재 LCD는 자체발광소자가 아니므로 후면광이 필요하다. 이 후면광은 균일한 휘도를 갖는 평면광으로 LED를 사용하며, 도광판, 확산판 등으로 구성하고, 능동행렬 방식을 주로 사용한다. 이 절에서는 TFT-LCD를 중심으로 구조, 구성 부품, 제조 공정 등을 기술한다.

4.9.1 TFT-LCD의 기본 구조

그림 4-35에서는 TFT-LCD의 기본 구조를 나타내었는데, 먼저 위쪽의 판은 컬러필터 기판이고, 아래쪽의 판은 TFT 배열의 기판이다. TFT가 배열된 아래쪽 기판은 얇은 유리막에 금속막, 절연막, 실리콘, 투명전극ITO 등의 얇은 막을 증착하고, 화소전극과 커패시터capacitor를 추가하여 형성하는 구조이다. 위쪽의 컬러 기판은 TFT 기판의 공정과는 다르게 제작하며 유리 기판을 사용하는 것은 동일하다. 화소와 화소 사이에는 빛의 간섭을 차단하기 위해 크롬Cr의 얇은 막으로 차광막遮光幕, BM: block matrix을 넣어서 빛을 차단하게 된다. 차광막은 적색, 녹색, 청색

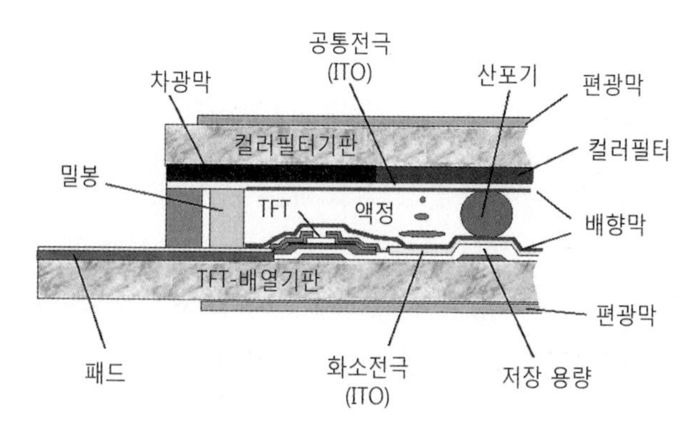

그림 4-35 TFT-LCD의 기본 구조

의 각 화소 영역을 구분하여 이들과 일치하게 배열해야 한다.

위쪽의 컬러판과 아래쪽의 TFT 배열판 사이에 액정이 주입되고, 이들 액정 분자가 어느 방향으로 뒤틀려 배열할 수 있도록 배향막을 형성한다. 배향막이 위쪽과 아래쪽 기판의 안쪽 표면에 형성된 후, 두 기판 사이의 일정한 간격을 유지하기 위하여 산포기散布, spacer를 뿌려 넣는다. 산포기는 약 4~6 μm 정도의 크기를 갖는 규소 산화물silica 혹은 유기화합물인 수지樹脂, resin로 만든 미세한 구형입자이다. 두 기판을 서로 붙이는 공정인 합착合着을 하고 그 사이에 액정을 주입하게 된다. 합착된 위쪽과 아래쪽 기판 바깥 면에 편광판偏光板, polarizing plate을 부착하여 완성한다. 표 4-2에서는 TFT-LCD의 구성 부품에 대한 종류와 그 기능을 나타내었다.

표 4-2 TFT-LCD의 구성 부품

구성 부품	기능
유리 기판	투명 기판으로 액정, 배향막 등이 부착할 수 있는 얇은 유리
액정층	TN형 봉상분자액정
차광막	컬러필터의 화소 사이에 설치하는 빛 차단 작용
컬러필터	적색, 녹색, 청색의 염료(染料, dye), 안료(顔料, pigment) 등의 수지막(樹脂膜)
공통전극	ITO 등의 투명한 전도성 물질의 전극으로 액정에 전압을 인가 작용
배향막	폴리이미드(polyimide) 재질의 얇은 유기질 막으로 액정 분자의 배향 작용
편광막	특정 빛만을 투과 혹은 흡수의 작용
산포기	규소 산화물(silica) 등의 알갱이로 된 LCD패널 두께의 균일성 유지 작용

4.9.2 박막트랜지스터의 구조

박막트랜지스터의 단면

박막트랜지스터TFT는 게이트 선이 높은 전위일 때는 on상태, 낮은 전위일 때는 off상태의 스위치 역할을 하게 된다. 그림 4-36(a)에서는 액정 하나의 화소의 구조를 보여주고 있는데, 종 방향의 배선이 소스 선이고, 횡 방향이 게이트 선이다. 교차점 부근에 TFT와 화소 전극이 존재하고 있다. 점선 A의 단면도를 그림 (b)에서 나타내었으며, 각 영역의 설명은 다음과 같다.

유리 기판

일반적으로 저열 팽창률이 있고 평탄성이 우수하며 알카리 성분이 없어야 하는 등의 조건이 요구된다.

게이트 전극

금속 박막(Al, Ta, W 등)으로 만들어지는 게이트 배선을 TFT 소자의 가장 밑에 형성한다. 스위치 역할을 하는 TFT의 on/off 작용은 게이트 영역의 높은 전위와 낮은 전위로 결정된다.

절연막

게이트 전극과 기타의 영역을 전기적으로 절연하기 위하여 필요한 영역으로 산화막SiO_2과 질화막Si_3N_4으로 형성한다.

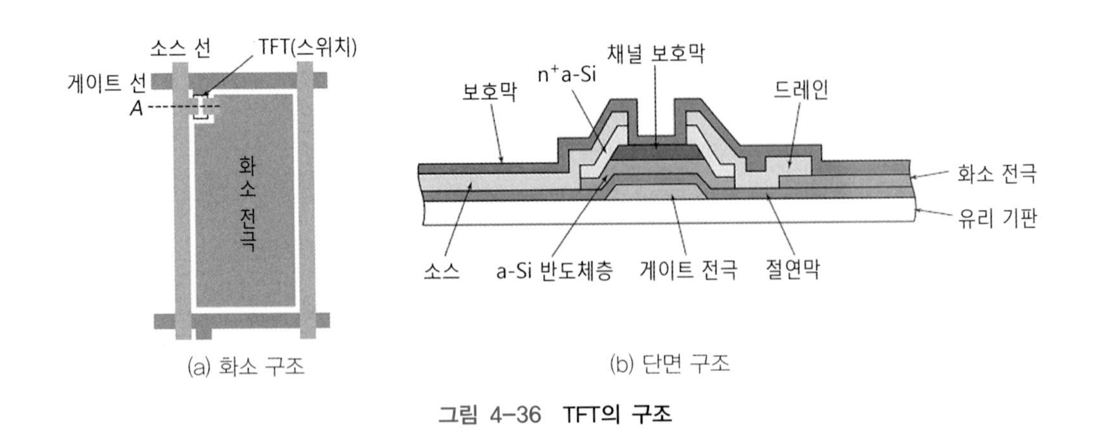

(a) 화소 구조 (b) 단면 구조

그림 4-36 TFT의 구조

활성 반도체 층

여기가 스위치의 심장부로 전류가 흐르는 영역이다. 비정질 실리콘a-Si, amorphous-Si으로 만든다.

n+ a-Si 층

활성 반도체 층과 소스, 드레인을 전기적으로 접속하는 영역이다.

채널 보호막

이 채널 보호막이 있으면 TFT를 동작시킬 때 편리하지만 최근에는 없는 것도 등장하고 있다.

소스 전극

게이트와 같이 금속 박막으로 만들어지며, 소스 배선에서 신호전압이 공급되는 곳이다.

드레인

금속 박막으로 만들어지며, 이것을 매개로 화소 전극에 신호전압이 공급된다.

화소전극

후면광에서 방출된 빛이 통과할 수 있는 투명전극 영역이다. 보통 ITOindium tin oxide로 만들어진다.

보호막

TFT를 보호하기 위한 것으로 질화규소 등으로 만든다.

TFT 스위치의 특성

게이트에 15 V 정도의 높은 전위를 인가한 경우를 생각하여 보자. 그러면 반도체 게이트 부근으로 음의 전하인 전자를 끌어당긴다. 이때, 소스source와 드레인drain에 전위차가 존재하면 전자가 이동하여 결국 전류가 흐르는 것이다. 이 전류는 소스와 드레인이 같은 전위가 될 때까지 흐르게 된다.

게이트를 높은 전위로 하면, 소스에서 드레인을 거쳐 신호전압이 화소 전극으로 주어져 결국, 소스-드레인 사이가 도통on 상태가 되어 TFT 스위치가 on되는 것이다. 반대로 게이트에 −5 V 정도의 낮은 전위를 인가하면, 전에 끌어당겨져 모여 있던 전자들이 없어지게 된다. 이 때문에 소스와 드레인에 전위차가 있어도 전류는 발생하지 않는다. 전류를 구성하는 전자가 없으므로 소스-드레인 사이가 비 도통off 상태로 되어 TFT 스위치가 off 되는 것이다.

이와 같은 TFT 스위치의 특성은 저항 값의 off/on 비로 나타낸다. 여기서 TFT 스위치가 off 일 때의 저항 값이 무한대라고 할 수 없다. 일반적으로 저항 값의 off/on 비는 100,000~1,000,000 정도 수준의 값을 갖는다.

예를 들어 on 저항이 1 MΩ 정도일 때, off 저항은 10^{11}~10^{12} Ω 의 값을 갖게 되는 것이다. 우리가 알고 있는 이상적인 스위치 즉, off/on 비가 무한대인 것은 아니다. on일 때도 어느 정도 큰 저항 값을 갖고 있고, 또 off 일 때도 저항 값이 무한대가 아니기 때문에 미소하지만 전류가 흐르고 있다는 것이다. 이것은 화소 전극에 충전된 전하가 누설되는 것을 의미한다.

그러나 실제에는 새로운 신호가 60 Hz로 반복하여 주기 때문에 이 정도의 off/oOn 비라면 충분히 스위치로서의 역할을 다할 수 있는 것이다.

현재 많은 TFT 액정디스플레이의 각 화소에 보조 커패시터가 설치되어 액정 커패시터와 병렬로 접속되어 있다. 이 보조 커패시터는 화소 전극의 충전 전하를 보다 안정하게 유지하는 역할을 할 수 있으므로 거의 모든 TFT 제품에 설치하고 있다.

TFT의 제조방법

앞에서 기술한 스위치 역할을 하는 TFT는 반도체 제조 공정 중의 하나인 광 사진식각photolithography 공정을 이용하여 만들 수 있다. 이 광 사진식각 공정은 기판에 고분자 막을 도포하고 거기에 광(자외선)을 쪼여서 패턴을 써넣는 기술이다. 그림 4-37에서 광 사진식각 공정 과정을 보여주고 있다.

(1) 박막 형성

플라즈마 CVD, 스퍼터링 기술을 이용하여 절연막, 반도체 층, 금속 층 등을 형성한다. 각 층의 두께는 층에 따라 다르나, 보통 0.1~0.4 μm 정도의 범위이다.

(2) 감광막

자외선에 반응하는 감광막photoresist을 도포한다. 최근에 여러 가지 방법이 개발되고 있는데 일반적으로 유리 기판에 감광액을 떨어뜨리고 고속 회전시키면 기판 표면에 감광막이 균일하게 도포된다. 이를 스핀-코팅spin-coating법이라 한다.

(3) 사전굽기(prebake)

감광막을 굳게 하기 위하여 고온에서 굽는 과정이다.

(4) 노광과 현상

노광露光은 미리 목적에 맞게 그려진 마스크mask를 감광막 위에 겹쳐 놓고 그 위에서 자외선을 조사하는 것을 말하고, 현상은 노광으로 자외선이 조사된 부분의 감광막을 현상액으로 제거하는 과정이다.

(5) 사후굽기(postbake)

다시 고온에서 굽는다.

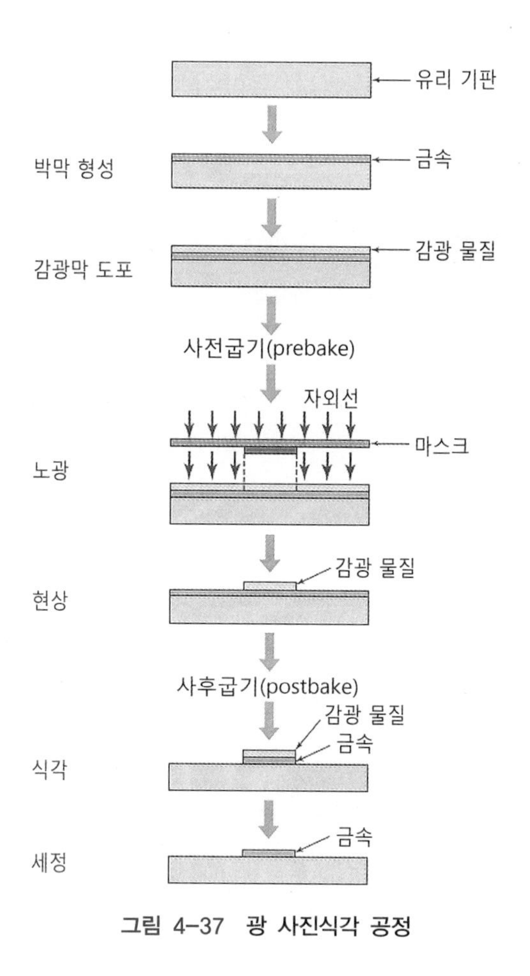

그림 4-37 광 사진식각 공정

(6) 식각

식각etching은 감광막으로 덮여져 있지 않은 부분의 막, 즉 절연막, 반도체 층 또는 금속 층 등을 식각액으로 제거하는 과정이다.

(7) 세척

마지막으로 남아 있는 감광막을 세정액으로 없애고, 순수한 물DI water로 세척한다. 목표하는 박막이 기판 표면에 남게 된다.

TFT-LCD의 화소구성

그림 4-38(a)에서는 TFT-LCD의 화소에 대한 구성을 보여주고 있는데, 세 개의 화소만을 나타내었다. 그림 (b)는 그 등가회로를 나타낸 것이며, 표 4-3에서는 TFT-LCD 구성의 각 부품과 기능을 기술하고 있다.

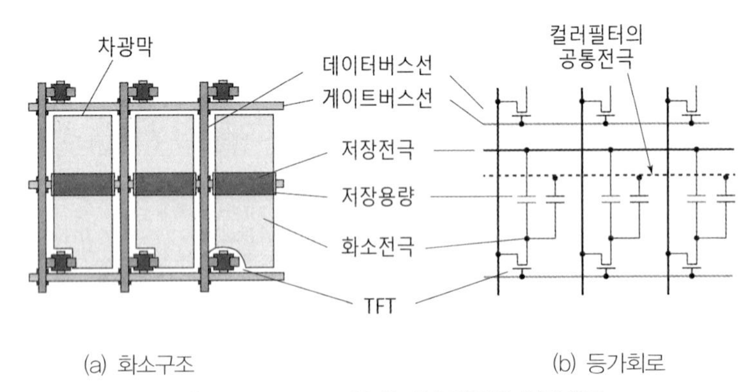

그림 4-38 TFT-LCD의 화소구조와 등가회로

표 4-3 TFT-LCD 화소의 구성요소와 기능

구성 요소	기능
공통전극(common electrode)	–액정층에 전압 인가(화소전극과 공통전극 사이에 전압차가 액정층에 인가되는 전압)
데이터버스선(data bus line)	–신호선
게이트버스선(gate bus line)	–게이트선, 주사선
저장전극(Cs electrode)	–저장용량 전극
저장용량(storage capacitor)	–level shift 전압을 낮춰주며, 비선택기간에 화소 정보를 유지함
화소전극(pixel electrode)	–화소전극
박막트랜지스터(TFT)	–화소전극에 전압을 주거나 차단하는 스위치
차광막(BM, black matrix)	–빛 차광막(액정배열을 조절하지 못하는 부분의 빛 차단 역할)

4.9.3 컬러필터의 구조

가법혼색

최근 노트북, 컴퓨터 등의 액정디스플레이는 컬러 표시 제품이 대부분이다. 어떤 방법으로 여러 가지 색이 표현되는지를 살펴보자. 색이 조합되는 구조를 간단히 기술한다. 모든 색은 단지 3색, 즉 적색red, 녹색green, 청색blue의 조합으로 만들어진다. 이들을 광의 3원색이라 한다. 3원색의 조합으로 여러 가지 색을 만드는 방법을 **가법혼색**加法混色이라 하며 그 원리를 그림 4-39에서 보여주고 있다. 3원색에 추가하여 조합시킴에 따라 황색, 주황색, 청록색, 백색, 흑색 등이 만들어진다. 이것만으로 8가지 색이 되는데, 실제에는 3원색(적, 녹, 청)에서 각 원색의 밝기를 조정하여 모든 색을 재현하게 되는 것이다. 가법혼색의 원리는 액정디스플레이, 플라즈마 디스플레이, 브라운관 등 대단히 많은 표시 제품에 채택되고 있다.

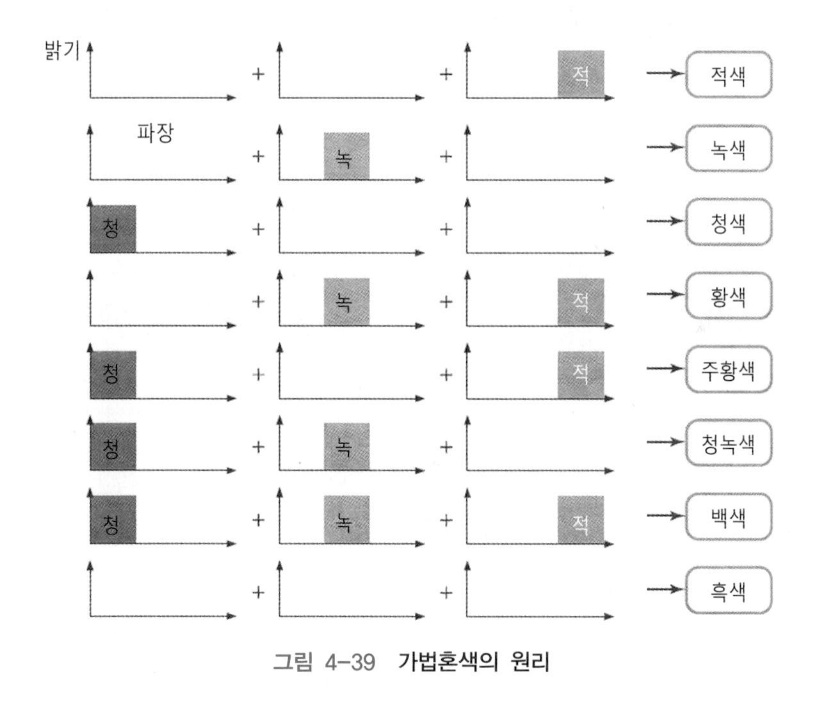

그림 4-39 가법혼색의 원리

컬러필터

액정디스플레이의 컬러 표시는 컬러필터CF: color filter이다. 컬러필터는 색이 붙어 있는 셀로판cellophane과 같은 것으로 약 1 μm의 얇은 막이다. 그림 4-40과 같이 컬러 유리 기판 안쪽에 형성되어 있다. 컬러필터가 적赤이면 그 부분은 액정의 반응에 의하여 적~흑 사이의 색을 표시하

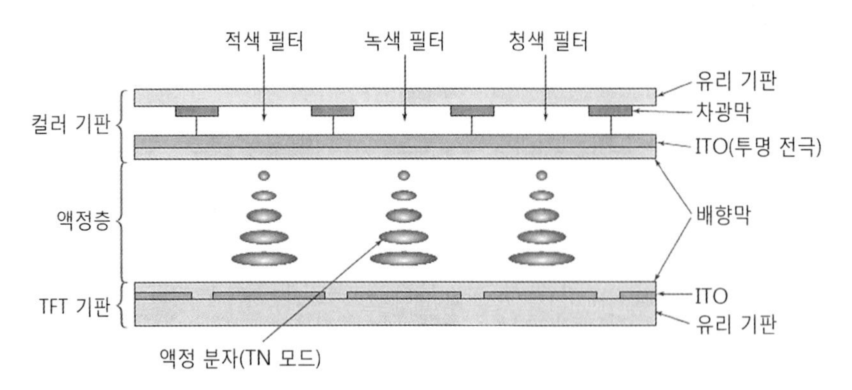

그림 4-40 컬러필터의 구조

고, 녹, 청의 컬러필터의 경우도 같다.

이 컬러필터는 그림 4-41과 같이 패턴이 형성되어 있다. 여기서 각각의 색 사이에 블록 매트릭스block matrix라 하는 차광막遮光膜이 있어 배선 근처에서 발생하는 광의 누광漏光을 방지하기도 하고, 바깥의 광이 TFT에 도달하는 것에 의한 off 저항의 감소를 방지하기도 한다.

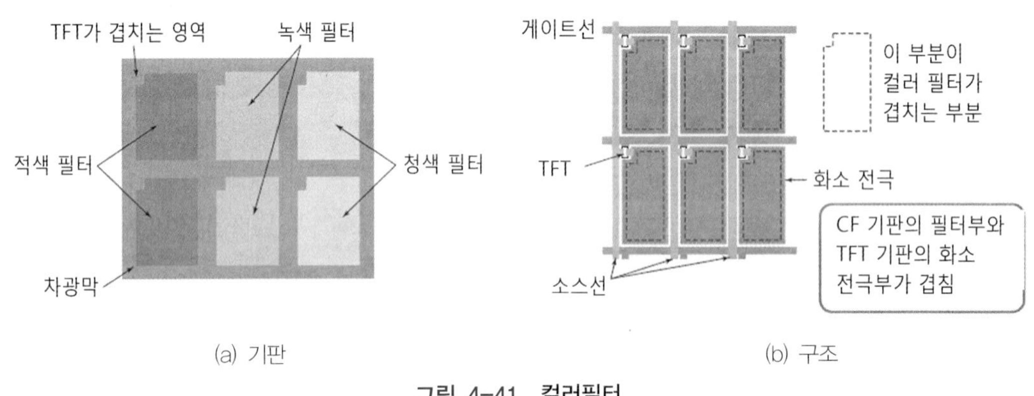

그림 4-41 컬러필터

컬러필터를 만드는 방법도 TFT와 같이 광 사진식각 공정 기술을 이용하고 있다. 그림 4-42에서 컬러필터의 제조 공정을 나타내고 있다. 네 번에 걸친 광 사진식각 공정이 필요하다.

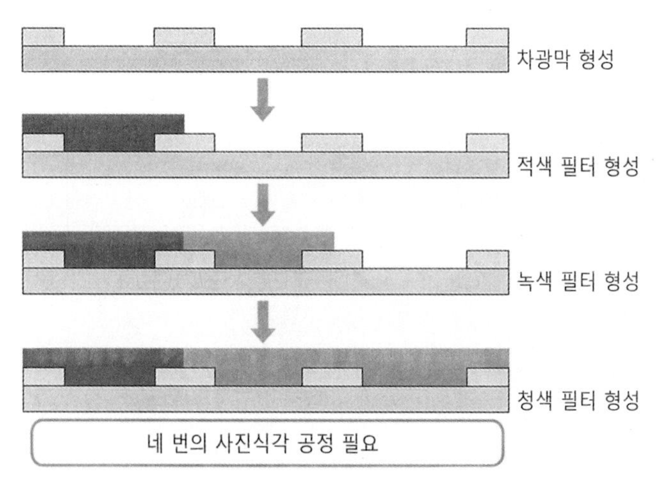

그림 4-42 컬러필터 기판의 제작

컬러필터의 배열

그림 4-43에서는 컬러필터를 구성하고 있는 적색R, 녹색G, 청색B의 배열에 따른 구조를 보여주고 있다. 하나의 화소에 세 개의 하부 화소sub-pixel로 구성되며, 이 하부 화소의 배열 구조에 따라 직선형 줄무늬stripe, 모자이크mosaic, 삼각delta형의 세 가지로 구분한다. 표 4-4에서는 이 세 가지의 배열 구조의 특성을 비교하였다. 줄무늬stripe형은 컬러필터의 설계와 공정 등이 비교적 간단하나, 혼색混色, color mix이 떨어진다. 모자이크와 삼각형은 혼색성이 우수하나 공정이 복잡하다.

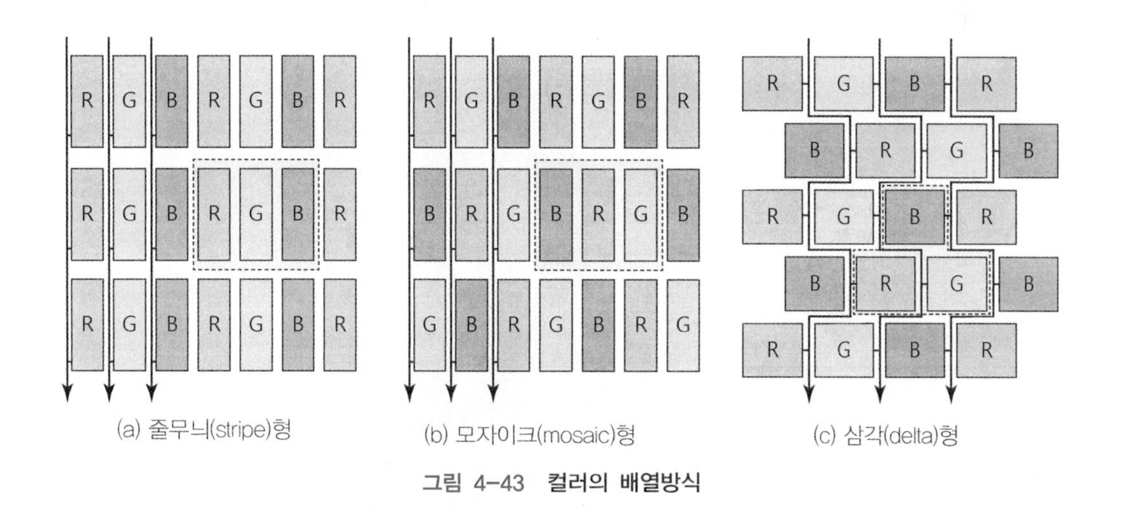

그림 4-43 컬러의 배열방식

표 4-4 컬러필터의 특성 비교

특성항목	줄무늬형	모자이크형	삼각형
화소 설계	간단	간단	복잡
컬러필터 공정	간단	어려움	어려움
구동회로	간단	복잡	간단
혼색성	나쁨	보통	우수

4.9.4 TFT-LCD의 컬러 동작

그림 4-44에서는 화소와 컬러필터의 구조를 보여주고 있다. 해상도는 m개의 열$_{\text{column}}$과 n개의 행$_{\text{row}}$의 경우, m×n인데, 하나의 화소당 부분 화소$_{\text{sub-pixel}}$는 R · G · B 세 개이므로 3배가 늘어나 3 m이 되어 해상도는 3 m×n이 된다.

이제 하나의 화소에 배열된 R · G · B 부분화소(sub-pixel)로 구현할 수 있는 색의 표현 범위를 살펴보자. 액정으로 입사하는 빛이 차단되거나 통과하는 두 가지 상태가 있다고 가정할 때, 세 개의 R · G · B에 의하여 만들어지는 색의 종류는 $2 \times 2 \times 2 = 2^3$, 즉 8가지의 색을 표현할 수 있게 되는 것이다. 하나의 부분화소 on/off 동작을 하게 되면 1비트$_{\text{bit}}$의 디지털 신호를 제어할 수 있어서 세 가지 R · G · B는 각각 3비트의 신호가 제어되므로 $2^3 \times 2^3 \times 2^3 = 512$개의 색을 표현할 수 있는 것이다. 결국 제어할 수 있는 디지털 신호의 비트의 수가 색을 표현할 수 있는 범위를 결정하게 된다. 구동회로에서 6비트의 제어 능력이 있다면, $2^6 \times 2^6 \times 2^6 = 2^{18} = 262,144$개 종류의 색을 구현할 수 있게 되는 것이다.

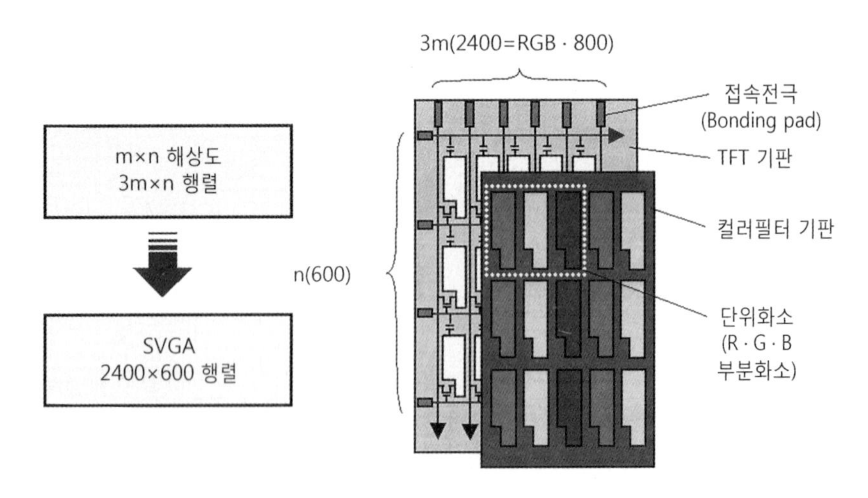

그림 4-44 컬러필터의 구조

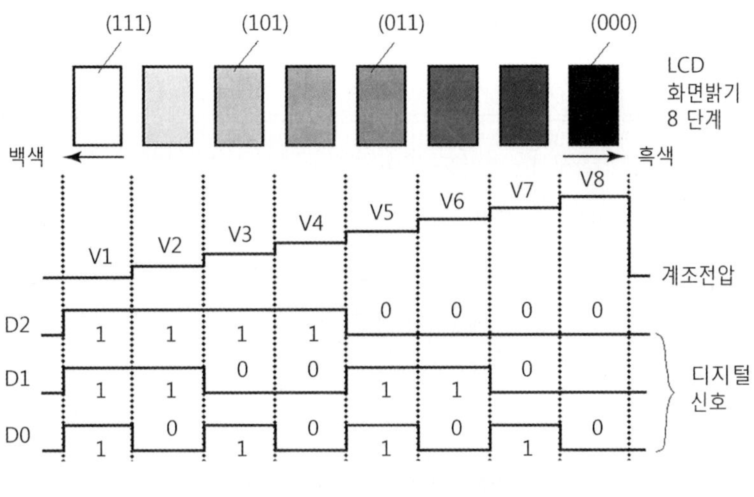

그림 4-45 컬러의 명암단계

구동회로에서 n개의 비트로 구동할 수 있는 제어 능력이 있으면, 이때 표현할 수 있는 색의 개수 N은 다음의 식으로 계산할 수 있다.

$$N = 2^n(R) \times 2^n(G) \times 2^n(B) = 2^{3n} \quad (4\text{-}1)$$

그림 4-45에서는 3비트로 조합할 수 있는 8단계의 **명암단계**明暗段階, gray scale를 보여주고 있다.

표 4-5에서는 디스플레이의 표시 성능을 나타내는 해상도를 보여주고 있는데, 해상도는 화면을 구성하고 있는 화소의 수로 결정되고 정보의 양은 표현할 수 있는 색의 수로 결정된다.

LCD의 화면이 커지면, 게이트의 배선 길이도 증가되어 신호 배선의 저항 R과 커패시터 C로 결정되는 시정수時定數, time constant RC 값이 증가하여 신호의 동작 시간이 지연되는 문제가

표 4-5 해상도에 따른 특성 비교

해상도	dot의 수	화소수	화면비	표준화
1024×768	786,432	2,359,296	4 : 3	XGA
1280×1024	1,310,720	3,923,160	5 : 4	SXGA
1600×1200	1,920,000	5,760,000	4 : 3	UXGA
1920×1080	2,073,600	6,220,800	16 : 9	HDTV
1920×1200	2,304,000	6,912,000	16 : 10	wide UXGA
2048×1536	3,145,728	9,427,184	4 : 3	QXGA
3200×2400	7,680,000	23,040,000	4 : 3	QUXGA

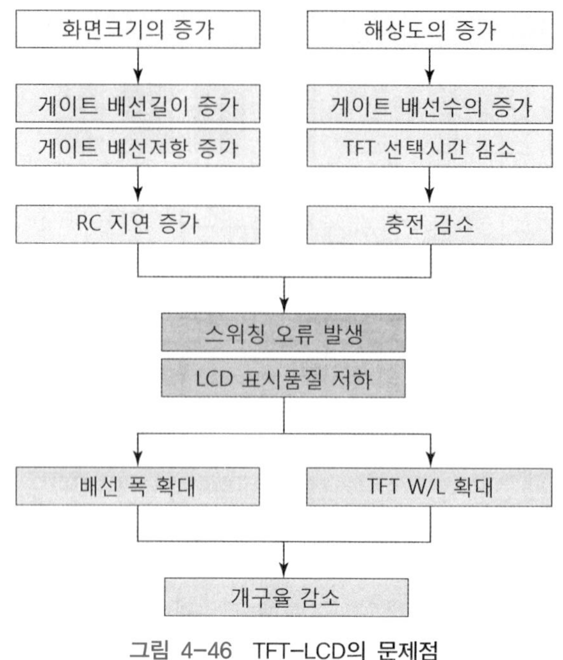

그림 4-46 TFT-LCD의 문제점

발생한다. 또한 해상도가 증가하여 게이트의 배선 수가 많아지면 각 신호 배선의 선택 주기가 짧아져 TFT를 통한 액정 셀cell에 인가되는 정보data전압을 충분히 사용할 수 없는 문제도 발생한다.

그림 4-46에서는 TFT-LCD에서 화면의 크기와 해상도가 증가할 때 나타나는 문제점을 보여주고 있는데, 화면의 크기가 커지면 게이트 신호 배선의 길이가 늘어나므로 배선저항이 커져 지연시간이 발생한다. 또한 해상도가 높아지면 게이트 배선의 수가 증가하여 TFT의 on동작 시간이 감소하므로 부하용량의 충전율이 떨어진다. 이와 같이 지연시간의 증가와 액정 셀의 충전율의 감소에 의하여 스위칭 결함이 발생하여 LCD의 표시품질의 저하를 초래하게 된다. 그래서 배선 폭과 TFT의 채널 폭W/채널 길이L의 비를 확대하여야 하는데, 이렇게 하면 LCD의 개구율이 떨어진다. 따라서 TFT의 W/L 비는 제조 공정과 최소 선폭 등을 고려하여 최적 설계가 요구된다.

그림 4-47에서는 3×3화소의 TFT-LCD의 동작을 나타내고 있다. 지금 n번째 게이트의 배선에 구형파 펄스 전압이 공급되면 n번째 게이트에 연결된 TFT는 모두 on상태가 되어 전류가 흐르고, 각 액정의 화소용량과 축적용량에 충전되기 시작하고, 각 화소 전극의 정보신호 전압인 V1(R), V2(G), V3(B)가 공급된다. 이제 충전이 완료되면 n번째 게이트의 신호 배선에는 TFT의 off 전압이 주어져 정보신호 선에서 전기적으로 차단되어 일정한 값을 유지하게 된다.

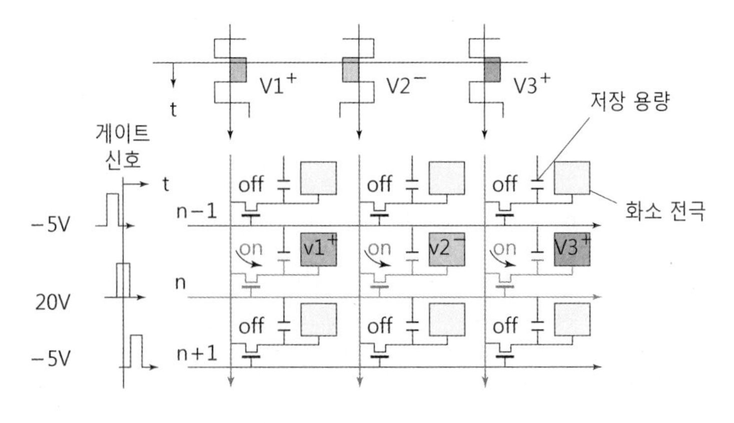

그림 4-47 TFT-LCD의 구동

4.9.5 액정 패널

액정 패널의 제작

액정디스플레이의 표시부분을 액정의 패널panel이라 한다. 액정 패널의 제조 방법을 살펴보자. 우선, 두 가지 흐름이 별개로 진행된다. TFT 소자가 형성되어 있는 측의 기판(TFT기판)을 만드는 제조 공정과 컬러필터가 형성되어 있는 측의 기판을 만드는 제조 공정이다. 이들 두 장의 기판을 준비한 후, 과정을 거쳐 점점 액정이 등장하는 공정이 된다. 두 장의 기판에서 액정 패널을 만들기까지 공정의 흐름을 그림 4-48에서 나타내었다. 이들을 순서대로 살펴보자.

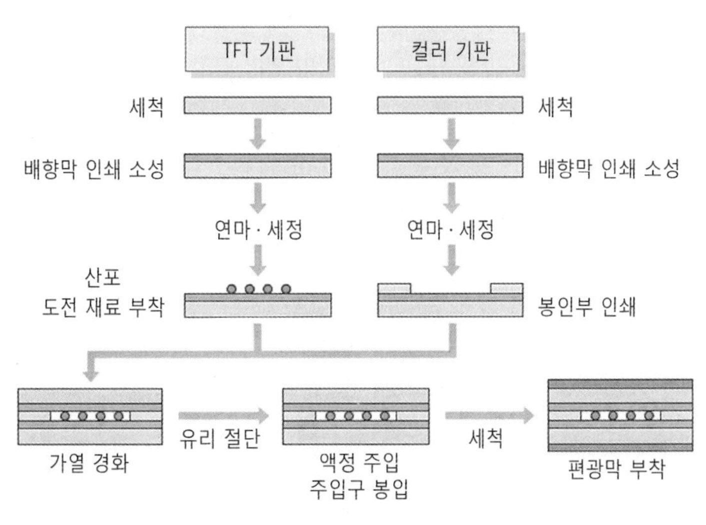

그림 4-48 패널의 제조 공정

(1) 세척

TFT 기판과 컬러필터 기판을 세척한다.

(2) 배향막 공정

배향막은 위쪽 판과 아래쪽 판에 형성하는 공정으로 액정 분자가 일정한 방향으로 정렬할 수 있도록 가공하는 단계이다. 배향막을 인쇄하고 건조시킨 후, 바로 연마공정을 통하여 균일한 표면처리를 진행한다. 배향막은 200℃ 정도의 온도에서 두께가 1,000Å 정도의 균일한 막이 형성되어야 한다. 또한 투명전극과 접촉성이 우수해야 하고, 화학적으로 안정하여 액정과 반응하지 않아야 한다.

포를 감아 붙인 장치의 롤러roller로 목표하는 방향으로 연마한 후, 두 기판의 표면에 부착한 포의 털을 제거하기 위하여 다시 세척한다. 그림 4-49에서는 배향막의 연마 공정을 보여주고 있다.

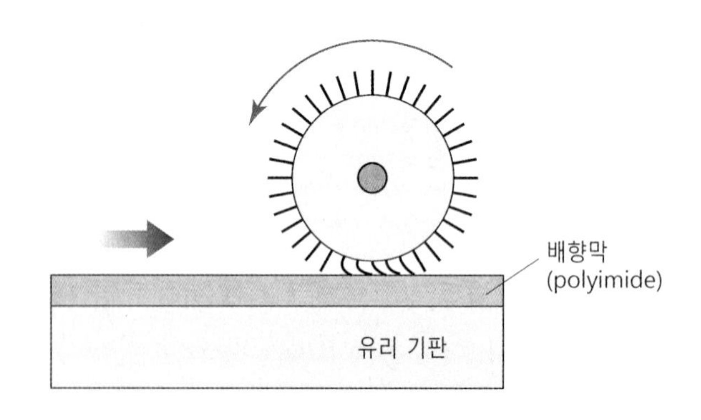

그림 4-49 **배향막의 연마 공정**

(3) 산포기 공정

LCD의 동작을 최적화하기 위하여 위쪽 판과 아래쪽 판 사이 액정공간의 간격을 균일하게 만들어야 한다. 두께의 균일성을 위한 것이 산포기 공정이다. 그림 4-50에서는 산포기 공정의

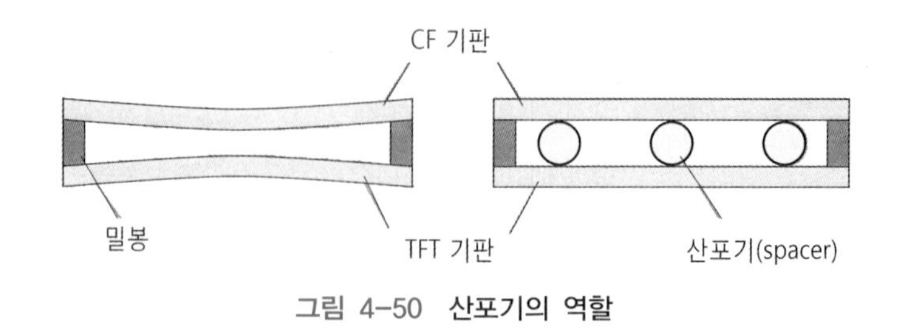

그림 4-50 **산포기의 역할**

개념을 보여주고 있는데, 산포기는 지름이 4～5 μm인 구球 형태를 갖는다. 산포기 공정의 중요한 요소는 산포기의 밀도인데, 화면의 크기에 따라 다르지만, 100～200개/cm^2 정도이다.

(4) 봉인 인쇄

스크린screen 인쇄 방법을 이용하여 그림과 같이 액정을 가두어 놓는 부분을 형성한다. 봉인 영역은 에폭시 접착제 등을 이용하여 봉인부의 두께를 일정하게 유지하기 위하여 크기가 균일한 유리섬유를 섞어서 사용하고 있다. 인쇄하는 것은 TFT기판 혹은 CF기판 어느 한쪽이다.

(5) 도전재료의 부착

TFT 기판과 컬러필터 기판을 부착시킬 때, 컬러필터 기판의 대향對向 전극을 TFT 기판의 특정부분과 도통되도록 하기 위하여 도전導電, conduction물질을 부착한다. TFT 기판과 CF 기판을 붙인다. 압력을 가한 상태에서 봉인 영역을 가열하여 경화硬化시킨다.

(6) 유리 절단

기판의 조립이 끝난 상태에서 여러 가지 제품으로 제작하기 위해서 적절한 크기로 절단 작업이 필요한데, 이것이 유리 절단glass scribe & break 공정이다. 이 절단 공정은 먼저 유리를 텅스텐이나 다이아몬드 재질의 회전기구wheel로 유리 표면을 흠집scratch을 내는 절단선긋기scribe 공정과 금속막대를 이용하여 유리를 분리하는 절단break 공정으로 나뉜다. 그림 4-51에서는 유리 절단 공정을 보여주고 있다.

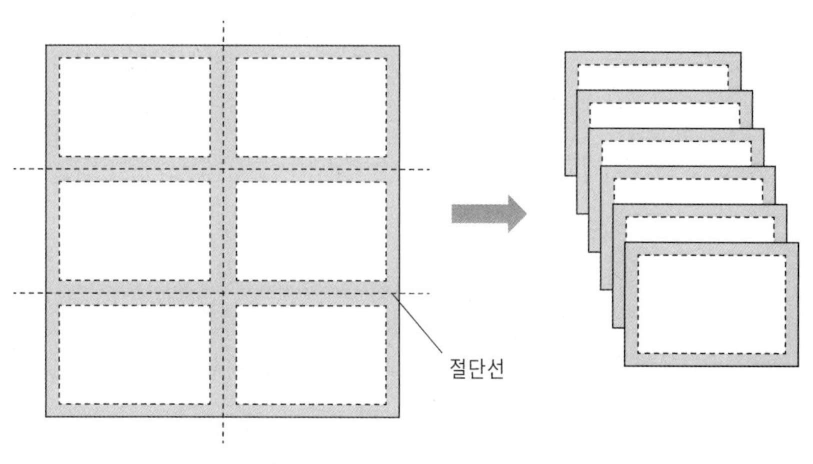

그림 4-51 유리 기판의 절단 공정

(7) 액정 주입과 봉입

액정 주입은 위와 아래의 판을 합착한 후, 액정을 액정 패널의 유리 공간으로 주입시키는 공정으로 LCD패널의 내부를 진공처리하고 모세관毛細管, capillary phenomenon 현상과 압력의 차를 이용하여 액정을 주입하는 진공 주입법이 주로 사용된다. LCD 패널 내부의 진공도를 10^{-3} torr로 유지한 상태에서 액정의 용기에 넣으면 액정이 모세관 현상으로 패널 내부로 빨려 들어가는데, 약 80% 정도 액정이 채워질 때, 진공 펌프의 밸브valve를 닫고 진공상태의 챔버chamber를 상압으로 압력을 높여 주면서 주입된 액정 공간으로 질소 가스를 주입하면 내부와 주위의 압력차에 의해 빈 공간으로 액정이 고르게 분포하게 된다. 이 과정을 그림 4-52에서 보여주고 있다. 그림 (a)는 압력 펌프를 이용하여 진공도를 높여주고 있으며, 그림 (b)는 압력 펌프를 잠그고 질소를 주입하면서 액정이 패널에 주입하는 상태를 나타내고 있다.

이 액정 주입이 끝나면 주입구 부분을 접착제로 막는 과정이 진행되는데, 이를 봉입封入, end seal 공정이라 한다. 밀봉재密封材, sealant를 주입구 부분에 도포하고 자외선을 조사하여 경화하는 방법으로 밀봉이 된다. 이를 그림 4-53에서 보여주고 있다. 그림 (a)는 액정의 주입, 그림 (b)는 봉입 후의 상태, 그림 (c)는 액정 주입 후 봉입된 단면을 각각 보여주고 있다.

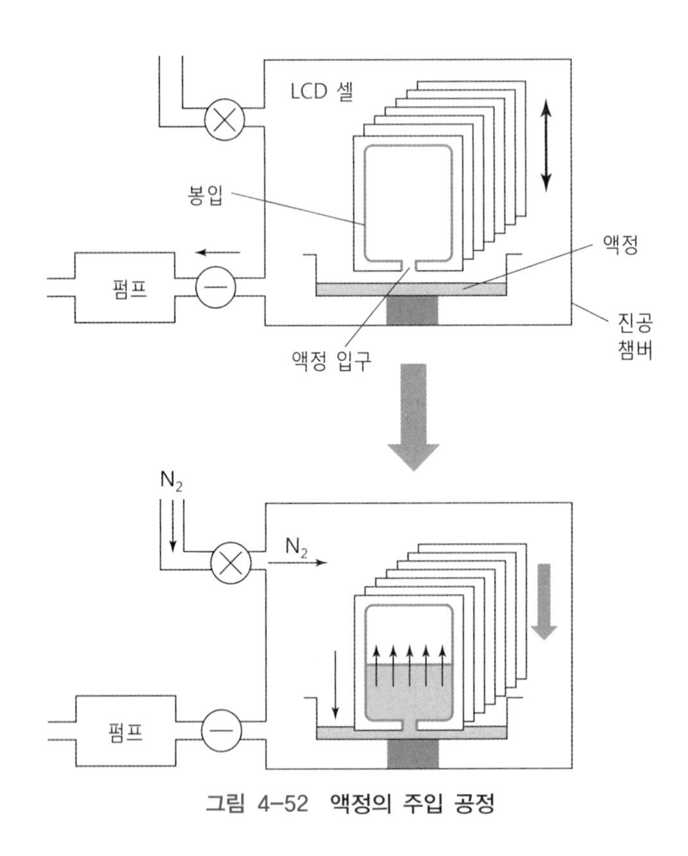

그림 4-52 액정의 주입 공정

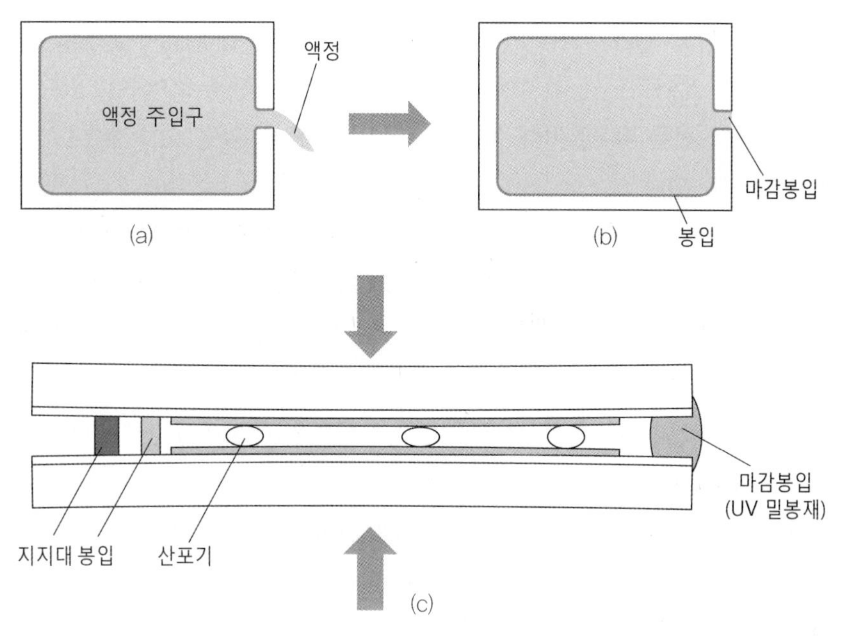

그림 4-53 액정의 봉입 공정 (a) 액정 주입 (b) 봉입 (c) 단면

액정 패널의 동작

액정 패널에 접속되는 회로 즉, 액정 패널의 구동회로에 대하여 살펴보자. 각 게이트선의 TFT를, 게이트의 높은 전위로 on하여 원하는 전압을 소스선을 통하여 액정에 공급하는 작업을 선순차線順次적으로 수행하여 전체 화소로 수행한 액정 패널에서 화상이 만들어진다.

그림 4-54에서 나타낸 바와 같이 회로가 액정 패널에 접속되어 있다. 그 중 하나가 게이트 구동회로이다. 게이트 구동회로는 선택된 게이트선만 높은 전위로 하고, 나머지는 낮은 전위를

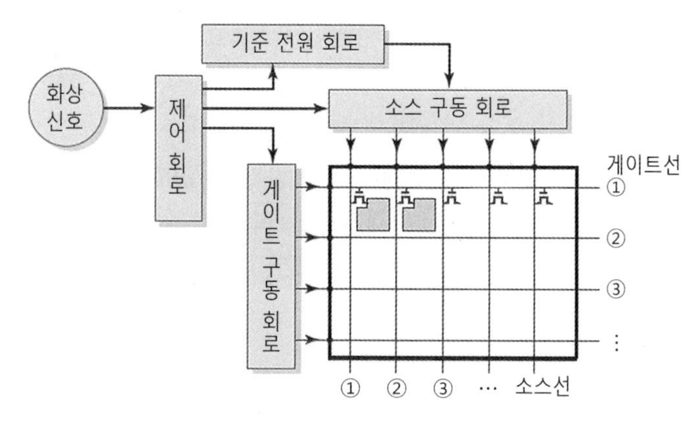

그림 4-54 액정 패널 구동회로

유지한다. 선택된 게이트 선이 1열씩 어긋나 있다. 1/60 sec로 위에서 아래까지 선택된 게이트 선이 이동하여 간다. 게이트 구동회로에서 출력되는 전압 파형을 보여주고 있다. VGA 규격을 예로 하면 게이트 선은 480열이다. 따라서 게이트 선의 1열당 선택시간은 대략 1 sec/60 ㎐/480열=34.7 μs로 된다.

또 액정 패널에는 소스 구동회로도 접속되어 있다. 이 소스 구동회로는 화상 데이터 신호를 받아 액정에 인가할 적절한 전압으로 변환한다. 그리고 신호전압을 선택된 게이트 선에 접속하고 있는 화소 전극으로 공급하는 역할을 한다. 소스 구동회로는 게이트 구동회로와 시간을 맞추어 동작하게 된다.

똑같이 VGA의 규격을 예로 하여 살펴보면, 소스선은 640×3(RGB)=2,400열을 갖게 된다. 그래서 34.7 μs당 2,400열의 소스 선에 신호전압을 출력하는 것이다.

이들 두 개의 구동회로는 하나의 전용 IC인 LCD제어회로에 접속되어 있다. 외부로부터 화상신호를 받아서 소스 구동회로로 출력하기도 하고, 시간을 맞추기 위하여 제어신호를 양 구동회로에 출력하는 역할을 한다.

4.9.6 후면광

❙ 후면광의 특성

액정 패널은 표시소자로서 작용하기 위해서는 광원이 필요하다. 광원으로는 태양, 형광등과 같은 자연광의 경우도 있으나, LED를 활용하는 것이 일반적이다.

액정 패널의 뒷면에서 광을 조사하는 후면광back light에 대하여 살펴보자. 후면광은 특히 현재 노트북, 컴퓨터의 중요한 요소이다. 이것의 중요한 역할은 밝기의 균일성, 고휘도 및 고효율화, 박형薄型화인데, 첫째, 밝기의 균일성은 장소에 따라서 밝기가 다르면 표시품질이 떨어지는 액정디스플레이가 되는 것이다. 둘째, 액정디스플레이가 추구해야 하는 또 하나는 표시장치를 얇게 하는 것이다. 액정디스플레이를 탑재한 제품 즉, 노트북, 컴퓨터와 같이 얇은 형일 필요가 있다. 따라서 광원으로 쓰이는 것도 박형화가 필요한 것이다.

셋째는 노트북, 컴퓨터와 휴대기기는 전지로 구동하기 때문에 가능한 한 사용 가능 시간을 길게 할 필요가 있다. 특히 액정디스플레이에서는 후면광의 소비전력이 전체 소비전력의 1/2 이상을 점하고 있으므로 후면광의 고효율화와 고휘도화가 절대적으로 필요하다.

❙ 후면광의 구조

그림 4-55에서 후면광의 기본 구조를 보여주고 있는데, 광원에서 방출된 빛은 여러 종류의

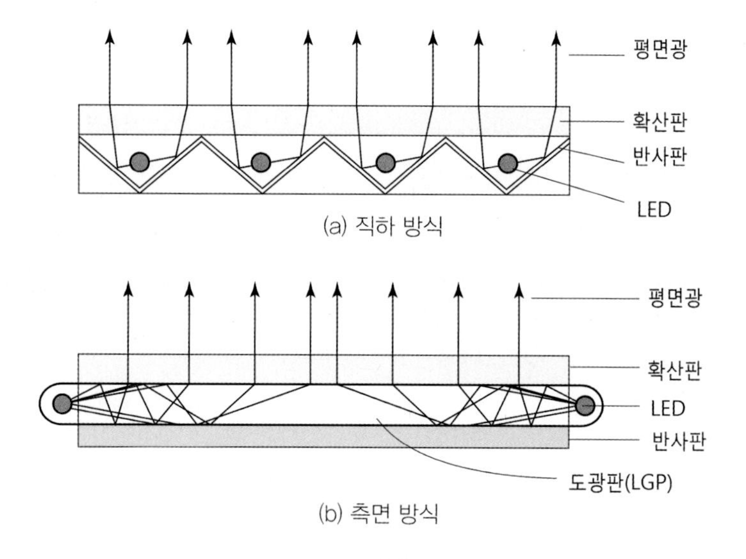

그림 4-55 광원배열 방식

방식으로 밝기가 균일한 평면광을 만들고 있다. 광원의 위치에 따라 분류할 수 있는데, LCD 아래에 부착하는 **직하**直下, direct **방식**은 후광막 위에 광원을 배치하는 방식으로 선명도가 높고, 화질이 좋으나, LED가 많이 필요하여 전력소모가 많은데, 어두운 부분의 밝기만 일시적으로 조절해 주는 **화면 분할 구동**local dimming 기술을 이용하여 보완하고 있다. 이것은 후면광의 면적을 여러 개의 영역으로 나누고 휘도를 영상신호와 연계하여 영상의 어두운 부분에 해당하는 영역은 빛을 줄이거나 끄고, 밝음 영역은 휘도를 높여서 명암과 소비전력을 크게 개선하는 방식이다. 한편, 광원을 측면에 배치하는 **측면**側面, edge **방식**은 광원을 가장자리에 배치하고, **도광판**導光板, light guide panel을 이용하여 빛을 균일하게 내는 방식이다. 직하 방식에 비하여 LED의 개수를 줄일 수 있으나, 도광판의 장착으로 두께가 커지는 문제점이 있다.

그림 4-56에서는 광원의 측면배치 방식의 후면광 시스템을 보여주고 있는데, 여러 부품이 적층 구조로 되어 있음을 알 수 있다. 각 부품의 역할은 다음과 같다.

(1) LED 램프

빛을 발생하는 것으로 광원의 중심적 역할을 하는 부품이다.

(2) 램프 반사경lamp reflector

광원으로부터 방출된 광의 효율을 높여 도광판導光板으로 전도를 잘하기 위하여 설치하는 부품이다.

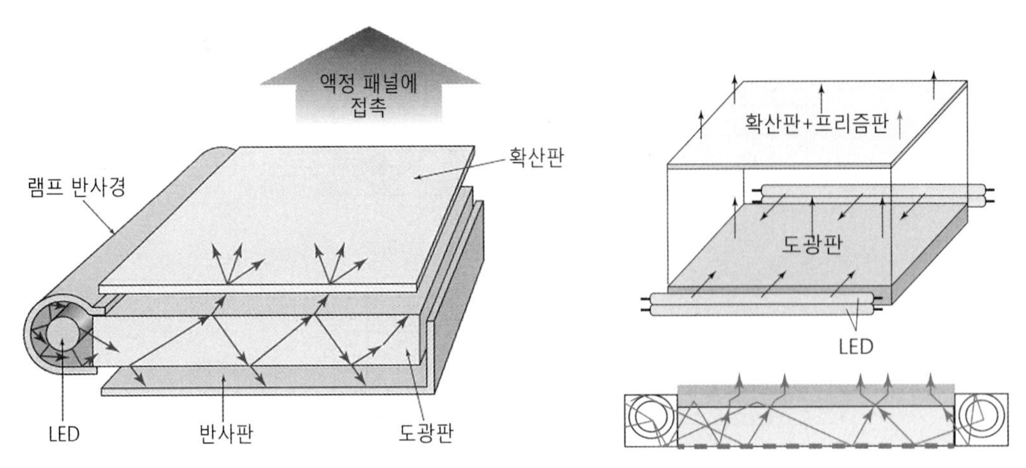

그림 4-56 후면광의 구조

(3) 도광판

광이 도광판 속을 전반사하면서 전달하고, 액정 패널의 전체 면에 평면광을 조사하는 역할을 한다.

(4) 확산판과 반사판

확산판擴散板은 밝기의 균일성을 높이기 위하여 설치하는 부품이고, 반사판은 도광판 밑으로 빠져나간 광을 반사하여 다시 활용하기 위하여 설치하는 부품이다.

4.9.7 액정디스플레이의 전체 구성

지금까지의 기술로 액정디스플레이에는 여러 가지 부품이 사용되고 있음을 알았다. 액정디스플레이의 전체 구성도를 그림 4-57에서 나타내었다.

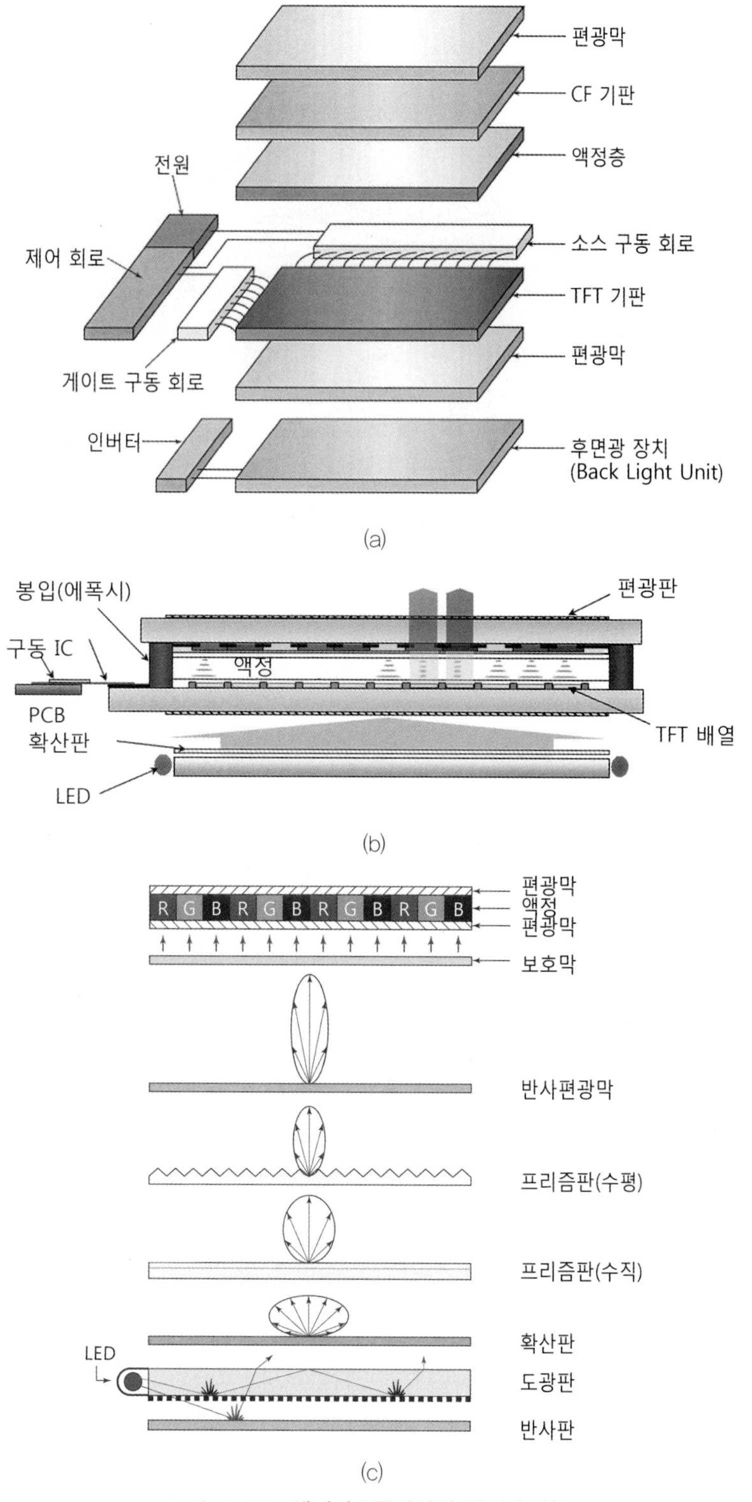

그림 4-57 액정디스플레이의 전체 구성도

그림 4-58에서는 TFT-LCD의 동작을 입체적으로 표시하였다.

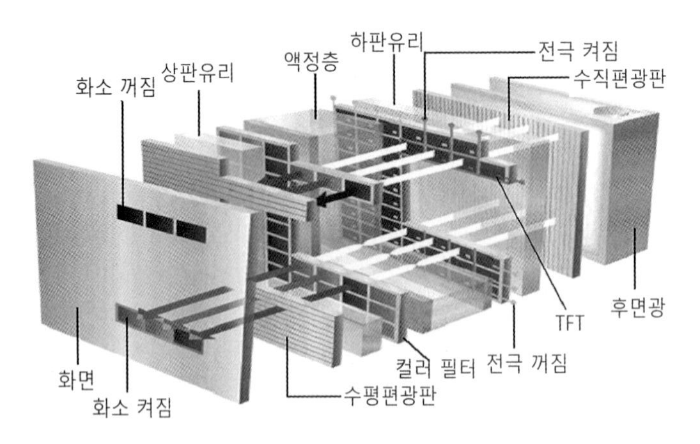

그림 4-58 TFT-LCD의 동작

연구문제 CHAPTER 4

1. 액정이란 무엇인가?

2. 액정의 종류와 그 특성을 기술하시오.

3. 액정 분자를 그리고, 그 특성을 기술하시오.

4. TN 모드와 STN 모드의 특성을 기술하고, STN 모드가 더 우수한 성능을 나타내는 이유를 기술하시오.

5. LCD에서 배향막이 필요한 이유와 배향처리 과정을 기술하시오.

6. 액정 분자의 전압 특성을 기술하시오.

7. 편광이란 무엇이며, LCD에서 편광막이 필요한 이유를 기술하시오.

8. 편광막의 작용으로 빛의 통과와 흡수의 원리를 기술하시오.

9. LCD 구동에서 AM과 PM 방식을 비교 기술하시오.

10. AMLCD의 구동에서 게이트 선과 소스 선의 역할은 무엇인가?

11. LCD에서 스위치소자인 TFT가 왜 사용되는가?

12. TFT-LCD에서 스위치소자인 TFT가 왜 사용되는가?

13. TFT-LCD의 기본 구조를 그리고, 동작을 기술하시오.

14. TFT-LCD의 화소에 대한 구성 요소와 그 기능을 기술하시오.

15. TFT-LCD의 컬러필터의 구조와 가법혼색의 원리를 기술하시오.

16. 컬러필터의 제작 과정을 기술하시오.

17. LCD의 컬러 표시에서 컬러의 배열 형태 종류와 그 특성을 기술하시오.

18. 3bit 디지털신호로 구동할 수 있는 LCD의 구동에서 컬러를 표시할 수 있는 색은 몇 가지가 가능한가?

19. TFT-LCD에서 해상도와 화면의 크기에 따라 나타나는 문제점을 기술하시오.

20. 액정 패널의 제조 공정을 기술하시오.

1. 배향막 공정

2. 산포기 공정

3. 봉인인쇄 공정

4. 도전재료부착 공정

5. 유리절단 공정

6. 액정 주입과 봉인 공정

21. LCD에서 후면광(back light unit)이 왜 필요한가?

22. TFT-LCD의 후면광 시스템에서 직하 방식과 측면 방식을 기술하시오.

23. TFT-LCD에서 local dimming 기술에 대하여 기술하시오.

CHAPTER

5

전계발광 디스플레이 (Organic Electroluminescence Display)

5.1 전계발광 디스플레이의 개요

유기 전계발광 디스플레이OELD, organic electroluminescence display는 유기 ELorganic electroluminance, 유기 LEDorganic light emitting diode 등으로 부르고 있다. EL은 주로 형광체에 전계를 인가하였을 때, 형광재료에서 빛이 발생하는 현상이다. 최초의 EL은 1920년대에 무기질 EL에서 발견되었으며, 그 후 1950년대에 유기 물질에서 발광현상을 관측하였다. 1960년대에 직류에서의 발광을 확인하면서 유기 EL의 본격적인 연구 개발이 시작되어 오늘날에 이르게 되었다.

5.1.1 전계발광

❙ 발광현상

어떤 물체에서 빛이 나오는 형태를 분류하면, 하나는 온도의 가열에 의한 열방사thermal radiation이고, 다른 하나는 물리적인 입자의 충돌에 의한 발광luminance으로 나눌 수 있다. 열방사는 물체에 열을 계속 가하면 열방출로 인하여 빛이 나오는 것을 말한다. 반면에 낮은 온도의 물체에서도 빛이 나오는 경우가 있는데, 발광은 어떤 물질이 에너지가 높은 불안정한 상태에서 에너지가 낮은 안정한 상태로 전환되면서 이들 상호 간에 에너지 차이에 해당하는 파장의 빛을 내는 것을 말한다. 이런 빛을 내도록 하기 위해서는 물질을 에너지가 높은 불안정한 **여기상태**excited state로 만드는 것이 필요한데, 이를 만들기 위해서는 빛, 화학반응, 전기, 열, 음극에서 방출하는 전자 등의 다양한 방법이 사용된다.

빛에 의한 발광으로는 **형광**螢光, fluorescence과 **인광**燐光, phosphorescence으로 구분하며, 여기상태에 있던 입자가 바로 낮은 에너지 상태로 돌아가면서 빛을 내는 것이 형광이고, 인광은 여기상태에 있던 입자가 또 다른 여기상태로 전환되었다가 낮은 상태로 돌아가면서 빛을 내는 것이다.

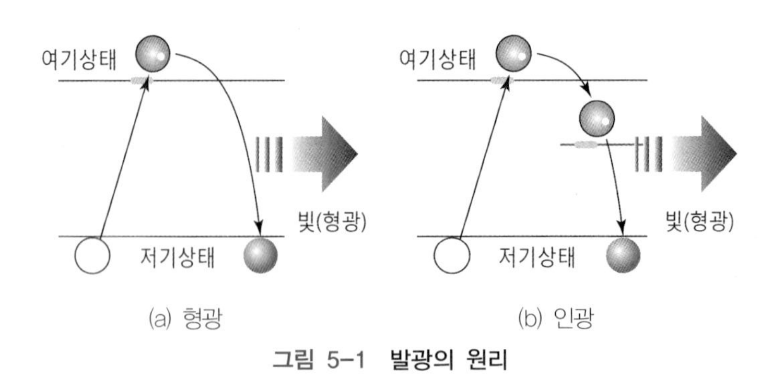

그림 5-1 발광의 원리

표 5-1 여러 종류의 발광현상

빛의 종류	발광	응용
열방사	연소방사	양초, 램프
	백열방사	백열전구
발광	형광발광	형광등
	냉음극발광	음극선관(CRT)
	전계발광	EL, LED
	방전발광	수은등, 아크등, 네온등
	레이저발광	반도체 레이저

보통 발광물질에서 전자가 여기상태가 되도록 외부에서 에너지를 공급해야 하는데, 외부 에너지의 주입 시간과 빛으로 환산되는 시간인 잔광 시간이 발광의 수명이 된다. 이때 형광의 수명은 10^{-9}sec, 인광은 10^{-6}sec로 형광에 비해 1,000배 정도의 긴 수명을 갖고 있다. 표 5-1에서는 발광의 종류를 나타내고, 그림 5-1에서는 형광과 인광의 특성을 보여주고 있다. **냉음극 발광**은 물질의 표면에 강한 전기장을 걸면, 상온에서 물질의 표면으로부터 전자가 방출되는 현상을 가리키는데, 이는 터널링 효과에 의한 것으로 열음극 방출보다 적게 전기 에너지를 공급해도 된다는 장점이 있다. 다시 말하여 도체를 고온화하지 않고 강한 전기장을 인가하는 것만으로 전자가 다른 매질로 방출되는 현상이다. 도체 표면에 강한 전기장을 걸면 도체 내의 전자電子 에너지가 구속 에너지(일함수)의 벽을 넘을 만큼 크지 않아도 터널링 효과에 의해 벽을 뚫고 밖으로 튀어 나온다.

❙ 전계발광

전계발광EL은 형광체에 전계를 공급하여 발광하는 것으로 형광체를 유전체 내에 분산시킨 발광층을 평행 전극 사이에 끼워 전계를 공급하여 빛을 내는 방식이다. 이를 진성眞性 전계발광이라 한다. 한편, 반도체에서는 전도대에서 가전자대로의 천이, 불순물 혹은 결함을 통한 천이, 가속전자에 의한 발광 중심에서의 천이 등으로 빛이 발하는데, 이것을 전하주입電荷注入 전계발광이라 한다. 이들 무기물질 대신에 유기물질을 사용하여 빛을 낼 수 있는데, 이 유기有機 전계발광은 발광물질 내에 주입된 전자와 정공의 상호 작용에 의해 빛이 발생하게 된다. 즉 전하의 운반체carrier인 전자와 정공이 유기층을 통과하면서 **재결합**再結合, recombination 현상으로 여기상태의 높은 에너지를 가진 전자가 그 에너지를 소실하면서 빛을 방출하게 되는 것이다. 그림 5-2에서는 전계발광소자의 종류와 특성을 나타낸 것이다.

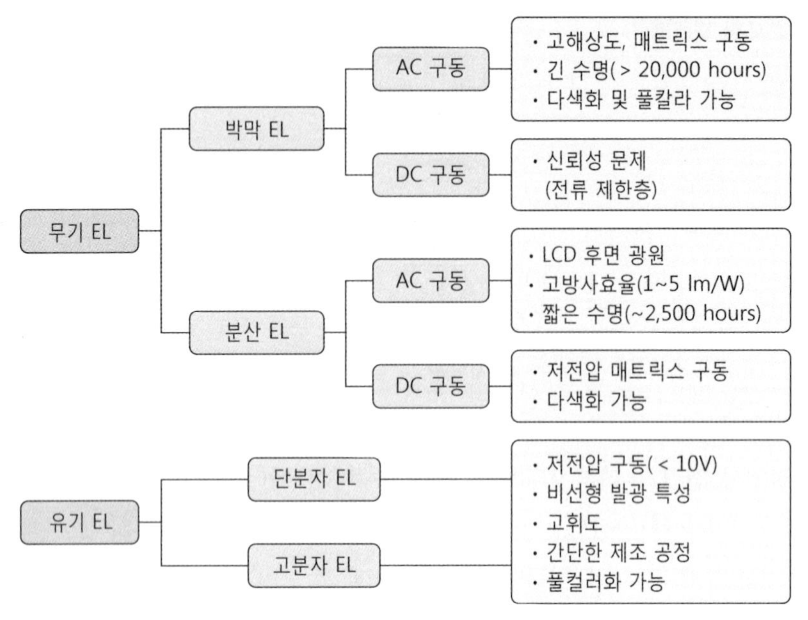

그림 5-2 **전계발광소자의 분류와 특징**

5.1.2 전계발광 디스플레이의 종류

전계발광 디스플레이ELD는 발광물질에 전계를 공급하면 빛이 발생하는 현상을 이용하는 것이다. 소재에 따라 분류하면 무기질 ELDIELD, inorganic ELD와 유기질 ELDOELD, organic ELD로 나눌 수 있다. 무기질 ELD는 박막형과 분산형으로 나누고, 다시 인가하는 전원과 구동 방식에 따라 교류 구동형과 직류 구동형으로 분류할 수 있다. 한편, **유기질 ELD**는 발광층에 사용하는 유기물질의 종류에 따라 저분자 OELD, 고분자 OELD로 구분하고 구동 방식에 따라 능동AM형과

표 5-2 **전계발광 디스플레이의 분류**

구분	형태 및 방식	종류
무기질 ELD	박막형	직류 구동형
		교류 구동형
	분산형	직류 구동형
		교류 구동형
유기질 ELD	분자의 크기	저분자 OELD
		고분자 OELD
	구동 방식	AM OELD
		PM OELD

수동PM형으로 나눈다. 표 5-2에서는 ELD의 분류를 나타내었다.

저분자 유기물질은 청색을 내는 안트라센anthracene(세 개의 벤젠고리로 구성된 고체 상태의 다환식 방향족 탄화수소), 페닐phenyl(벤젠 분자에서 수소 원자 하나가 빠져 생긴 원자단)이 치환된 시클로펜타디엔cyclopentadiene 유도체 등이 있으며, 초록색의 빛(550 nm)을 내는 Alq3가 있다. 이 물질에 유기물 색소를 주입하면 초록색에서 빨강색까지 넓은 영역에서 빛을 낼 수 있다. 이들 저분자 유기 EL은 높은 휘도를 낼 수 있는 장점이 있으나, 빛의 지속적인 발광, 안전성, 양자 효율 등에서 특성이 떨어지는 문제가 있다.

유기 EL에 사용하는 고분자 소재는 저분자 소재에 비하여 다른 특성을 갖고 있다. 분자량은 저분자 소재에 비하여 보통 10,000배 이상 높다. 그러므로 고분자 소재는 열적 안정성이 높으며, 기계적 강도가 좋고, 대화면 디스플레이의 응용에 우수한 특성을 갖고 있다. 표 5-3에서는 유기질 ELD의 특성을 나타내었다.

표 5-3 OELD의 특성

구분	크기 및 방식	장점	단점
분자의 구조	저분자형	• 고효율, 고휘도, 긴 수명 • 제조 공정이 용이	• 대면적화의 어려움 • 높은 구동전압
	고분자형	• 열적, 기계적 안정성 • 저전압 구동과 빠른 응답 • 제조 공정이 용이	• 청색 형광체의 짧은 수명 • 낮은 휘도
구동 방식	수동형	• 구조가 간단 • 제조 공정이 용이	• 높은 소비전력 • 낮은 발광효율 • 대면적화의 어려움
	능동형	• 낮은 전류구동 • 화소공정이 용이 • 대면적의 고해상도 • 낮은 소비전력	• 제조 공정의 복잡 • 비용의 증가

5.1.3 전계발광의 원리

전계발광은 물질의 종류에 따라 크게 무기질inorganic과 유기질organic 전계발광으로 구분할 수 있다.

무기질 전계발광

그림 5-3에서는 무기질 EL의 발광 구조를 보여주고 있는데, 금속 전극과 투명 전극 사이에

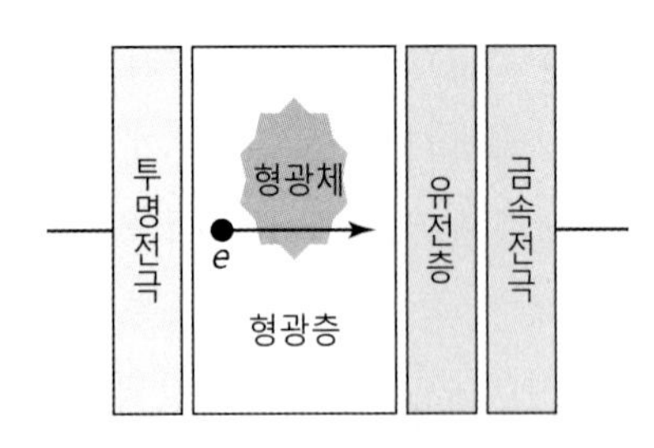

그림 5-3 무기 전계발광의 구조

형광체를 삽입하고 양단에 교류전압을 공급하는 구조이다. 발광물질은 형광체를 구성하는 미세한 입자를 분산시킨 고분자 결합재이다. 분산된 형광체 내부에서는 무기화합물인 황화아연ZnS과 구리Cu의 표면이 마치 금속과 반도체 사이의 접합면과 유사한 구조로 되어 쇼트키schottky 접합을 갖는 전위장벽이 형성된다. 일반적으로 쇼트키 접합은 금속과 반도체 사이의 접합에서 순방향에서는 전류가 잘 흐르고, 역방향에서는 전류가 흐르지 않는 정류성整流性 구조를 말한다.

두 개의 전극에 강한 전계를 공급하면 교류의 순방향 전압에서 전자는 발광층 안으로 가속되어 발광 중심에서 충돌하여 발광 중심에서 유도방출 현상으로 빛이 발생하게 된다. 역방향으로 전계를 공급하면 반대로 전자가 가속하여 빛을 발하게 된다. 유전체의 역할은 외부의 전계가 거의 유전체 층에 전달되므로 형광체에 강한 전계의 힘을 주게 되어 형광체로의 전자의 속도를 높여 더욱 밝은 빛을 낼 수 있게 된다. 교류의 200 V 정도의 펄스전압으로 구동한다.

진성 전계발광은 황화아연ZnS을 모재로 하는 형광체를 두 장의 기판 사이에 배치하고 교류전계를 인가하였을 때 발광하는 현상으로 1936년 G. Destriau에 의해서 처음으로 발견되었지만, 투명전극이 개발되기까지 실용상 발전은 없었다. 1950년대에 산화주석SnO_2이 주성분인 투명 도전막을 이용한 EL 패널은 Sylvania社에서 발표하여 면발광원 및 평면형 정보 표시 패널로서 주목을 받았으나, 낮은 휘도와 짧은 수명 등의 문제점 때문에 1960년대 중반에 고신뢰성이 기대되는 전하 주입형 ELD가 발표되면서 진성 EL의 연구 개발은 주춤하였다. 대면적화를 해결하기 위하여 1968년 A. Vecht는 Cu로 처리한 형광체 분말을 이용한 직류로 구동하는 분산형 EL과 D. Kahng에 의해서 희토류 불화물 분자를 발광 중심으로 사용한 박막형 EL을 발표하였으며, 그 후 고체 발광형 EL은 다시 주목을 받기 시작하였다. 1974년 진성 EL에서 문제가 되었던 낮은 휘도와 짧은 수명을 해결할 수 있는 이중 절연층 구조의 박막형 EL이 발표되면서 EL에 관한 연구 개발이 활발히 진행되었다. 그 결과 1983년 Grid가 6 inch 크기의 320×240 화소를 갖는 EL 디스플레이를 휴대용 컴퓨터에 적용할 수 있도록 하였으며, 이후 고성능 컴퓨터, 개인용 컴퓨터, 워드 프로세스 등의 디스플레이로서 응용이 되었다. 1987년 C. W. Tang이 10 V 이하의 직류전압으로 구동하였을 때 1000 cd/m^2의 고휘도를 갖는 유기 박막 EL을 발표한 후, 유기 EL 소자는 디스플레이로서의 응용 가능성으로 주목을 받기 시작하였다. 발광층에 미량의 발광 색소를 도핑doping하는 색소 도핑법을 이용하여 발광 파장을 변화시키고 발광 효율을 향상시킬 수 있는 단계에 이르게 되었다.

EL 디스플레이는 높은 대비, 넓은 시야각, 빠른 응답속도, 높은 해상도 및 넓은 동작 온도 등의 특성을 갖지만, 발광색의 조합이 적으면 표시 성능의 저하로 품질이 떨어지므로 박막형 및 분산형 EL 소자에서 다색화多色化, full color를 이루는 것은 매우 중요하다. 1993년 다색화에 문제가 되었던 녹색 및 적색을 패턴화한 컬러필터 구조를 갖는 다색 박막 EL이 발표되었다. 그러나 청색은 디스플레이에 응용하기에는 낮은 휘도를 갖고 있어서 휘도 개선을 위한 연구 개발이 진행되고 있다.

무기 전계발광의 특성

(1) 박막형 EL 소자

1974년 T. Inoguch의 긴 수명, 높은 휘도를 갖는 이중 절연층 구조의 무기 박막 EL이 발표된 후, EL의 연구 및 개발이 크게 진전되었다. 이 구조는 그림 5-4와 같이 유리 기판, 투명 도전막, 절연층, 발광층, 배면 전극 등으로 구성된다. 각 층의 기능과 재료에 대하여 살펴보면 다음과 같다.

발광층은 발광 개시 전압을 낮추기 위하여 모재로 ZnSe를 이용한 형광체가 이용되기도 하지만 일반적으로 모재 ZnS에 발광 중심으로 Mn^{2+}을 0.5wt.% 도핑한 형광체를 사용하고 있으며, 이 경우 585 nm의 단일 최대 파장을 갖고, 높은 휘도의 특성을 보였다.

발광층 양쪽에 절연층의 배치는 불순물 또는 습기로부터 보호하고, 전자가 전극에서 발광층으로 직접 흐르지 않도록 하며, 발광층과 절연층의 계면에 포획trap된 전하는 분극을 일으켜 유효 전계를 증가시키게 된다. 소자의 개발 초기에는 이트륨 산화물Y_2O_3이 주로 사용되었으나, 질화규소Si_3N_4, 산화막SiO_2, 산화 알루미늄Al_2O_3을 주성분으로 하는 복합막과 고유전율을 갖는 티탄

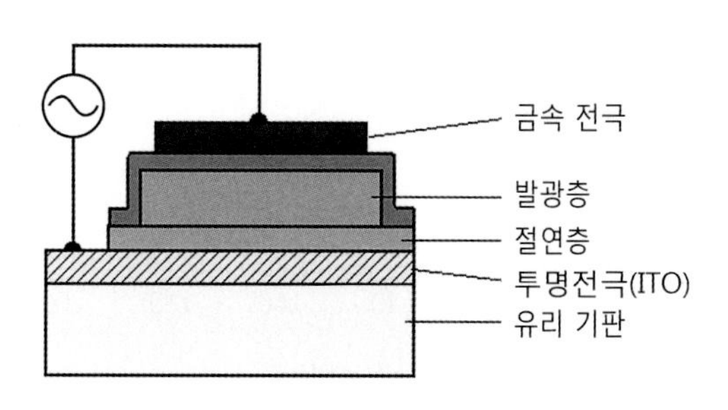

그림 5-4 이중 절연층의 박막형 EL

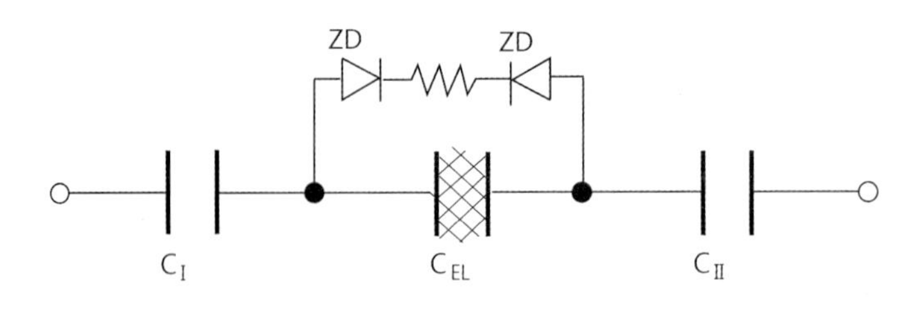

C_{EL} : EL발광층의 정전용량

C_I : 하부절연층의 정전용량

C_{II} : 상부절연층의 정전용량

ZD : 발광층에 걸리는 전계를 clamp하는 제너다이오드

그림 5-5 이중 절연층 구조의 박막 EL의 등가회로

산납PbTiO₃ → 산납$_{PbTiO_3}$, 티탄산바륨$_{BaTiO_3}$ 및 티탄산스트론튬$_{SrTiO_3}$이 사용되었다.

투명 도전막은 초기에는 산화주석$_{SnO_2}$ 계열의 재료가 주로 사용되었지만 화학적 에칭에 의해서 전극 패턴을 형성하기 어렵고 대용량 정보표시소자에 적용하기에는 고유 저항이 $10^{-3}\Omega \cdot cm$로 높기 때문에 현재는 널리 사용되지 않고 있다. 화학적인 식각$_{etching}$에 의해서 전극 패턴을 형성하기 쉽고 고유 저항이 $10^{-4}\Omega \cdot cm$로 낮은 In_2O_3-SnO_2 혼합물인 ITO$_{indium\ tin\ oxide}$가 널리 이용되고 있지만 분위기 및 온도 변화에 민감하므로 주의가 요구된다.

그림 5-5에서는 이중 절연층 구조를 갖는 박막 EL의 발광 기구에 대한 등가회로를 나타내고 있는데, 발광층과 두 영역의 절연층을 정전용량$_{capacitor}$으로 표시하고, 발광층 양단에 걸리는 전계의 작용을 두 개의 제너 다이오드로 나타내었다.

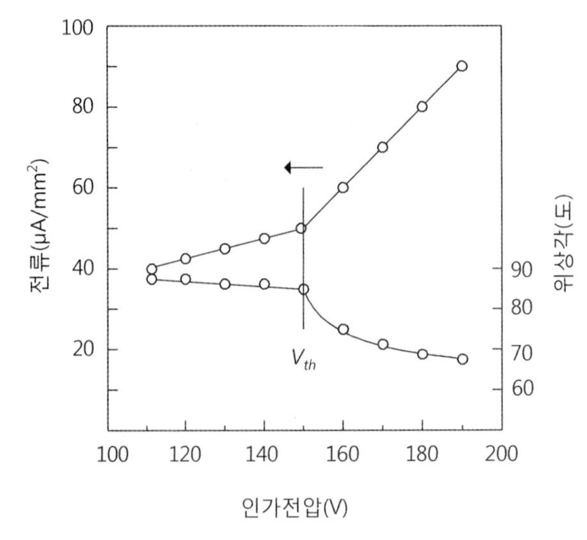

그림 5-6 박막 EL구조의 전압-전류 특성

EL 소자에 정현파 교류전압을 인가하였을 때의 전형적인 전압-전류 특성 곡선은 그림 5-6과 같다. 문턱전압(V_{th}) 이하에서는 절연층과 발광층의 정전용량이 직렬 상태, 그 이상의 영역에서는 절연층만의 정전용량으로 변화가 된다. 이것은 위상 관계에서 인가전압이 문턱전압 이상이 되면 위상각이 감소하므로 발광층의 용량성 부하에서 저항성 부하로 변하는 것이다. 황화아연ZnS 재료의 형광체를 발광층으로 사용하면 문턱전압에서 발광층에는 1~2 MV/cm의 평균 전계가 걸리고, 인가전압을 더욱 증가시켜도 발광층의 전계는 대부분 절연층에 걸리므로 일정한 값을 유지하게 된다.

문턱전압 이하에서는 발광현상이 나타나지 않으나, 그 이상이 되면 발광층이 도전성을 나타내어 전류가 흐르기 시작하면서 발광현상이 나타난다. 기본적으로 휘도-전압의 특성을 그림 5-7에서 보여주고 있는데, 이것은 이중 절연층 구조의 박막형 EL 구조의 특성이다. 전압에 따른 발광 휘도는 발광 중심에 따라 약간의 차이는 보이지만 문턱전압 이상이 되면 휘도는 지수함수적으로 증가하고, 일정 전압 이상에서는 포화하는 경향을 갖고 있다. ZnS: Mn^{2+}를 발광층으로 사용한 소자에서 휘도는 5,000~7,000 cd/m^2를 나타내며 효율은 1~5 lm/W가 얻어지고 있다.

한편, 황화아연과 절연층의 경계면에 습기H_2O가 침투하면 황화아연 중의 열전자hot electron에 의해서 H^+, OH^-이온으로 전리되고, 이때 발생한 수소H_2가스가 층 사이를 분리시켜 암점暗點, scotoma의 작용으로 시야 결손 부분이 발생하는 등의 성능 저하가 발생하므로 습기의 침투를 방지해야 한다. 제작 후의 이중 절연층 박막 EL 소자는 문턱전압이 변화하지만 어느 정도의 시간이 지나면 일정한 값을 유지한다.

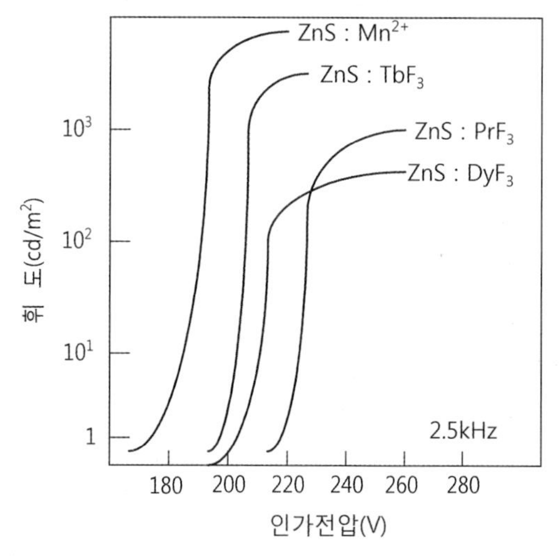

그림 5-7 박막형 EL의 휘도-전압 특성

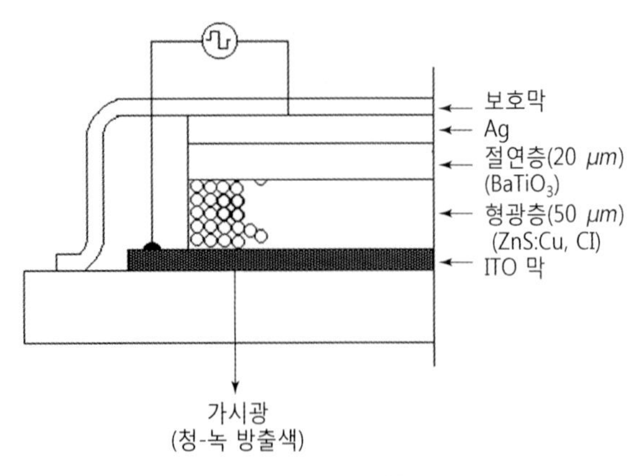

그림 5-8 **분산형 EL의 구조**

(2) 분산형 EL 소자

분산형 EL은 Sylvania 기업에 의해서 처음으로 개발되었으며, 투과형 LCD의 후면 광원으로 사용된다. 분산형 EL 소자의 기본 구조는 그림 5-8과 같다. 기판은 유리 또는 유연성 플라스틱flexible plastic 재료를 사용하고 앞면 전극은 ITO를 이용한다. 형광체 분말의 재료는 황화아연 등의 Ⅱ-Ⅵ족 화합물, 발광 중심은 구리Cu, 염소Cl, 요오드I, 망간Mn을 이용하고 있으며 이들에 의해서 여러 종류의 발광색을 얻는다.

발광층과 뒤쪽의 전극 사이에는 뒤쪽으로의 반사를 막고, 명암도contrast의 특성 향상과 절연파괴를 막기 위해서 티탄산바륨 등의 유전체 층을 삽입하고 후면 전극으로는 보통 Al을 사용하여 제작한다. 전계 발광을 위해서는 형광체에 10^6~10^7 V/m의 전계가 인가되어야 한다.

형광물질의 조합체ZnS: Cu, Cl를 사용하였을 때, 염소Cl의 주입량에 따라 청색(460 nm)과 녹색(510 nm)의 빛을 얻을 수 있다. 이 발광 파장은 도너donor 역할의 염소와 억셉터acceptor 역할의 구리가 이루는 쌍의 재결합 천이에 의해서 발생된다. 형광물질의 조합체ZnS: Cu, Al는 녹색, 발광색의 제어가 용이한 조합체ZnS: Cu, Cl, Mn는 황색(590 nm)을 얻을 수 있다.

그림 5-9에서는 주파수에 따른 발광 스펙트럼의 예를 보여주고 있는데, 그림에서 주파수의 변화에 따라 발광의 최댓값이 변화하고 있다.

그림 5-10에서는 캐리어의 거동과 발광 과정을 나타낸 것인데, 그림 (a)는 전압이 인가되지 않았을 때의 에너지대 구조이고 그림 (b)는 전계의 방향이 왼쪽으로 향하는 교류 반주기 동안의 에너지대 구조로서 전압이 인가되면 쇼트키 효과 또는 터널링 효과에 의해서 도전성이 양호한 황화구리Cu_xS에서 황화아연ZnS으로 전자가 주입된다. 이와 같이 주입된 전자는 황화아연 물질 속을 드리프트drift 하다가 염소 준위에 포획되고, 정공은 위의 효과에 의해서 황화아연 내

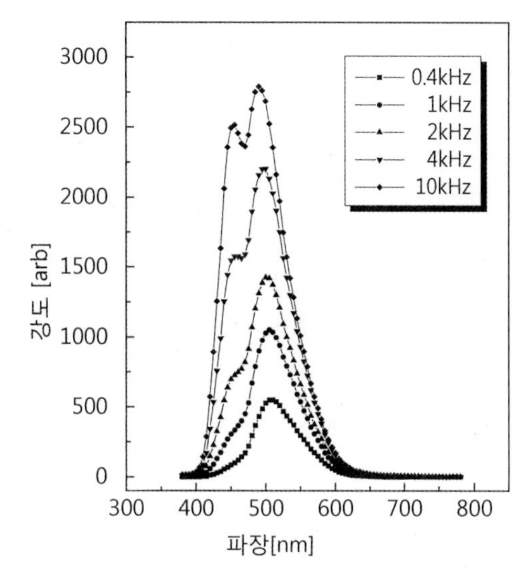

그림 5-9 제작된 분산형 EL의 스펙트럼

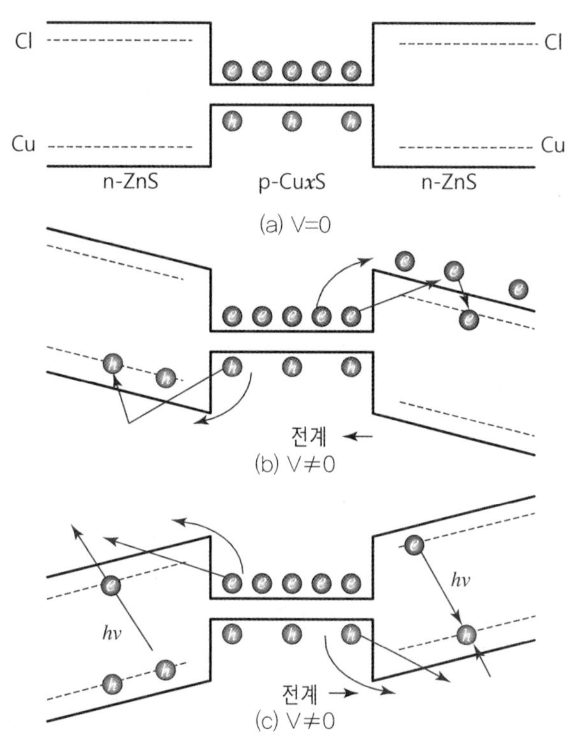

그림 5-10 분산형 EL의 발광 기구 모델

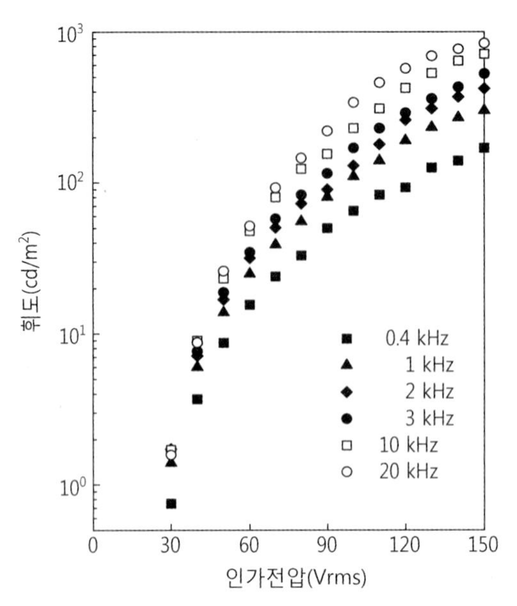

그림 5-11 분산형 EL의 휘도-전압 특성

의 구리 준위에 포획된다. 다음 반주기에 전계의 방향이 반전되면 그림 (c)와 같이 전자와 정공이 ZnS로 주입되고 전자와 정공은 재결합하면서 광을 방출하게 된다. 광의 방출은 직접 또는 간접 재결합에 의해서 발생될 수 있고, 그 에너지 차에 따라 327 nm～495 nm 발광 파장 범위를 갖는다. 저주파의 경우 도너-억셉터 쌍의 재결합으로 녹색 발광을 갖지만, 고주파에서는 전도대의 캐리어가 도너 준위에 포획될 시간적 여유가 사라져 Cu에 기인된 정공 준위와 재결합하면서 청색 발광을 하게 된다. 이것은 Cl보다는 Cu에 의해서 발광색이 결정됨을 의미한다.

그림 5-11에서는 공급전압과 주파수에 따른 휘도의 특성 예를 보여주고 있다. 전압과 주파수가 높을수록 휘도가 증가하고 있음을 보여주고 있다.

유기 전계발광의 특성

그림 5-12에서는 유기물질을 사용한 발광소자의 기본 구조를 보여주고 있다. 음극과 양극 전극 사이의 두께는 200 nm 정도인데, 이 사이에 전자와 정공의 수송층과 이들의 재결합으로 발광할 수 있는 발광층으로 구성된다.

유기 전계발광은 유기물의 얇은 막 안으로 음극과 양극에서 주입된 전자와 정공이 유기물질 내에서 자유롭게 이동하다가 재결합하여 여기자가 생성되고, 이 여기자가 갖고 있던 에너지로부터 특정의 파장을 갖는 빛이 방출하게 되어 발광이 얻어지는 원리이다.

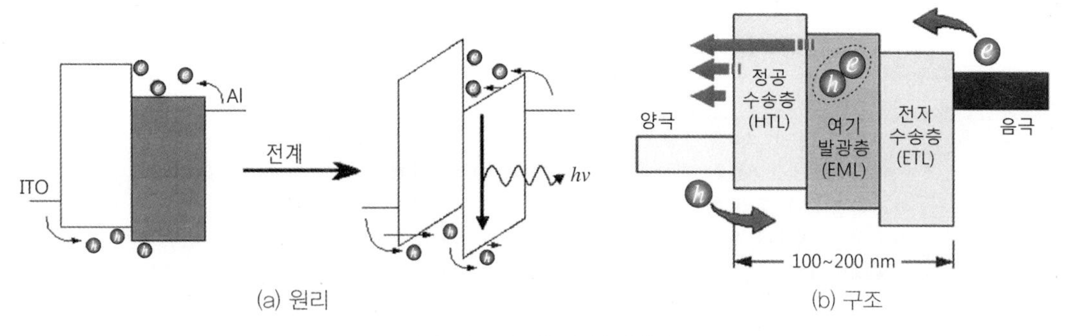

그림 5-12 유기 전계발광

여기서 **여기자**勵起子, exciton에 대하여 살펴보자. 반도체나 유기물질에 외부에서 전계 혹은 광 에너지를 공급하면 전자가 그 에너지를 흡수하여 원자(가전자대)에서 튀어 나와 물질의 전도대에서 돌아다니게 된다. 즉, 이 전자는 에너지가 높은 들뜬 상태excited state가 되는 것이다. 이 들뜬 전자는 언제까지나 그 상태로 있을 수는 없다. 이 전자는 주위의 속박전자에 서로 힘을 미치기 때문에 자신이 튀어 나온 자리인 정공正孔, hole에게 에너지를 주면서 빛을 발생하고 소멸된다. 이 들뜬 입자를 여기자라 한다.

보통 기판은 유리를 사용하나, 유연성이 있는 플라스틱이나 음료수 병 등의 제조에 쓰이는 합성수지인 PETpolyethylene terephthalate막을 사용하기도 한다. 양극은 전기 전도성을 가진 투명 전도막을 사용하게 되는데, 주로 인듐과 산화주석의 산화물인 ITO를 사용한다. 음극은 일함수가 낮은 금속Ca, Al: Li, Ma: Ag이 사용되며, 이 두 전극 사이에 유기 박막층이 있는데, 유기 박막층의 재료는 저분자 혹은 고분자 물질을 사용한다. 유기 전계발광을 다층 구조로 하는 것은 전자의 이동도가 정공에 비하여 세 배 정도 빨라 이동도가 서로 다르기 때문에 이것을 고려하여 **전자수송층**ETL: electron transport layer과 **정공수송층**HTL: hole transport layer을 두면 효과적으로 전자와 정공이 **발광층**EML: emission material layer으로 이동할 수 있으므로 전자와 정공의 개수를 균형 있게 맞추어 발광효율을 높일 수 있게 된다. 음극에서 방출된 전자는 전자수송층을 통하여 발광층으로 주입되는데, 이때 발광층과 정공수송층 사이의 전위 장벽에 의해 발광층에 갇히는 동작으로 재결합 효율을 높일 수 있다.

유기 발광층은 재료에 따라 저분자형과 고분자형으로 구분되며, 저분자의 경우, 재료의 개발이 용이하고 양산이 유리하나 수명이 짧고 발광효율이 낮아 대면적화의 어려움이 있어 이에 대한 지속적인 연구개발이 필요하다. 반면에 고분자형은 열적 안정성이 높으며 기계적 강도가 높고 색의 구현 능력이 뛰어나며 구동전압이 비교적 낮기 때문에 디스플레이 재료로 활용하고 있다.

표 5-4 저분자와 고분자 전계발광소자의 특성

구분	저분자 유기 소자	고분자 유기 소자
재료	Alq3	PPV, PPP, PT
장점	• 발광효율이 우수 • 다색화(full color) 가능 • 다층막의 형성 가능 • 화소 제작이 용이 • 대면적화 가능	• 낮은 구동전압 • 기계적 강도 우수 • 편광 발광이 가능 • 대면적화 가능 • 박막공정 용이
단점	• 결정화의 어려움 • 기계적 강도가 낮음 • 다층막 사이의 상호 확산	• 화소 구성이 어려움 • 다층막의 형성이 어려움

유기 전계발광은 구동 방식에 따라 수동PM형과 능동AM형으로 나눌 수 있는데, 수동형 구동 방식은 소자를 순간적으로 높은 밝기로 구동하여 해상도가 높아지는 장점이 있으나, 순간적으로 휘도를 더욱 높여야 하는 문제로 전력소모가 많아 대면적화에는 적합하지 않다. 능동형 구동 방식은 필요한 밝기를 지속적으로 발광하도록 할 수 있으므로 낮은 전류로 구동이 가능하고, 화소 형성 공정이 비교적 간단하며 고해상도의 패널을 제작할 수 있는 장점이 있다. 다만, 고분자 재료의 경우 하나의 화소에 하나의 트랜지스터를 사용해야 하므로 제조 공정이 다소 복잡하다. 표 5-4에서는 유기와 무기 재료의 특성을 비교하였다.

5.1.4 전류-전압 특성

그림 5-13에서는 유기 전계발광 현상을 설명할 수 있는 전하 주입 현상을 나타내고 있다. 유기 전계발광 소자는 여러 개의 층으로 구성되어 있어서 층과 층 사이에 전하를 주입해야 한다. 소자의 양단에 전압을 인가하면 양극단자의 전극에서는 유기층인 HOMOhighest occupied molecular orbital 준위로 정공이 주입되고, 음극에서는 LUMOlowest unoccupied molecular orbital로 전자가 주입되어 발광층인 EML에서 전자와 정공이 충돌하여 여기자勵起子, exciton를 생성한다. 이 여기자는 재결합하면서 재료에 따른 특정 파장의 빛을 내게 된다. 이러한 빛이 발생하는 과정에서 중요한 요소로는 전하의 주입, 이들의 이동, 전자-정공의 재결합이다.

유기 전계발광의 소자에서 전하가 주입되어 전류가 생성되는 과정을 설명하기 위한 모델은 열방출thermionic emission과 F-Nfowler-norheim모델에 의한 터널링tunneling 현상을 주로 적용한다.

열방출 모델에 의한 전류밀도는 다음과 같다.

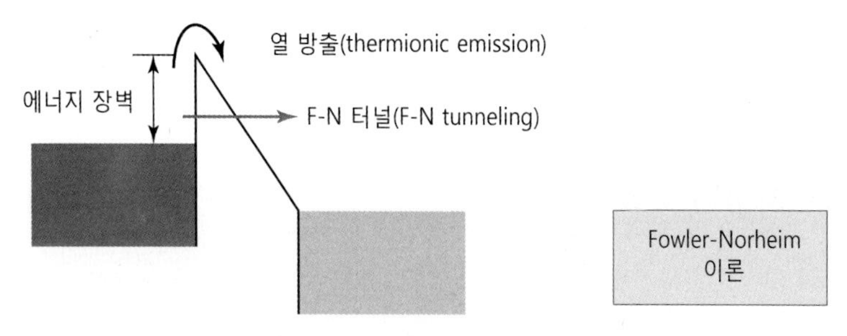

그림 5-13 금속과 유기층 사이의 전하 주입

$$J = J_S \left(\exp\left(\frac{eV}{kT}\right) - 1 \right) \quad (5\text{-}1)$$

$$J_S = A^* T^2 \exp\left(-\frac{\phi}{kT}\right)$$

J_S는 포화전류밀도, A^*는 Richardson 상수, k는 볼츠만 상수, T는 절대온도, ϕ는 에너지 장벽의 높이이다.

한편, F-N 모델에 의한 터널전류 밀도는 다음과 같다.

$$J = \frac{e^3 E^2}{8\pi h \phi t^2(y)} \exp\left(\frac{8\pi (2m)^{1/2} \phi^{3/2}}{2heE} v(y) \right) \quad (5\text{-}2)$$

여기서, $y = \frac{(e^3 E)^{1/2}}{\phi} = \frac{3.79 \times 10^{-4} E^{1/2}}{\phi}$

J: 단위면적당 전류 [A/cm^2]

E: 전계 [V/cm]

ϕ: 일함수 [eV]

e: 전자의 전하량 [C]

h: Plank 상수

$v(y)$와 $t(y)$: Nordheim elliptic 함수

5.2 OELD의 구조 및 동작

5.2.1 발광 특성의 구조

❙ 적층 구조

유기 EL은 기본적으로 그림 5-14와 같이 유리 또는 플라스틱 등의 소재인 기판과 위쪽과 아래쪽의 전극인 양극과 음극, 두 전극 내에 유기 발광층이 삽입된 구조이다. 그림 (a)와 같이 하나의 유기층이 존재하여 단층 구조라 하고, 그림 (b)와 같이 전하의 주입을 더욱 활성화하기 위하여 발광층 위와 아래에 각각 전자수송층과 정공수송층을 적층화한 것을 다층 구조라 한다. 다층 구조는 전하가 직접 주입되지 않고, 전송층의 통과라는 두 단계의 주입 과정을 통하여 구동전압을 낮출 수 있다.

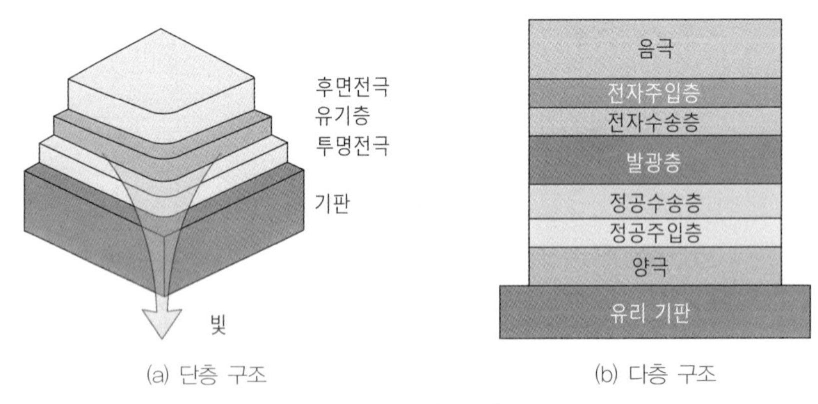

(a) 단층 구조　　(b) 다층 구조

그림 5-14 유기 EL의 구조

그림 5-15에서는 n개의 발광층이 적층되어 구성한 OELD의 구조를 보여주고 있다. HTL, EML, ETL 등의 기본 구조를 발광 단위로 하여 n개의 층을 직렬로 구성한다. 적층된 발광층의 수가 증가함에 따라 방출광의 강도를 높일 수 있어 발광효율이 증가한다. 그림의 구조의 양극 쪽에서 양극-HTL-EML-ETL-CGL, 음극 쪽에서 음극-ETL-EML-CGL로 이어지는 구조이다. 여기서 CGLcarrier generation layer은 전자 또는 정공의 주입 기능을 갖는다. 이러한 여러 개의 발광 단위를 연결하여 발광효율을 증가시켜 고효율의 발광을 얻을 수 있다.

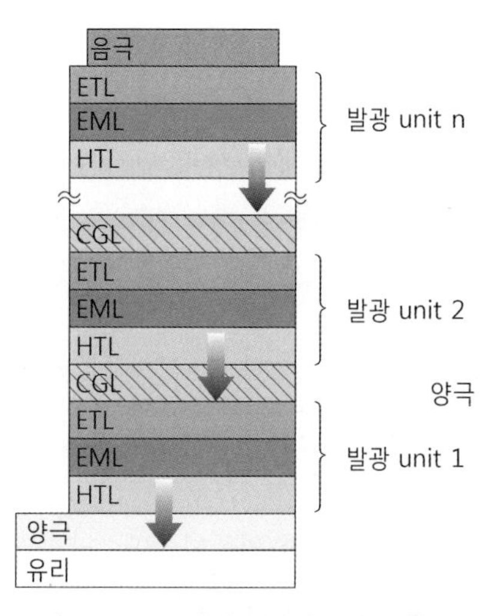

그림 5-15 n개의 발광단위의 적층구조

발광의 생성

그림 5-16에서는 고분자 EL의 기본 구조를 보여주고 있는데, 발광체가 일함수가 높은 금속과 낮은 금속 사이에 삽입되어 있는 구조이다. 일함수가 높은 금속은 정공의 주입전극이고, 낮은 것은 전자의 주입전극으로 쓰인다. 발광의 빛이 소자의 밖으로 나오기 위하여 기판과 한쪽의 전극이 발광파장 영역에서 흡수가 거의 없는 투명한 소재를 사용한다. 투명 전극으로는 ITO가 쓰이는데, 이 합금의 일함수는 약 5eV로 정공의 주입전극 소재로 사용된다.

일함수가 높은 전극을 양극, 낮은 전극을 음극으로 하고 여기에 순방향 전압을 인가하면 정공과 전자를 발광층으로 주입할 수 있다. 이때 전자는 음극에서 LUMO, 정공은 양극에서

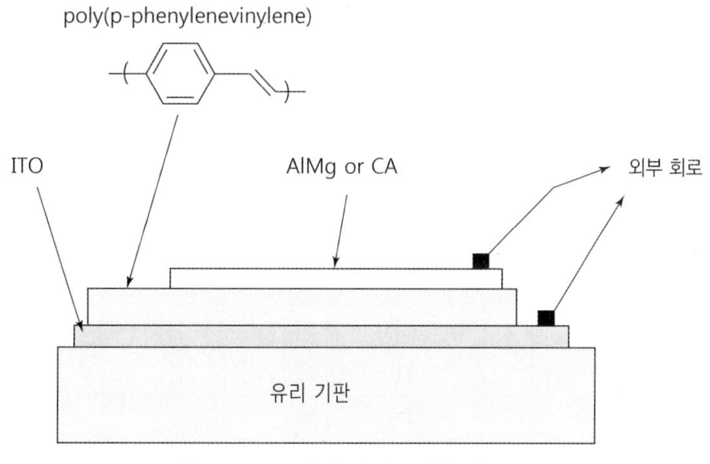

그림 5-16 고분자 유기소재의 기본 구조

HOMO로 주입된다. 이와 같이 전하의 주입단계를 거친 후, 전자와 정공이 발광층 내에서 전자와 격자의 상호작용으로 음성 및 양성 이온을 생성한다. 이들이 고분자 사슬을 따라 서로 반대의 전극으로 향하여 이동하다가 사슬 내에서 서로 만나 여기자를 만든다. 이들 여기자가 소멸하면서 에너지 갭에 해당하는 빛이 발생하게 되는 것이다. 따라서 발광이 효율적으로 이루어지기 위해서는 양극에서의 정공의 주입과 수송 정도, 음극에서의 전자의 주입과 수송의 정도가 균형을 맞추어야 한다.

발광효율

소자의 발광효율은 내부 양자효율에 크게 의존하는데, 양자효율을 극대화하기 위한 방법은 크게 두 가지로 나눌 수 있다. 첫째, 고분자의 LUMO 준위와 음극의 페르미 준위를 맞추는 것인데, 이것은 음극의 일함수가 작은 것을 사용하거나 전자친화력이 큰 고분자 재료를 사용하여 장벽의 높이를 줄이는 것이다. 그러므로 고분자의 발광물질과 전극 금속을 잘 선택하여 고분자의 HOMO와 LUMO 준위를 정공과 전자의 페르미 준위와 잘 맞추면 양자효율을 높일 수 있다. 표 5-5에서는 음극재료의 일함수에 따른 양자효율의 변화를 보여주고 있는데, 일함수가 작을수록 양자효율이 증가하고 있다.

둘째, 전자와 정공의 만남이 전극 근처에서 이루어지지 않고 발광층의 중앙 부근에서 만나도록 전자와 정공의 이동을 조절하는 것이다. 이것은 금지대의 폭이 서로 다른 두 개 이상의 고분자 재료를 사용하여 이종 접합 구조를 하도록 하는 것이다. 이러한 구조의 고분자 소재에서는 전자의 이동도가 정공보다 낮기 때문에 이들을 효과적으로 만날 수 있도록 하기 위해서는 정공의 이동을 억제하고, 전자의 주입을 용이하게 하여 전자의 수송능력을 높여 정공과의 재결합 영역 내로 빨리 들어올 수 있도록 하는 것이다. 그림 5-17에서는 전하수송층의 소자 구조를 보여주고 있는데, 이종 접합 구조는 전하수송층을 발광층과 전극 사이에 삽입하여 만들

표 5-5 음극소재의 일함수에 대한 양자효율

금속	일함수(eV)	양자효율(%)
칼슘(Ca)	2.87 ~ 3.00	4×10^{-3}
인듐(In)	4.12 ~ 4.20	1.6×10^{-4}
은(Ag)	4.26 ~ 4.74	1.8×10^{-4}
알루미늄(Al)	4.06 ~ 4.41	8×10^{-5}
구리(Cu)	4.65 ~ 4.70	8×10^{-6}
금(Au)	5.1 ~ 5.47	5×10^{-7}

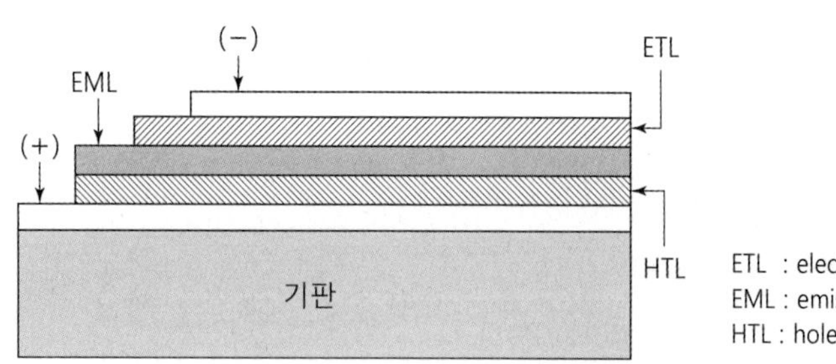

그림 5-17 전하수송층의 삽입 구조

수 있다.

▎유기 EL 소자

그림 5-18은 ITO 글라스, 보통 75 nm 두께를 갖는 정공수송층, 60 nm의 두께를 갖는 발광 중심으로 작용하는 전자수송층, Mg와 Ag이 10:1의 원자비로 되는 배면 전극으로 구성된 전형적인 유기 EL 소자의 구조이다. 10 V의 직류 펄스 전압을 인가하면 발광 색소가 도핑되지 않은 Alq3를 갖는 소자에서는 청록색 발광을 나타내고 휘도 1,000 cd/m^2, 휘도효율 1.5 lm/W를 갖는다. 발광 색소가 도핑된 Alq3를 갖는 소자에서는 양자효율은 0.025 photon/electron을 나타내며, 발광 파장은 불순물의 농도 및 선택에 의해서 청·녹색부터 오렌지·적색 범위를 얻을 수 있다. 전자-정공 재결합 영역은 정공 전송층 근처로부터 5 nm 정도로 알려져 있다. 발광층 재료를 안트라센anthracene, 코로넨coronene, 페릴렌perylene으로 변화시키면 청, 녹, 적색의 발광 파장을 얻을 수 있다.

유기 EL은 경량, 박형, 빠른 응답속도 등의 특징 때문에 풀컬러 디스플레이로 주목을 받아왔으며 휴대용 전화, 네비게이션 등의 자동차 부속품에 응용이 기대되고 있다. 그림 5-18에서

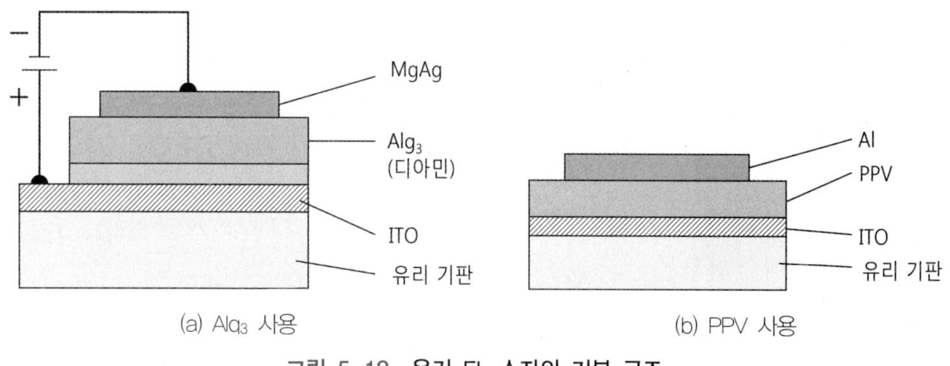

그림 5-18 유기 EL 소자의 기본 구조

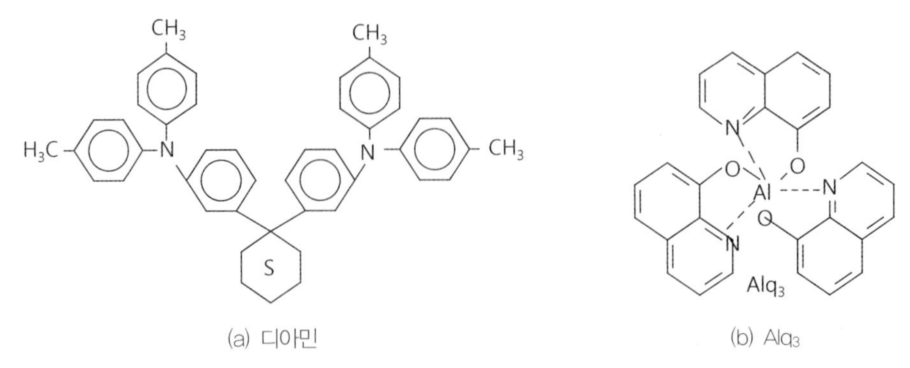

(a) 디아민 (b) Alq3

그림 5-19 유기 EL 소자의 분자 구조

는 일반적인 유기 EL 소자의 구조 및 Alq3, diamin의 분자 구조를 보여주고 있으며, 그림 5-15에서는 전형적인 유기 EL의 방출 특성을 나타낸 것이다.

그림 5-19에서는 일반적인 유기 EL 소자의 구조 및 Alq3, 디아민diamin의 분자 구조를 보여주고 있다. 디아민은 동일 분자 내에 두 개의 아미노amino기를 가진 화합물을 말한다.

5.2.2 OELD의 구조

그림 5-20에서는 저분자OELD의 적층 구조와 에너지대에 의한 동작을 나타내었다.

그림 (a)에서 양극 쪽에서 양극-HIL-HTL-EML, 음극 쪽에서 음극-EIL-ETL-EML로 이어지는 구조이다. 그림 (b)에서 보여주고 있는 바와 같이 양극의 **정공주입층**HIL, hole injection layer의 가전자대HOMO로 주입된 정공은 유리물 사이를 이동하여 **정공수송층**HTL, hole transport layer을 통과한

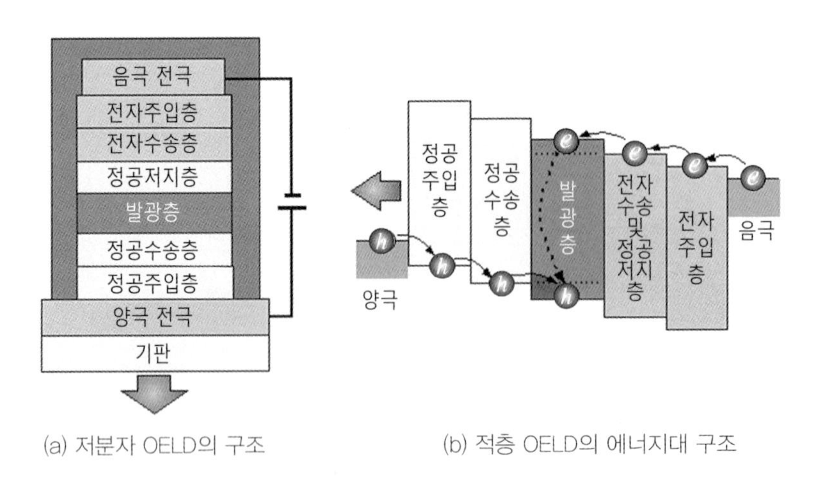

(a) 저분자 OELD의 구조 (b) 적층 OELD의 에너지대 구조

그림 5-20 저분자 OELD의 적층과 동작

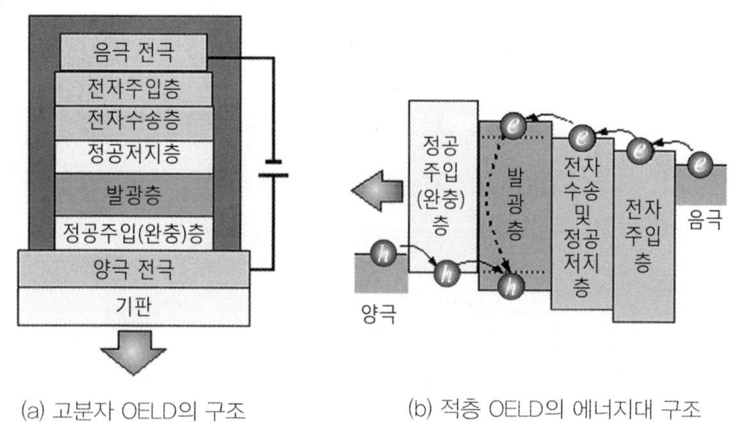

그림 5-21 고분자 OELD의 적층과 동작

후, 발광층EML, emission material layer으로 이동하고, 동시에 전자는 음극에서 **전자주입층**EIL, electron injection layer으로 주입하고, **전자수송층**ETL, electron transport layer을 통과한 후, 발광층의 전도대LUMO로 이동하여 정공을 만나 재결합하게 되면서 여기자가 생성된다. 이 여기자가 안정한 상태로 되돌아오면서 방출되는 에너지가 빛으로 바뀌어 발광하게 된다.

그림 5-21에서는 고분자 OELD의 적층구조와 에너지대를 이용한 동작을 나타내고 있다. 보통 고분자 재료는 단분자가 공유결합하여 수백 개가 서로 연결된 구조를 하기 때문에 저분자에 비하여 박막의 형성이 용이하고, 내충격성이 크다.

5.3 OELD의 제조 공정

5.3.1 기본 제조 공정

그림 5-22에서는 유기 ELD의 제조 공정을 나타내었다. 먼저, 기판 위에 ITO 소재로 양극anode을 증착한 후, 바로 패터닝patterning설계의 과정을 거치고 다음 단계로 유기 발광층을 형성하게 되는데, 이 과정에서부터 진공 상태에서 질소 혹은 아르곤과 같은 불활성 기체inert gas 환경에서 공정이 진행된다. 유리소재의 발광층이 만들어지고, 음극용 재료를 증착한 다음, 다시 패턴 설계과정을 거치는데, 이 경우 유기층의 손상을 방지하기 위하여 건식공정인 그림자 마스크shadow mask방식으로 lift-off 공정을 적용한다. 발광층과 음극 전극의 박막 공정이 완료되면, 금속이나 보호막 소재로 봉입封入, encapsulation공정을 거친 뒤, 구동회로를 접속하여 OELD의 패

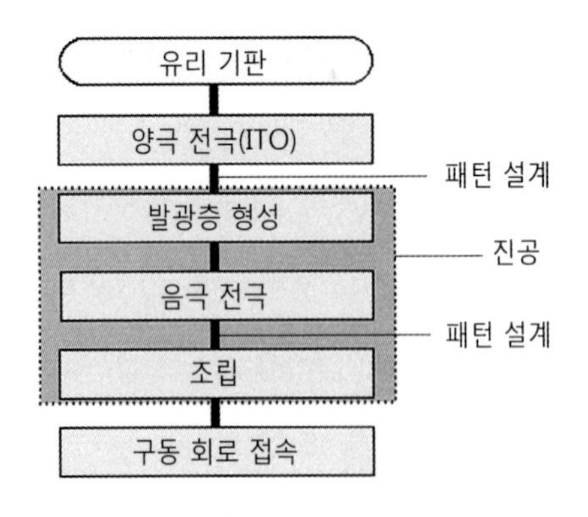

그림 5-22 OELD의 기본적인 제조 공정

널이 완성된다.

제조 공정이 비교적 간단하고, 낮은 온도에서 진행되기 때문에 생산성과 다양한 응용의 측면에서 장점이 있으나, ITO박막의 균일도 향상, 발광층과 수송층 등의 특성 향상, 공정의 정밀성 확보, 캡슐공정의 밀봉성 등을 개선하여 신뢰성과 수명을 향상시켜야 한다.

이러한 공정의 신뢰성을 확보하기 위해서는 유리질 재료와 기판 등의 소재기술, 박막형성과 패턴설계 등 미세 가공기술, 컬러 형성과 구동회로의 고집적화의 소자기술, 밀봉성과 생산성 등을 위한 패키징 기술, 시스템 기술의 개발을 통한 성능 향상이 필요하다.

5.3.2 컬러화 공정

그림 5-23에서는 OELD의 컬러화 공정기술을 보여주고 있다. OELD의 컬러막의 형성을 위하여 4가지의 기술을 적용하고 있는데, 첫째는 그림 (a)에서 보여주고 있는 **병행배열**side by side 방식이다. 이 방식은 R·G·B의 발광 화소를 나란히 배열하는 것인데, 각 화소는 R·G·B의 개별화소가 되고 이 세 개의 화소가 하나의 컬러 화소가 된다. 이 방법의 문제점은 R·G·B 화소에 대한 세 번의 공정을 거쳐야 하므로 공정이 복잡하고 발광층과 수송층의 물질이 유기용매에 약하기 때문에 유기막의 미세 패턴형성에 어려움이 있다.

두 번째 방식은 그림 (b)에서 보여주고 있는 **색 변환층**CCM, color changing medium 방식으로 청색을 내는 형광체에서 발광하는 빛을 색 변환층을 이용하여 R·G·B 화소를 형성하는 방법이다. 고휘도의 청색 발광체를 이용하여 발광된 빛이 색 변환층을 통과하여 컬러 화소를 만드는 방법인데, 유기막의 가공과정이 없으므로 미세 패턴의 공정에 유리하다.

세 번째 방법은 그림 (c)에서 나타낸 **여광**濾光, color filter 방식인데, 백색광을 방출하는 전계발광소자를 컬러필터를 이용하여 R·G·B의 화소를 얻는 방법이다.

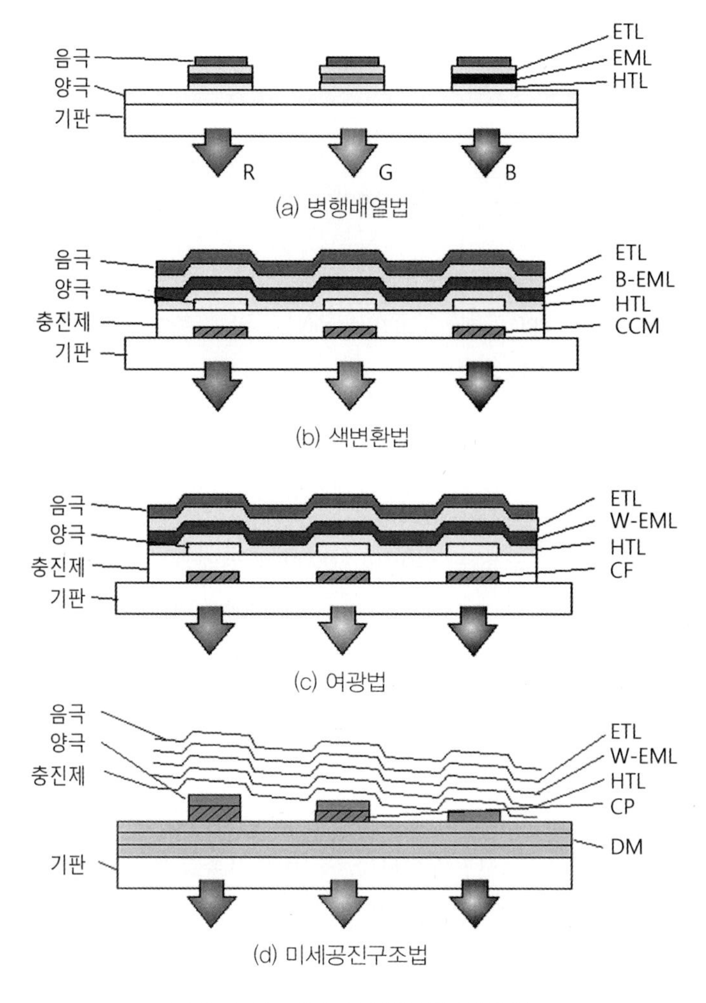

그림 5-23 OELD의 컬러화 공정기술

네 번째 방식은 그림 (d)에서 보여주고 있는데, 그림 (c)의 여광방식과 유사하나, 컬러필터 대신에 **미세공진구조**microcavity를 이용하여 R · G · B 화소를 형성하는 것이다. 광원으로부터 나온 백색광을 산포기spacer의 두께와 유전체 미러dielectric mirror를 이용하여 미세공진의 길이를 조절하여 R · G · B의 화소를 분리하여 컬러화하는 방식이다. 표 5-6에서 컬러화 형성의 네 가지 기술을 비교하고 있다.

표 5-6 **컬러화 기술의 비교**

구분	side-by-side법	CCM법	color filter법	microcavity법
색순도	활성층에 의존	○	○	◎
출력효율	△	×	○	◎
제조기술	매우 어려움	용이	용이	용이
가격	높음	낮음	낮음	중간
결점	RGB 열화차이	낮은 효율	–	좁은 시야각
응용	대면적 FPD	저가 display	중간 크기	개인용 display

참고: ◎: 매우 우수, ○: 우수, △: 보통, ×: 나쁨

5.3.3 패키지 공정

OELD에 있어서 발광층이나 수송층 등의 유기물질의 소재가 습기와 산소에 취약하여 진공 상태에서 불활성 기체 분위기에서 밀봉성이 우수한 패키지 공정을 진행하여 신뢰성과 수명을 높여야 한다. 그림 5-24에서는 OELD의 패키지 공정을 보여주고 있다. 그림 (a)에서는 불활성 기체 내에서 흡습재吸濕材로 처리한 금속 캔metallic can을 OELD의 뒷면에 부착하는 방식인데, 종류가 다른 박막에 부착하는 것이므로 두 물질 사이의 응력應力, stress이 발생하고, 공정의 진행률이 낮아 생산성의 문제가 생길 수 있다. 그림 (b)에서는 보호막을 사용하는 경우인데, 수분이나 산소 등을 침투에 강한 산화규소SiO_2나 질화규소SiN_x 비유기물질과 유기물질을 개발하면 공정이 간단하고 패키지의 성능도 향할 수 있다.

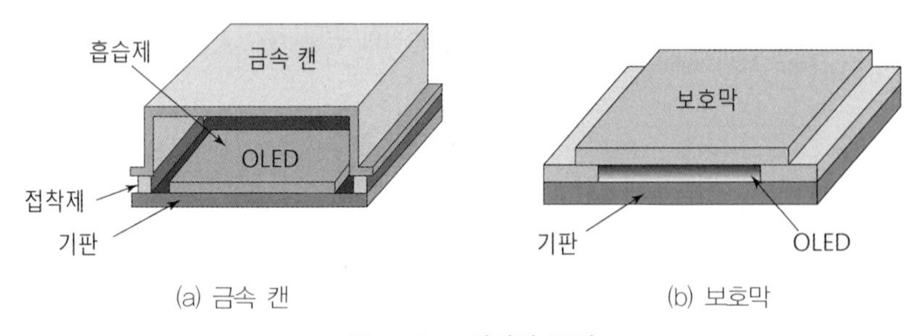

(a) 금속 캔 (b) 보호막

그림 5-24 **패키지 공정**

5.4 OLED와 QLED의 비교

유기발광 다이오드OLED는 스스로 빛을 내는 유기물질을 이용한 부품으로 형광성 유기화합물의 양단에 순방향 전압을 공급하면 전류가 흘러 빛을 내는 현상을 이용한 것으로 별도의 광원이 필요하지 않는 것이다.

QLED는 LED에 비해 다섯 가지 장점이 있다. 첫째, 스스로 빛을 내기 때문에 광원이 필요 없다. 둘째, 광원이 필요 없는 만큼 두께를 얇게 만들 수 있어서 재료의 개발을 통하여 구부릴 수 있는 유연성flexible이 있는 디스플레이 제품을 만들 수 있다. 셋째, 시야각이 넓어 거의 180도의 시야각을 가져 어디에서나 선명한 화면을 볼 수 있다. 넷째, 광원과 색을 내는 부분이 일체화되어 응답 속도가 빠르다. 다섯째, 명암비가 뛰어나다. 명암비는 디스플레이의 표시 화면에서 가장 밝은 색과 가장 어두운색을 얼마나 잘 표현하는가를 나타내는 수치인데, 명암비가 높을수록 색상을 보다 쉽게 구분할 수 있다. OLED는 이론적으로 무한대에 가까운 명암비도 구현할 수 있다.

이렇게 좋은 OLED지만 단점도 있다. 일단 가격이 비싸다. 그리고 발광 소자의 수명이 짧아서 같은 색을 오랫동안 노출하면 발광소자 일부가 열화劣化, degradation되는 현상이 일어난다. 화면에 영구적인 잔상이 남는 것이다. 그래서 같은 화면이 계속 나오지 않도록 알고리즘으로 조절하거나 검은색 배경을 사용하여 열화 현상을 줄이고 있다.

그렇다면 OLED에 대항하는 **양자점**量子點, quantum dot LED는 어떤 것일까? 양자점QD 재료는 빛을 받으면 다양한 색상을 내는 양자를 나노미터 단위(2nm～10nm)로 주입한 반도체 결정인데, 이것을 소자로 하여 만든 디스플레이가 QLED이다. OLED가 유기물질 발광체를 이용한다면 QLED는 무기물질인 양자점 발광체를 이용하는 것이다. 그림 5-25에서는 양자점에서 발생하는 빛의 종류를 보여주고 있는데, 이 양자점QD은 물질의 종류에 관계없이 입자의 크기별로 다른 길이의 빛 파장이 발생되어 다양한 색을 낼 수 있다. 기존의 다른 발광체보다 색 순도, 광 안정성 등이 높다는 장점이 있다. 게다가 OLED보다 가격도 저렴하고 수명도 길다. QD 입자가 인체에 유해한 카드뮴이어서 문제가 될 수도 있으나, 최근에는 카드뮴이 없는 양자점 기술이 개발되었다.

QLED의 구조는 OLED의 유기 발광층 대신에 양자점 발광층을 두어 양쪽 전극에서 주입된 전자와 정공이 양자점 발광층에서 만나 여기자를 형성하고 여기자의 발광 재결합을 통해 빛을 내는 구조이다. QLED의 양자점은 열과 수분에 취약한 단점으로 자발광 OLED와 같은 증착 방식이 불가하여 잉크젯 프린팅 방식의 개발이 필요하다.

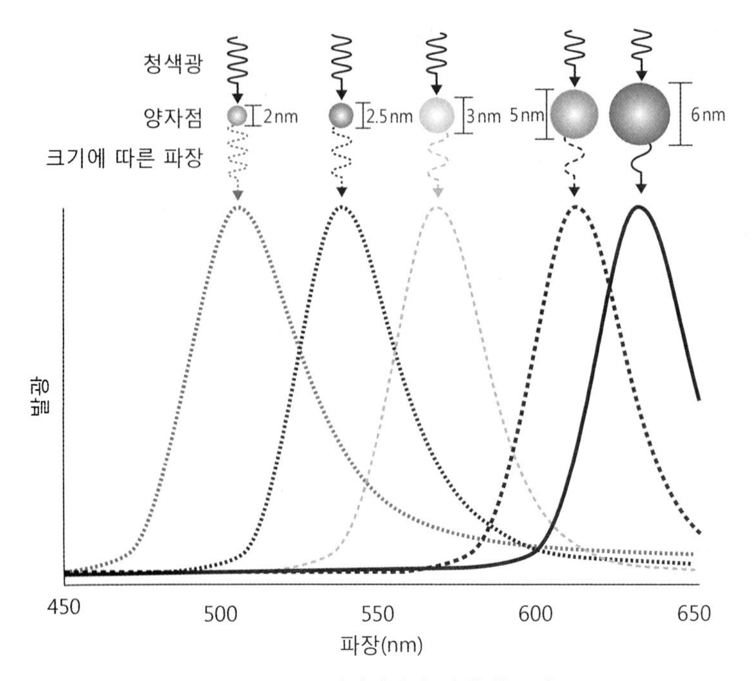

그림 5-25 **양자점에서 발생하는 빛**

연구문제 CHAPTER 5

1. 다음 용어의 원어를 쓰고, 간략히 기술하시오.

(1) OELD

(2) 유기 EL

(3) 유기 LED

2. 발광현상에서 형광과 인광에 대하여 기술하시오.

3. 냉음극발광이란 무엇인가?

4. EL소자를 분류하고 그 특징을 기술하시오.

5. 유기전계발광의 원리를 설명하시오.

6. 여기자란 무엇인가?

7. 유기전계발광에서 다음을 기술하시오.

(1) 전자수송층

(2) 정공수송층

(3) 발광층

8. 전계발광의 원리를 그림을 그려 기술하시오.

무기질 EL	유기질 EL

9. OELD에서 (1) 저분자, (2) 고분자 OELD의 구조를 기술하시오.

10. OELD의 컬러화 공정을 기술하시오.

11. OELD의 특징을 바탕으로 다른 디스플레이와의 차별에 대하여 기술하시오.

CHAPTER

6

플라즈마 디스플레이 (Plasma Display)

6.1 플라즈마의 기본

6.1.1 플라즈마의 개념

물질 중에서 가장 낮은 에너지의 상태에 있는 고체에 열을 가하여 온도를 높여주면 액체에서 기체로 변하게 된다. 계속하여 기체에 더 큰 에너지를 주게 되면 상태의 전이轉移와는 다르게 이온화된 입자들이 만들어지게 되며, 이때 이온화된 양이온과 음이온의 개수는 거의 같아서 전기적으로 중성의 상태가 되는 것이 **플라즈마**plasma 상태이다. 지구상의 물질의 상태인 고체, 액체, 기체 상태와 더불어 제4의 상태가 되고, 물질의 상태 중에 에너지가 가장 높은 상태이다. 우리 주변에서 볼 수 있는 플라즈마 상태는 가정의 형광등과 거리의 네온사인, 하늘의 번개와 더불어 북극지방의 밤하늘에 발생하는 오로라aurora 등이 플라즈마가 나타나는 빛이라고 볼 수 있다. 오로라는 플라즈마 상태에 있는 입자가 지구 자기장에 이끌려 대기 속으로 흘러들어가는 과정에서 대기의 원소와 충돌할 때 발생하는 에너지가 빛으로 전환되는 현상이다. 그림 6-1에서는 우리 주변에서 볼 수 있는 플라즈마 발생의 예를 나타낸 것인데, 그림 (a)는 우주, 그림 (b)는 번개, 그림 (c)는 오로라, 그림 (d)는 고주파 플라즈마를 각각 보여주고 있다.

(a) 우주　(b) 번개　(c) 오로라　(d) 고주파 플라즈마

그림 6-1 플라즈마의 발생

기체의 분자나 원자에 에너지가 가해지면 원자의 최외각最外殼 전자가 궤도를 이탈하여 자유전자가 되면서 원자는 양이온의 전기를 띠게 된다. 이들 양전하의 이온과 전자들이 다수가 모여 전체적으로는 중성의 전기적 특성을 가지면서 이들 상호작용에 의하여 독특한 색의 빛을 발하게 되는데, 이와 같이 이온화한 기체의 상태가 플라즈마이다. 그림 6-2에서는 열에너지의 크기에 따른 물질의 상태 변화를 보여주고 있다.

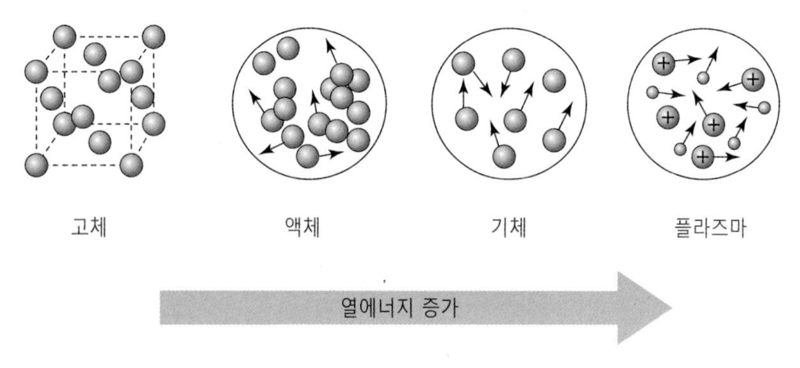

그림 6-2 물질의 상태변화

6.1.2 플라즈마의 구조와 생성

그림 6-3에서는 원자 혹은 분자에 외부로부터 에너지가 가해질 때의 상태를 구분하여 보여 주고 있는데, 그림 (a)에서는 약한 에너지를 갖고 있는 전자가 원자 혹은 분자에 충돌하여도 아무런 변화 없이 반발하는 상태에 있게 된다. 그림 (b)는 보다 가속된 전자가 원자에 충돌하여 최외각 전자를 떼어내어 이온을 만들고 또 하나의 이온화된 전자를 만들게 된다. 떨어져 나와 이온화된 전자는 다시 가속되어 연쇄 충돌 공정을 일으켜 이온화된 개수가 급격히 증가하게 된다. 한편, 그림 (c)는 자유전자나 이온이 다른 원자의 이온화를 시킬 만큼의 큰 에너지를 갖고 있지 않지만, 이미 충돌한 원자에 에너지를 공급하여 이 원자의 최외각 전자를 여기勵起, excitation시키고, 이 여기된 전자는 상태가 불안정하여 오랫동안 자기의 상태를 유지할 수 없어

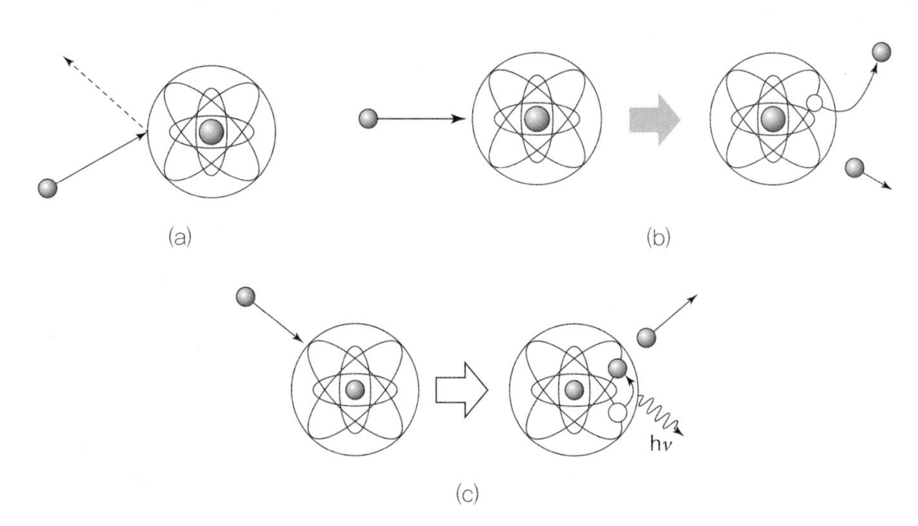

그림 6-3 외부 에너지에 따른 원자의 상태 (a) 반발 (b) 이온화 (c) 여기

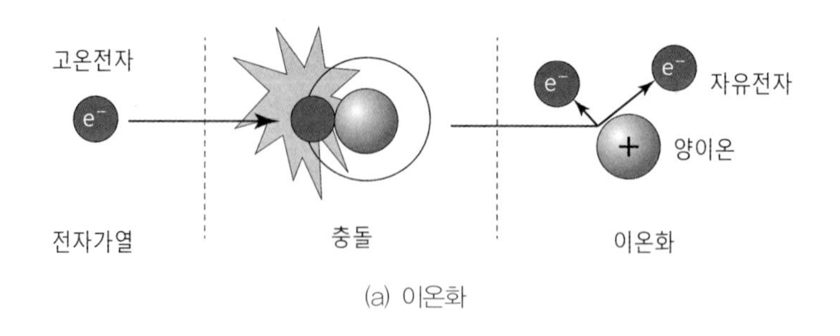

(a) 이온화

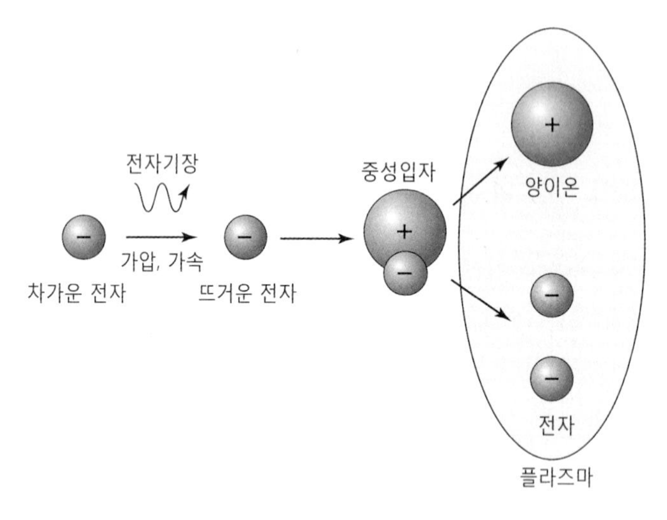

(b) 플라즈마 발생

그림 6-4 충돌전리

다시 안정한 상태로 되돌아오면서 그 에너지의 크기에 해당하는 빛을 발생하게 되는 것이다.

플라즈마가 생성되기 위한 충돌 입자는 어느 정도의 가속이 있어야 플라즈마 상태에 도달할 수 있고, 그 상태를 유지하기 위해서는 적당한 충돌 횟수가 필요하다. 이를 위해서는 외부의 압력과 전압이 중요한 요소가 되며 이들의 적절한 값의 선택이 플라즈마 생성과 활성화의 요건이 된다.

전자가 강한 전기 에너지를 얻어 원자와 충돌하여 전자를 이탈시켜 음이온으로 만들면서 양이온을 발생시키고 있다. 이온화가 되기 위해서는 충분한 에너지를 갖는 전자가 원자와 충돌하여 보다 높은 에너지 준위로 올라가게 하여야 한다. 이것을 **충돌전리**衝突電離, impact ionization라고도 한다. 그림 6-4(a)에서는 지금까지 설명한 이온화, 그림 (b)의 플라즈마 발생의 과정을 좀 더 쉽게 표현한 것이다.

플라즈마의 생성을 **절연파괴**絕緣破壞, dielectric breakdown의 개념으로 이해할 수 있다. 기체 상태에서 이를 플라즈마로 만드는 방법은 전압의 인가에 의한 전계의 형성으로 절연체 상태의 기체

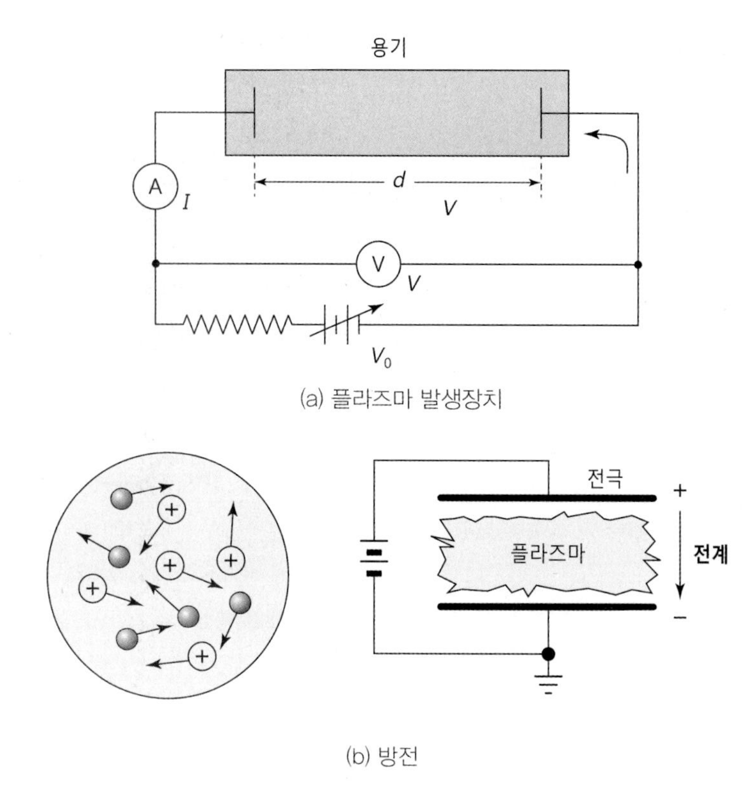

(a) 플라즈마 발생장치

(b) 방전

그림 6-5 절연파괴에 의한 플라즈마의 장치와 생성

가 도체의 역할을 하게 되는 경우가 있는데, 이것을 절연파괴라 한다. 그림 6-5에서와 같이 용기 내를 진공으로 만들고 적당한 압력의 기체를 봉입封入하여 그 속에 삽입된 대향對向전극 양단에 전압을 인가한다. 음극과 양극 사이의 공간은 대부분 중성 기체에 의하여 채워져 있으나, 소량의 이온과 전자도 포함되어 있다. 이들 입자는 전계의 힘에 의하여 가속되어 원자와 충돌하여 전자와 이온을 만든다. 이 전계의 힘에 의하여 질량이 가벼운 전자가 이온보다 훨씬 빠르게 가속되므로 전자에 의한 이온화가 우세하다. 가속된 전자의 연쇄 충돌 공정으로 절연파괴의 상태에 이른다.

또한 플라즈마의 생성을 **방전**放電, discharge 현상으로 설명할 수 있는데, 방전이란 대전체에서 어떤 작용으로 전하를 잃는 과정을 말한다. 즉, 전기가 거의 통하지 않는 절연체에 강한 전기장을 인가하면 물질이 절연성을 잃고 그 속으로 전류가 흐르는 현상을 말한다. 이러한 방전 현상의 종류로는 타운젠드townsend, 코로나corona, 글로우glow, 아크arc방전 등이 있다. **글로우방전**은 음극에서의 2차 전자 방출이 열전자 방출보다 많아서 발생하는 것으로 음극에서의 전류밀도가 수 mA/cm^2 정도로 작다. **아크방전**은 전극 사이의 기체가 충분히 전리된 상태에서 방전되는 것으로 전류밀도가 높고, 전극 사이의 전압강하가 다소 적은 특징이 있다. 즉, 두 전극 사이에

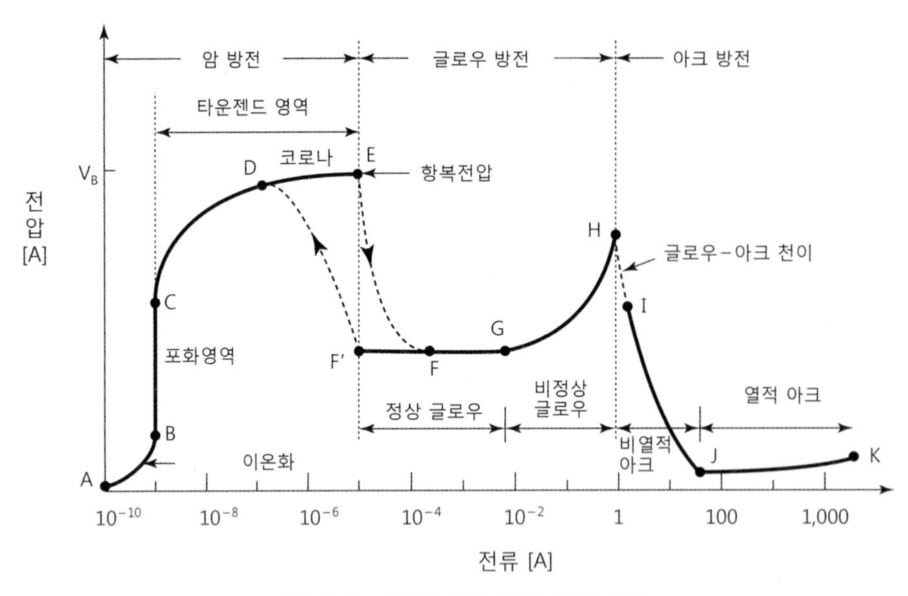

그림 6-6 방전에 의한 전류-전압 특성

십 V～수십 V의 전압을 인가하면 10～10,000 A/cm^{2}의 전류밀도를 얻을 수 있어 작은 전압과 큰 전류가 아크방전의 특징이다. 한편, **코로나방전**은 두 전극 사이의 전압을 증가시키면 어느 값에서 불꽃이 발생하는데, 두 전극 사이의 전계가 균일하지 않으면 불꽃이 발생하기 전, 전계가 큰 영역에서 발광현상이 나타나며, 아주 미세한 전류가 흐른다. 그림 6-6에서는 방전에 따른 전류-전압 특성을 보여주고 있다.

6.1.3 이온화 에너지

물질의 기본 요소는 원자 혹은 분자이며, 원자는 원자핵과 그 주위의 에너지 궤도를 운동하는 전자로 구성된다. 전자는 원자핵과의 인력(쿨롱의 힘)과 원심력이 일치하기 때문에 궤도 운동을 하게 된다. 다시 말해 전자는 원자핵의 속박 상태에 있어서 원운동을 하는 것이다.

기체상태에서 플라즈마를 만들기 위해서는 원자 내에 있는 전자를 떼어내야 하는데 이것이 이온화 작용이다. 원자번호 $Z=1$인 수소의 모델을 이용하여 이 이온화 에너지를 생각하여 보자. 그림 6-7에서는 수소가 궤도 운동을 하는 구조를 보여주고 있다.

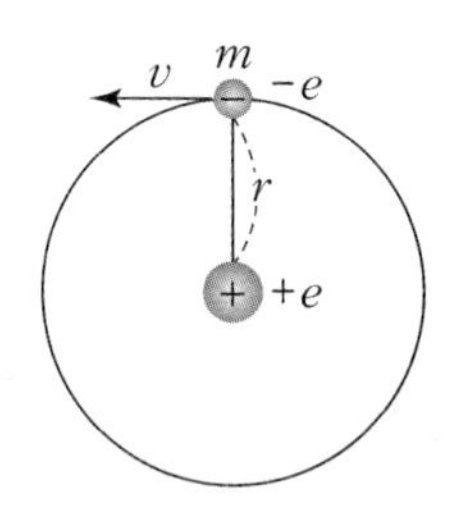

그림 6-7 수소원자의 구조

1923년 N. Bohr는 이 수소 모델을 이용하여 양자화 조건을 주장하였는데, 이것은 원자핵 주위를 선회하는 전자는 외부에 전자파를 방사 또는 흡수하지 않는 안정된 불연속적인 궤도가 존재하고, 이 안정된 궤도의 미소 영역에서의 전자의 운동량 p를 같은 위치 좌표 q에 대하여 1주기의 회전에 걸쳐 적분한 것이 플랑크 상수 $h(6.624\times10^{-34}\ \text{J}\cdot\text{s})$의 정수($n$)배가 되는 조건을 만족해야 한다는 것이다. 이것을 수식으로 표현하면

$$\oint pdq = n \cdot h \qquad n = 1,\ 2,\ 3 \cdots (\text{정수}) \tag{6-1}$$

이다. 전자가 원운동하고 있을 때, 전자의 원운동 속도를 v, 원주의 미소 선요소를 dq라 하면 전자의 운동 속도가 일정할 때 원주 방향의 양자화 조건식 (6-1)은 다음과 같이 나타낼 수 있다.

$$\oint p \cdot dq = \oint mv \cdot dq = mv \cdot 2\pi r = nh\,(n = 1,\ 2,\ 3,\ \cdots) \tag{6-2}$$

여기서 전자의 안정한 궤도운동을 위해 전자의 반경 r_n은

$$r_n = \frac{\epsilon_0 h^2 n^2}{\pi m e^2} \tag{6-3}$$

양자수 n으로 결정되는 불연속적인 값을 갖는다. 여기서 $n=1$일 때, 수소원자의 반경이 되며, 이 값은 $r = 0.53\times10^{-10}$ Å이다.

이제 수소원자의 전자가 갖는 에너지를 구해보자. 전자의 전체 에너지 E는 운동 에너지 E_k와 위치 에너지 E_p의 합이다. 먼저 운동 에너지는

$$E_k = \frac{1}{2}mv^2 = \frac{e^2}{8\pi\epsilon_0 r} \tag{6-4}$$

이고, 위치 에너지는 다음과 같다.

$$E_r = -\int_{\infty}^{r} F dr = \int_{\infty}^{r} \frac{e^2}{4\pi\epsilon_0 r^2} dr = -\frac{e^2}{4\pi\epsilon_0 r} \qquad (6\text{-}5)$$

그러므로 전체 에너지는

$$E = E_k + E_r = \frac{1}{2} E_r = -\frac{e^2}{8\pi\epsilon_0 r} \qquad (6\text{-}6)$$

이고, 여기에 식 (6-3)을 대입하여 정리하면 전체 에너지는

$$E = -\frac{me^4}{8\pi\epsilon_0 h^2} \times \frac{1}{n^2} = -13.58 \times \frac{1}{n^2} \qquad (6\text{-}7)$$

이다. $n=1$인 수소원자의 경우, 전자를 이온화하기 위한 에너지는 13.58 eV 이상이어야 한다는 것이다.

디스플레이에서는 He, Ne, Ar, Xe 등의 기체를 주로 사용한다. 표 6-1에서는 원자의 이온화 에너지를 나타낸 것인데, 단위는 전자볼트(eV)로 표시한다.

표 6-1 원자의 이온화 에너지

원자	H							He
이온화 에너지 [eV]	13.60							24.59
원자	Li	Be	B	C	N	O	F	Ne
이온화 에너지 [eV]	5.39	9.32	8.30	11.27	14.53	13.62	17.42	21.57
원자	Na	Mg	Al	Si	P	S	Cl	Ar
이온화 에너지 [eV]	5.14	7.64	5.99	8.15	10.49	10.36	12.97	15.76

6.2 플라즈마의 역사

1750년대에 B. Franklin은 그 당시 축전기의 효시인 라이덴leyden 병을 이용하여 번개는 전기 현상이라는 것을 밝힌 것이 방전에 대한 연구의 시작이라고 볼 수 있다. 이 라이덴 병은 정전기를 저장하는 데 쓰인 물건으로 커패시터의 일종이다. 유리병 내부와 외부 사이에 금속의 얇은 조각인 주석박朱錫箔, tin foil을 입혀서 전극으로 사용하도록 한 병이다. 19세기 들어서 방전에 관하여 본격적인 연구들이 진행되기 시작했고 그 중심에 M. Faraday가 있었으며 그는 전기의 아크방전과 저압에서의 직류방전DC discharge을 주로 연구하였다. 1898년에 W. Crookes는 기체가 전자와 양이온으로 분리되는 것을 이온화ionization라는 단어를 사용하여 설명하였으며, 1920년대에 들어서 비로소 방전에 의해 만들어진 상태를 Irving Langmuir가 플라즈마plasma라고 이름을 붙이고 플라즈마 경계면에 대해서 덮개sheath라는 개념을 도입하였다. 방전과 전기의 연구에 대한 역사는 약 250년 정도이며 플라즈마라는 이름으로 연구가 시작된 것은 약 80년 정도라고 볼 수 있다.

플라즈마는 언제부터 상업적으로 응용되기 시작한 것일까? 이는 19세기로 전기아크 현상 중 발생하는 빛을 이용하여 광원으로 사용한 것이 처음인데, 아크를 이용한 광원은 그 당시 유행했던 가스등과 강력한 경쟁 관계일 정도로 많은 관심을 받았지만, 1900년 정도에 훨씬 효율이 좋으며 간편한 백열전구가 등장하면서 모두 사라지게 되었다. 그 이유는 아크방전에 사용되는 높은 직류 전류를 수송하는 것이 큰 문제가 되었기 때문이다.

이후 1920년대에 자기장에서의 이온들의 역학에 관한 이론들이 나오면서 많은 발전이 이루어지게 되며 1940년대 후반 2차 대전을 계기로 레이더를 개발하게 되면서 축적된 기술로 초고주파microwave를 이용한 플라즈마 발생이 가능하게 되었다. 1950년대부터는 선진국들을 중심으로 핵융합에 대한 연구가 활발해져 지금까지 이어져 오고 있으며 이로 인해 플라즈마 물리학이 많은 발전을 이룩하게 되었다. 특히 1970년대 이후로 미세한 전자회로의 가공을 위해서 플라즈마를 이용한 건식식각 및 증착 공정을 산업에 적용하면서 플라즈마는 산업체에서 중요한 몫을 하기 시작하였다. 최근에는 반도체 제조 공정뿐만 아니라 환경, 에너지, 생명공학, 재료, 섬유, 의학 등 다양한 분야에 적용되기 시작했으며 앞으로 플라즈마 응용 분야는 더욱 발전할 것으로 기대된다.

6.3 플라즈마의 특성

| 전기적 특성

플라즈마는 원자 혹은 분자에 속박되지 않는 전자를 많이 갖고 있기 때문에 외부에서 전계를 인가하면 전류를 흘릴 수 있는 특성이 있다.

| 자기적 특성

플라즈마를 구성하고 있는 전자와 이온은 자계를 인가하면 운동방향이 자계의 방향과 직각으로 원운동하는 성질을 갖고 있다. 이 성질을 이용하여 플라즈마를 한곳으로 모아 밀도를 높여 응용할 수 있다. 밀도가 높아지면 플라즈마의 전기적 저항이 낮아지므로 전압을 높이지 않아도 고밀도의 플라즈마를 생성할 수 있다.

| 화학적 특성

플라즈마 내부에는 활발하게 운동하고 있는 전자와 이온이 있기 때문에 다른 물질의 내부에서 여기와 전리 상태를 만들 수 있고 다른 물질의 화학반응을 활발하게 일어나도록 분위기를 조성해 줄 수 있어 응용력이 크다.

| 물리적 특성

플라즈마 장치에서 플라즈마의 역할은 매우 중요하다. 플라즈마의 대부분의 빛은 전자 충돌에 의해서 여기勵紀, excitation된 원자 혹은 분자 및 이온들이 기저상태로 돌아오면서 방출하게 되는 원자 반응 현상을 말한다. 이 플라즈마와 시편 혹은 반응기 등과 접촉하고 있는 물체의 경계 면에 형성되어 플라즈마 전위가 급격하게 감소하는 영역을 **플라즈마 쉬스**plasma sheath라 한다. 이것은 플라즈마를 구성하는 전하, 즉 이온과 전자 혹은 음이온들의 이동도가 서로 다르기 때문에 공간 전위가 생겨 가벼운 전자는 쉽게 플라즈마 대면 재료와 접촉하게 되고 이온이 그 뒤를 따라가는 동작이 일어난다. 이 동작은 그들의 이동도가 질량에 반비례하기 때문이다. 그래서 전자의 속도가 이온보다 빠르므로 먼저 경계에 도달하여 밀도가 높아진다. 경계면에서 멀리 떨어진 영역은 이온이 많아서 양(+) 전위를 띠게 되어 결국, 전위는 재료 표면으로 가면서 점차 떨어지고 전위가 분포된 이후에 전자들은 쉬스 속으로 들어가기 힘들게 되며 이온은 꾸준하게 같은 속도로 빠져나가게 된다. 하지만 이온 속ion beam과 전자 속은 늘 일정하므로 쉬스 내에는 다수의 이온과 소수의 고속 전자들이 존재하면서 빛이 발생하지 않는 영역이 생기게 된다. 이 경계에서 벗어난 지역의 플라즈마를 **벌크 플라즈마**bulk plasma라 하며 이 영역의 전위는 비교적 균일하다고 가정할 수 있어 전기장이 매우 낮다. 따라서 이 벌크 플라즈마 주변이 쉬스로 감싸져 있다고 볼 수 있다. 이런 의미에서 쉬스를 플라즈마 덮개라고 말할 수 있다. 쉬스는 전자와 이온의 운동이 고려된 현상으로 플라즈마와 만나는 모든 물체 즉, 반응기 벽, 가공물체의 표면 주위에 형성된다.

또한 플라즈마 영역에서 **드바이 차폐**debye shielding현상이 발생하는데, 플라즈마 내부는 전체적으로 중성의 전기적 성질을 갖고 있으나, 여기에 부동浮動, floating의 물체를 넣으면 부분적으로 중성의 성질이 깨지면서 플라즈마 내부의 입자들이 재분포하게 되는데, 이 현상을 말한다. 드바이 차폐 현상에서 입자의 드바이 차폐 길이 즉, 재분포 길이는 플라즈마 특성의 중요한 인자로 전자밀도가 클수록 짧아지고, 전자의 온도가 높을수록 길어지는 성질이 있다.

6.4 플라즈마의 종류

우리 주변에 플라즈마를 이용한 응용이 다양하게 사용되고 있는데, 방전을 위하여 인가하는 전기장이 직류라면 직류방전 플라즈마, 교류라면 교류방전 플라즈마, 고주파를 인가하면 고주파방전 플라즈마 등으로 이름이 붙여져 사용되고 있다.

6.4.1 직류방전 플라즈마

직류방전은 두 전극 사이에 직류전압을 인가하여 기체를 전기적으로 파괴하여 전리시키는 것으로 기체가 플라즈마로 되어 도전성의 기체로 변하는 것이다. 직류방전에는 공급된 전류의 크기에 따라 전류의 세기가 작은 쪽부터 타운젠트방전townsend discharge, 코로나방전, 글로우방전, 아크방전이 있다.

기체가 담긴 용기에 직류전압을 인가하면 전계의 힘이 작용하여 플라즈마가 발생하는 것이 직류 플라즈마DC plasma로 비교적 저온에서 생성된다. 대기압의 기체에서 직류 플라즈마는 반도체 공정에서 실시간으로 세척을 하거나 산화막 증착 등의 표면처리에 이용할 수 있다. 또한 대기압 저온 플라즈마 기술은 향후 반도체 및 PCB 산업, 플라스틱과 유리제품의 표면처리 기술,

의료 기기 및 식품 등의 살균과 소독 기술 등에 적용할 수 있을 것으로 기대된다.

6.4.2 교류방전 플라즈마

교류방전은 플라즈마 용기의 두 전극 사이에 상용 주파수 정도의 교류전압을 인가하여 플라즈마에 가해지는 전류의 방향이 반주기마다 변하는 상태의 플라즈마가 유지된다. 전기용접, 형광등, 네온사인 등의 조명용, 화학반응용 등으로 사용하고 있다.

6.4.3 고주파방전 플라즈마

고주파radio frequency**방전**은 두 전극 사이에 인가한 방전 전압의 주파수가 매우 크면, 이온 또는 전자는 전극에 도달하기 전에 전계에서 받는 힘의 방향이 변하기 때문에 전극 사이에 구속하게 되는데, 이때 구속된 전자가 기체를 전리시켜 방전하는 것을 말한다. 고주파방전에서 전극은 방전에 의한 플라즈마와 접촉하지 않는 특징이 있어서 전극에서의 오염이 방지되므로 깨끗한 플라즈마의 생성이 가능하고, 사용 기체의 선택이 자유롭고, 플라즈마의 제어가 용이하며 처리물질의 플라즈마 내에서의 체류 시간을 길게 할 수 있는 등의 특성이 있다. 그림 6-8에서 고주파 유도 방전 장치의 예를 보여주고 있다.

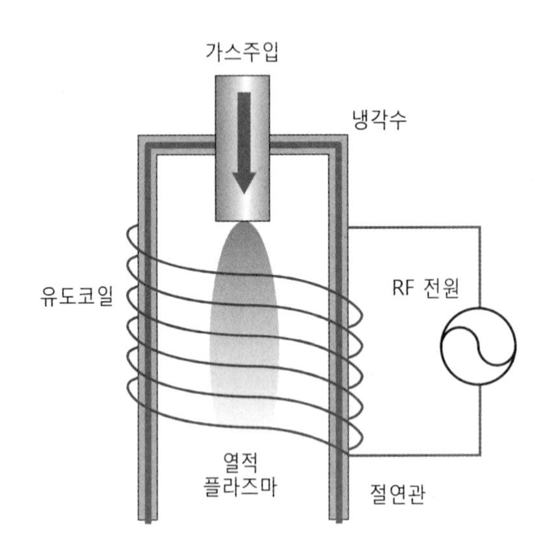

그림 6-8 **고주파 유도 방전 장치**

6.5 PDP의 역사

1890년대 음극선관이 출현한 이래 1929년 TV에 적용되어 비약적 발전을 거듭한 끝에 1953년 비로소 컬러 TV가 출현했다. 일상생활에서 TV는 가장 중요한 정보 전달 매체가 되었으나, 최근 정보전달이 고속화, 고밀도화되고, 전달매체의 다양화, 다기능화로 기술의 진전을 이룩함에 따라 TV에 대한 소비자들의 욕구도 대화면, 고화질의 다기능 제품을 요구하게 되었다. 이러한 요구에 따라 30인치 급의 CRT 평면 TV가 등장하였으나, 큰 화면과 얇고 가벼운 특징의 디스플레이를 요구함에 따라 그 한계를 드러내고 있다. 따라서 40인치 급 이상 대화면의 평판 디스플레이FPD 장치로 눈을 돌리게 되었다. 다양한 평판디스플레이 장치 중에서도 최근 개발되어 상용화하고 있는 디스플레이 중의 하나가 PDP이다.

PDPplasma display panel는 그 이름에서 알 수 있듯이 기체방전에 의해 생성된 플라즈마를 이용하여 영상을 표시하는 장치이다. 사실 PDP TV의 역사는 CRT TV를 포함한 다른 대부분의 디스플레이보다 훨씬 오랜 역사를 가지고 있지만, 그동안 오래도록 사용한 CRT TV에 비하여 많은 문제점을 가지고 있었다.

PDP는 1927년 미국의 벨 시스템에서 개발된 단색 PDP가 세계 최초였으며, 이는 1929년에 개발된 CRT TV보다 2년 정도 앞선다. 1954년에 직류DC형 PDP가 발명되고, 1964년에 미국 일리노이대학의 슬로토Slottow와 비츠Bitzer 두 교수가 교류AC형 PDP를 발표하였다. AC PDP가 발명된 이래 약 30여년이 지난 지금 PDP는 차세대 벽걸이 TV를 목표로 한국과 일본을 비롯한 전 세계에서 활발히 연구개발을 하고 있다. 그러나 발명된 후의 역사를 보면 1980년 초에서 후반에 이르기까지 단색 PDP는 지금의 노트북의 효시라 할 수 있는 랩탑lap-top에 채용되어 일시적인 호황을 맞이하였으나, 80년대 말 STN LCD의 노트북 시장 참여로 일시적인 연구개발 중단 사태에까지 이르렀다. 90년에 들어서면서부터 각 기업에서 교류형 컬러 PDP의 연구개발에 전력하였으며, 그 결과 1990년대 중후반 AC형 PDP가 개발되어 출시되기 시작하였다.

초창기 PDP는 Ne방전 발광색을 이용한 네온 오렌지색의 단색 PDP이었는데, 이는 선명도가 높고, 시야각이 넓은 특징을 갖고 있어서 마권발매기, 가솔린스탠드 표시기 등으로 이용되었다.

한편, 컬러표시를 위한 당초의 시험은 모두 성공에 이르지 못하였다. AC형 컬러 PDP의 개발은 단색 PDP와 동일한 대향형 구조를 전제로 하여 시작되었다. 그러나 이 구조는 수명과 안정적인 동작에 문제가 있어 실용화에는 이르지 못하였다. 방전 중에 발생하는 이온의 충돌 문제 때문에 형광체가 단시간에 열화해서 휘도가 저하되어 수명의 문제가 있고, 두 전압 면에 직접 형광체를 형성하기 때문에 동작의 안정성에 문제가 제기되는 것이다.

이들 문제를 해결하기 위해 면 방전형에 의한 완전 컬러 PDP 연구로 컬러 PDP 기술 개발의 새로운 방향을 열게 되었다. 면 방전형에서는 한 쪽의 기판 위에 방전을 발생시키는 전극을 형성하고, 다른 쪽의 기판 위에 형광체를 형성한다. 이런 구조를 통하여 형광체를 높은 에너지로 직접 타격하는 이온이 없어져 안정성이 향상되었다. 또한 형광체는 방전을 발생시키는 기판 위에 형성되지 않기 때문에 안정적인 방전 특성을 실현할 수 있었다. 그러나 실용화에 있어서는 더욱 개선을 거듭할 필요가 있었다.

실용화까지는 다음의 세 가지 개선점이 진행되었다. 첫 번째는 표시전극에 투명전극을 이용해서 발광하는 형광체를 표시전극 측에서 직접 관찰하는 반사형 구조이고, 두 번째는 네온Ne과 크세논Xe을 혼합한 수명이 긴 가스의 사용이다. 세 번째는 어드레스 전극만 갖는 스트라이프stripe 모양의 R·G·B의 형광체를 형성하는 간단한 구조이다. 3전극 면방전 구조와 반사형 구조를 채택함으로써 1989년 처음으로 20 inch 형(대각선 50 cm)의 3색 컬러 PDP를 실용화하였다. 이어서 21 inch 형(대각선 53 cm), 26만색 표시의 컬러 PDP 개발을 진행하였다. 고정밀을 실현하기 위해 제조가 용이한 간단한 구조를 발명해서 개발이 진행되었으며, 컬러 PDP 구조가 안정화되었다.

6.6 PDP의 종류와 동작

6.6.1 PDP의 원리

PDP의 원리는 두 장의 유리를 포갠 틈새에 작은 셀을 다수 배치하고 그 위·아래에 장착된 전극(+와 −)사이에서 가스(네온과 아르곤)방전을 일으켜 발생하는 자외선에 의한 발광으로 컬러화상을 재현하는 것이다.

우선 패널 화면상에 어떻게 화상을 재현하는지를 살펴보면, 브라운관의 경우 왼쪽에서 오른쪽, 위에서 아래로 전자빔을 주사하여 화상을 만들어내지만, 플라즈마는 전면이 동시에 발광한다. 1초 동안에 60회, 위에서 아래로 화상의 고쳐 쓰기가 그대로 남아있기 때문에 화상은 상시 발광하게 된다.

그림 6-9에서 보여주고 있는 바와 같이 그 구조는 크게 상판과 하판의 패널로 구성된다. 상판에 X전극과 Y전극이 나란히 위치하고, 하판에는 어드레스address 전극을 상판의 두 전극과 직각으로 교차하여 배치하고, 형광막은 반사형으로 하고 있다. 우선 하판에 신호 전극을 설치하고, 그 위에 유전층을 도포한다. 그리고 방전 셀을 구분하여 설치하고, 상·하판 사이의 공간을

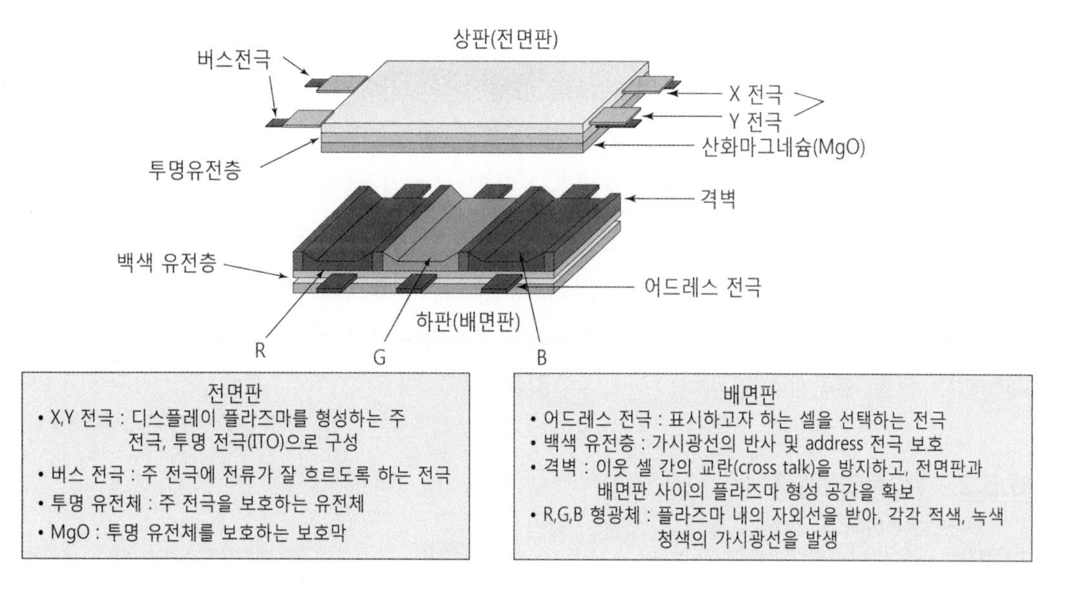

(a) 구성 부품

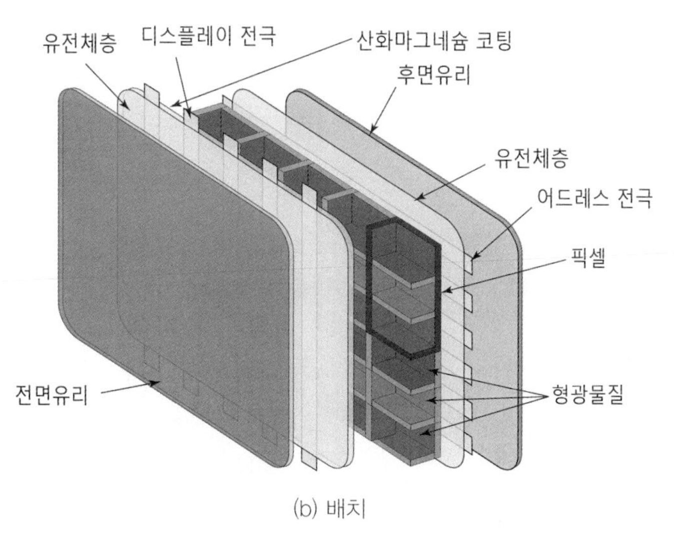

(b) 배치

그림 6-9 PDP의 원리

확보하기 위하여 높이 130 μm의 격벽隔壁, barrier rib을 설치한 다음, 형광체를 격벽과 신호 전극을 덮고 있는 유전체 위에 도포한다. 격벽을 따라서 도포된 R · G · B에 해당하는 세 개의 골이 하나의 화소를 이룬다.

한편, 상판에는 방전 유지를 위한 X전극과 Y전극이 투과도를 고려하여 ITO로 형성되고, 전극의 가장자리에는 ITO의 높은 전극을 보상하기 위하여 은Ag, 혹은 크롬/구리/크롬Cr/Cu/Cr의 버스 전극을 형성한다. 자연스러운 용량성의 형성을 통한 전류제한을 위하여 산화납PbO 계열의 유전층을 도포하고, 그 표면에 산화마그네슘MgO 보호막을 증착한다. 이 유전층 형성으로 인하여 AC PDP의 주요 특징 중의 하나인 메모리 특성이 나타난다. MgO 보호막은 PbO 유전층을 이온의 스퍼터링sputtering으로부터 보호하여 주며, 또한 방전 시 낮은 에너지의 이온이 표면에 부딪혔을 때, 비교적 높은 이차전자 발생계수의 특성을 가져 방전 플라즈마의 구동 및 유지전압을 낮춰주는 역할을 한다. PDP의 상판과 하판 사이는 방전기체가 300~400 torr 정도로 채워진다. 방전기체는 주로 혼합기체를 사용하는데, 헬륨He, 네온Ne, 아르곤Ar 또는 이들의 혼합기체로 바탕기체buffer gas를 형성하고, 형광체를 발광시키는 진공에 자외선의 원천으로 소량의 크세논Xe 기체를 섞어서 사용한다.

6.6.2 PDP의 종류

PDP의 종류는 방전의 구조에 따라 간접 방전형인 AC 구동형, 직접 방전형인 DC 구동형, AC와 DC를 혼합한 방식으로 나누어지며, 다시 기억의 기능 유무에 따라 기억(memory) 방식, 재충전(refresh) 방식으로 분류한다. 기억 방식은 방전이 생성한 후, 낮은 방전 유지전압을 인가하여 방전이 지속되도록 하는 것이며, 재충전 방식은 표시해야 할 전극 사이에 전압이 높은 펄스 전압을 인가하여 방전을 시키는 것이다. 그림 6-10에는 전극 구조에 따른 DC와 AC PDP의 구조를 보여주고 있다.

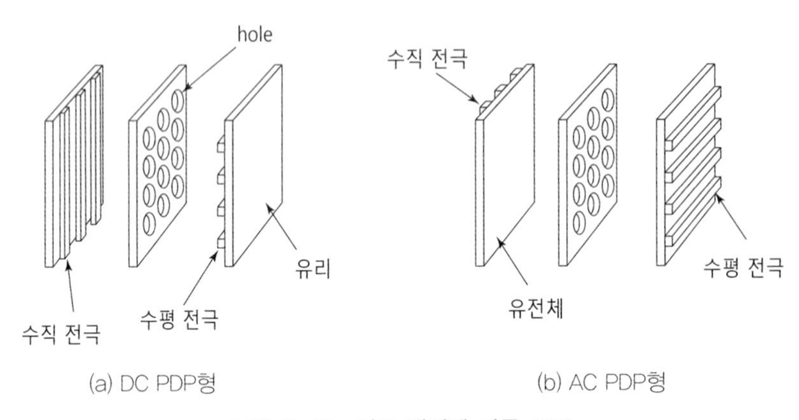

그림 6-10 **전극 배치에 따른 PDP**

6.6.3 PDP의 동작

DC 구동형

이것은 전극이 플라즈마 공간에 노출된 상태에서 직류 전압을 인가하여 플라즈마를 발생시키는 방식이다. 전극이 플라즈마에 노출되므로 수명이 단축되는 단점이 있기도 하다. 이것은 재충전 방식으로 구동하므로 구동회로가 간단하나, 셀과 셀 사이에 방전을 차단하기 위한 분리막인 격벽隔壁, barrier이 필요하여 구조가 복잡하다. 이 구조는 각 셀이 격벽에 의하여 분리되어 있으므로 전면(상판)과 후면(하판)의 패널에 전극이 부착되어 있다. 두 면을 밀봉하고 방전 가스를 충전한 후, DC전압을 인가한다.

앞면의 기판에는 음극과 수직 방향, 즉 격벽과는 평행하게 양극을 배치한다. 양극에는 별도의 격벽이 필요하지 않다. 전면과 후면 기판을 합착하고 그 가장자리를 진공상태에서 붙인 후, 기체를 주입한다. 그리고 음극과 양극 사이에 방전 보호용 저항을 넣고 DC전압을 인가하면 플

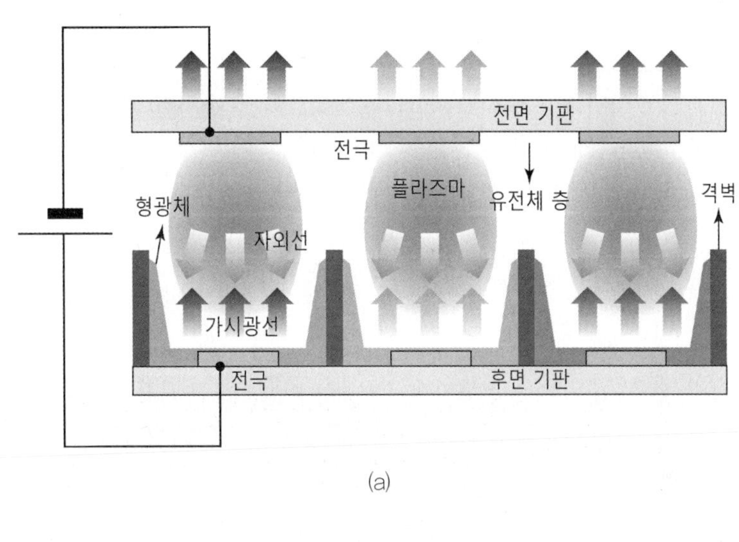

(a)

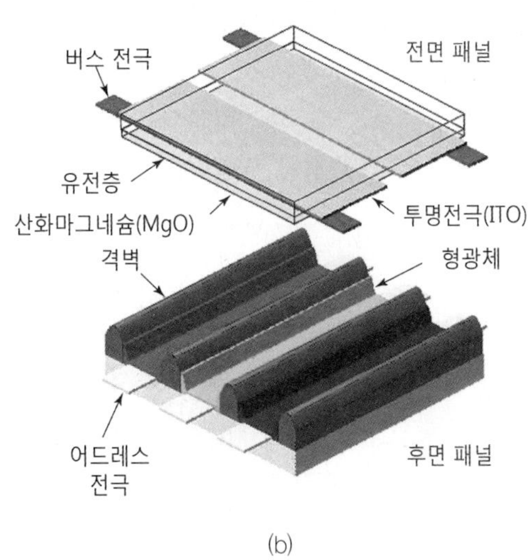

(b)

그림 6-11 DC PDP의 (a) 동작과 (b) 구조

라즈마가 생성된다. 그림 6-11에서는 DC PDP의 구조를 나타내었다.

❙ AC 구동형

방전 공간에 있는 전극이 얇은 유리 성분의 절연체로 덮여 있고, 200 kHz 정도의 펄스 전압으로 구동하며 구동 방식에는 기억 방식과 재충전 방식이 있다. AC형 PDP 구조에서는 각 셀이 격벽에 의해 독립적으로 작용하고, 전면과 후면에 전극이 형성되어 정현파 교류전압 또는 펄스전압을 인가하여 플라즈마를 발생시키는 구조이다. DC형과 같이 후면 기판 위에 수직 전극을 평행하게 설치하고 그 전극을 유전체로 절연하여 사용한다. 이것은 전극의 수명을 연장하는 효과가 있어 중요한 요소이기도 하다.

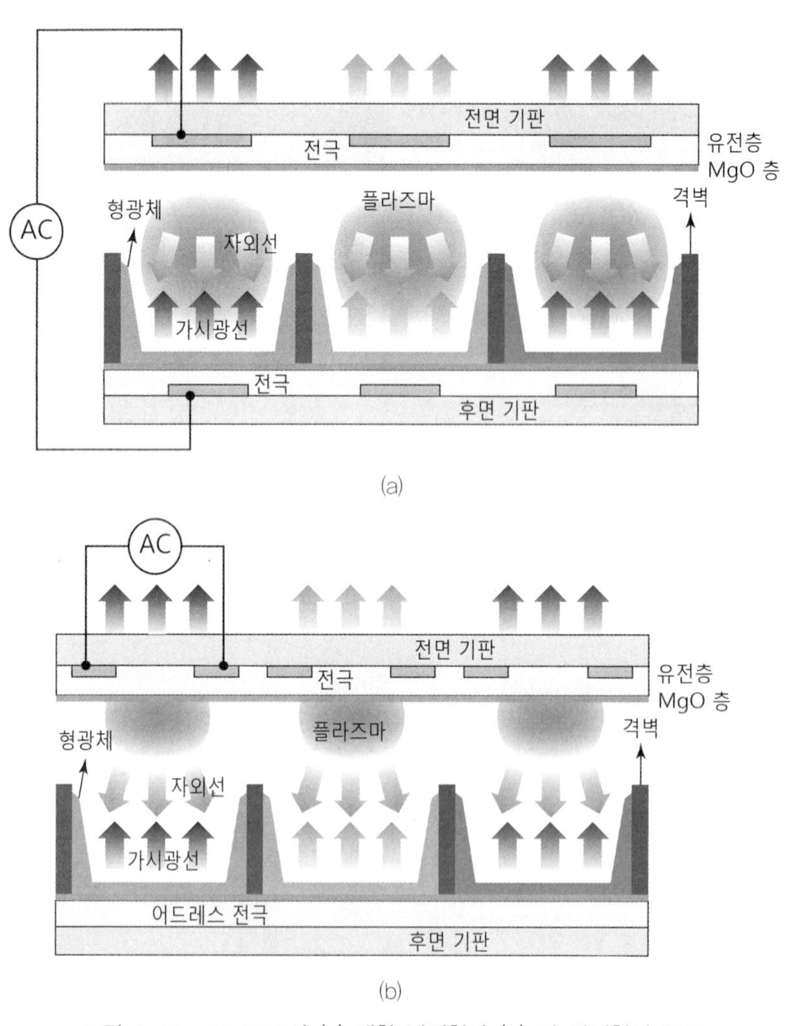

그림 6-12 AC PDP의 (a) 대향 방전형과 (b) 면 방전형의 구조

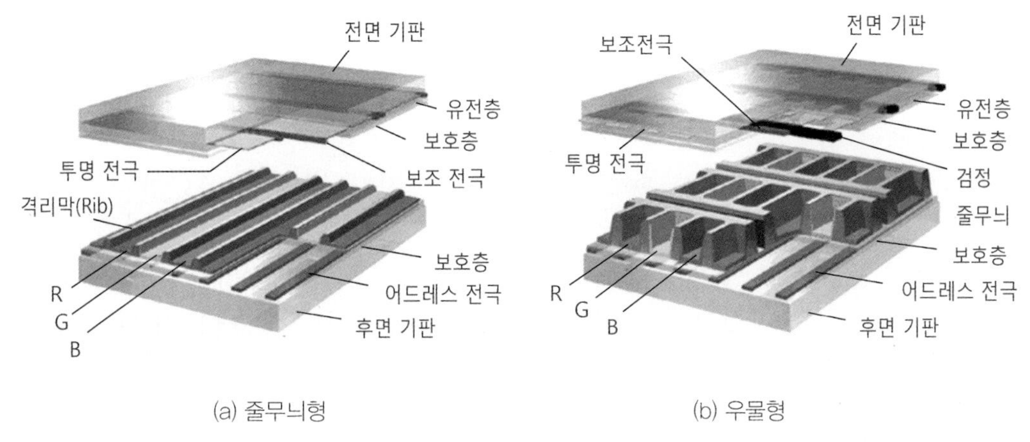

(a) 줄무늬형 (b) 우물형

그림 6-13 PDP 화소의 배열

AC형을 구동 방식에 따라 **대향 방전형**과 **면 방전형**으로 나눌 수 있는데, 대향 방전형은 전극이 세라믹과 같은 유전체 층과 MgO의 보호막으로 덮여 있다. 전극이 MgO로 덮여 있어도 방전이 가능해지면서 수명을 연장할 수 있게 되었다. 이 구조는 벽전하壁電荷, wall charge가 만들어지면서 방전전압을 낮추는 효과가 있다. 이 방식의 문제점이 있는데, 그것은 형광체이다. 형광물질은 항상 플라즈마에 노출되어 있어 교류에 의해 전류의 방향이 바뀌면서 형광체를 지속적으로 충격하여 수명이 짧아진다. 그래서 형광체 보호를 위한 면 방전형이 출현하게 되었다. 한편, 면 방전형은 후면에 있던 전극을 전면으로 이동하여 배치한 구조, 즉 한쪽 면에만 방전용 전극이 배치되어 있어서 면 방전형이라 한다. 데이터용 어드레스 전극은 후면, 방전용 전극 두 개는 전면에 붙인 구조인데, 방전이 전면에서만 발생하므로 형광체와의 충돌을 피할 수 있어 수명을 길게 할 수 있다. 현재 대부분은 이 방식을 따르고 있다. 그림 6-12에서 AC 대향 방전형과 면 방전형의 구조를 보여주고 있다.

그림 6-13에서는 PDP의 형광체 배열에 따른 셀의 구조를 보여주고 있는데, 그림 (a)는 줄무늬stripe형으로 효율이 떨어지는 문제가 있고, 그림 (b)는 우물well을 배열로 효율의 향상을 이루면서 셀 사이의 플라즈마 확산을 방지하고 있다.

6.7 PDP의 제조 공정

일반적인 PDP의 제조 공정은 그림 6-14와 같다. 먼저 유리판을 준비하고 앞면의 유리 기판에 투명 전도막인 ITO를 도포塗布한 후, 사진식각 공정으로 투명 표시 전극의 패턴을 설계한다.

투명 전극의 높은 저항에 전압 강하가 생기는 것을 방지하기 위하여 전극 위에 아주 얇은 버스bus 전극을 형성하는데, 이때 사용하는 재료는 Cr/Cu/Cr 혹은 Cr/Al/Cr 등을 사용한다. 표시 전극 위에 유리분말 접착제를 인쇄한 후, 투명한 유리 유전체 층을 형성하고 다시 기판 주위에 약 5 mm 정도의 폭으로 낮은 융점融點, melting point의 유리질 분말frit을 이용하여 밀봉sealing층을 형성하고 열처리annealing한다. MgO의 보호층은 밀봉층 안쪽의 표시영역에 진공 증착하여 형성한다.

후면 기판의 공정은 세정을 마친 기판의 어느 부분에 배기 및 가스 봉입용의 작은 구멍(지름이 약 1 mm 정도)을 뚫고 표면에 Cr/Cu/Cr 또는 Cr/Al/Cr 등으로 어드레스 전극을 인쇄한다.

어드레스 전극을 유전체 층으로 도포하고, 어드레스 전극 사이에 낮은 융점의 유리분말 등으로 격벽을 형성하는데, 격벽의 형성 방법으로는 보통 스크린 인쇄screen printing, 모래분사sand blasting, 사진식각photolithography, 압축가공squeezing법 등의 기술을 이용한다. 이 공정은 고정세高精細, fine pitch와 대화면大畵面의 제조에 큰 영향을 미치는 공정이다. 여기서 스크린 인쇄법은 공판인쇄의 일종으로 스크린 망사를 견고한 구조물의 틀frame 위에 놓고, 네 방향으로 당겨서 붙여 만든 스크린 틀 위에 사진제판법에 의하여 인쇄될 부분과 그렇지 않은 부분을 만들고 그 위에 잉크를 떨어뜨려 압력을 가하면 잉크가 망사를 통과하여 인쇄되는 방법이다. 모래 분사법은 원래 금속제품의 표면을 깨끗하게 마무리하기 위하여 모래를 압축공기로 뿜어내어 이물질 등을 털어내는 공법인데, 이 기법을 격벽재의 형성에 이용하는 것이다. 이 방법은 유리 기판 위에 격벽 형성용 절연층을 형성하고, 그 위에 마스크로 패턴을 설계한 후, 탄산칼슘$CaCO_3$의 미립자를 높은 압력으로 불어 넣어 필요 없는 부분을 제거하는 절삭切削, cutting과정을 거쳐 격벽을 형성한다. 사진식각법은 스크린법보다 복잡한 공정의 후막厚膜을 형성하는 기술로 높은 정밀도가 요구되는 패턴의 감광막을 형성하는 데 이용한다.

격벽이 형성되면 격벽 표면에 R · G · B의 형광체를 스크린법으로 도포하여 컬러화가 이루어지는데, PDP의 컬러화는 적색용으로는 (Y,Gd)BO_3:Eu), 녹색용으로 (Zn_2SiO_4:Mn), 청색용으로 ($BaMgAl_{14}O_{23}$:Eu)의 형광체 재료를 사용한다. 형광체의 형성 방법은 인쇄법이나 감광성 용제를 첨가하고 노광하여 식각하는 감광성 페이스트paste법과 형광체를 함유하는 잉크를 필요 영역에 분사하여 형광체를 생성하는 잉크젯ink jet방법 등이 있다.

이상과 같이 전면과 후면의 기판 공정을 거친 후, 전면과 후면을 정렬하여 합착合着, cohesion공정을 거쳐 패널 내부를 배기한 후, 가스를 주입하기 위하여 유리관을 배기구 위에 형성하고 전기로에서 열처리하여 낮은 융점의 유리질의 분말frit의 밀봉 층을 용융熔融, melting하면 두 개의 전면과 후면 기판이 융착融着, anastomosis된다. 이 배기관을 진공 장치에 연결하여 배기한 후, 크세논/네온/헬륨Xe/Ne/He 등의 방전가스를 적당한 압력으로 채워 넣고, 기판을 격벽에 밀착시켜 가스주입을 완료 후 유리관을 막고 자르면 PDP 패널이 완성된다. 패널이 완성되면 방전 개

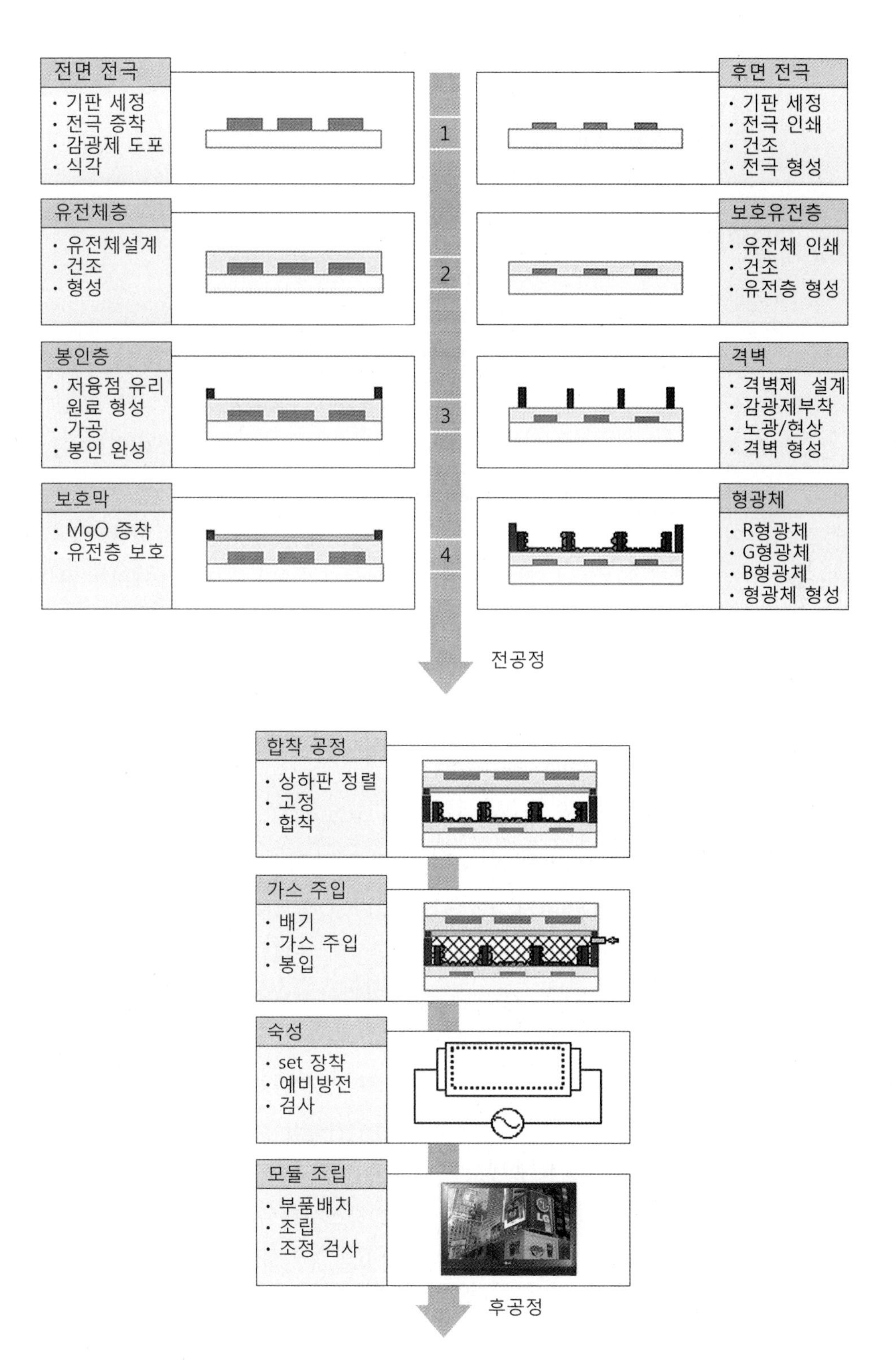

그림 6-14 PDP의 제조 공정

시전압을 초과하는 전압을 인가하여 오랜 시간 숙성aging 시간을 거치고 특성 시험을 거쳐 최종적인 PDP가 완성된다.

6.8 PDP의 재료

우선 PDP 패널을 구성하는 요소를 보면, 전면판, 후면판 그리고 이를 연결하는 패널로 구성된다. 전면판은 유리 기판 위에 투명한 ITO 전극을 코팅하고 그 위에 미소전극을 형성시킨 후, 투명유전층과 보호막을 올려서 만든다. 후면판은 어드레스 전극, 유전체막, 격벽 및 형광체 등의 형성을 거치면서 500~600℃의 고온 소성燒成,firing을 통해 전극을 형성하여 방전 셀의 격리를 위해 격벽을 여러 가지 방법으로 쌓아서 만든다. PDP 패널은 전면판과 후면판을 조립, 봉합, 배기, 가스주입을 통해 완성된다. 하나의 패널이 완성되기까지 필요한 소재로는 유리 기판, 투명유전체, 격벽재, 봉입재, 투명전도체, 전극재, 형광체, 보호막, 필터, 방전가스, 배기관 등 다양한 소재들이 필요하다.

▎유리 기판

유리 기판은 PDP 원가의 절반을 차지하는 중요한 부품으로 기존의 브로실리케이트계에서 일반 판유리인 소다라임 기판으로 대체하는 기술 개발이 이루어지고 있다. PDP에서 사용하고 있는 유리 기판은 SiO_2-B_2O_3-RO(R=Sr, Ba, Mg, Ca)-R_2O(R=K, Na)로 구성되어 있어 높은 왜점歪点 (점도가 1013 Pa/s가 되는 온도)과 내 알카리성의 특성을 갖는 반면, 점도가 높고 용융온도가 소다라임 유리(SiO_2-CaO-Na_2O)보다 높아 가격이 비싸다. 소다라임 유리 기판은 가격이 기존 특수유리의 40%에 불과하고 소성온도도 50~60℃로 낮아 생산원가를 대폭 절감할 수 있는 장점을 가지고 있어 유리 기판을 대체할 것으로 기대된다. PDP 유리 기판을 소다라임 유리로 대체할 경우, 현재 가격의 20% 수준으로 공급이 가능한 것은 물론 PDP 공정온도도 낮출 수 있어 에너지 절감 및 장비 운용에 소요되는 비용을 절감할 수 있다. 또한 소다라임 기판은 유리 기판의 두께를 기존의 2.8 mm에서 1.8 mm로 감소시킬 수 있어서 기판의 경량화가 가능해 고가의 유리 기판을 대체할 수 있는 새로운 기술로 부상하고 있다.

투명전극

PDP의 투명전극으로 사용되는 ITO가 주로 사용되고 있는데, 스퍼터sputter방식으로 증착하고 있다. ITO는 높은 투과율, 낮은 저항, 전극과의 밀착성, 균일성 등이 우수해야 한다. ITO의 주성분인 인듐In이 약 90~95% 정도 포함되어 있는데, 이는 한정된 매장량과 급속한 수요증가로 가격이 급격히 상승하고 있어 이를 대체할 수 있는 투명전극재료의 개발이 시급한 실정이다. 이에 따라 에칭의 정밀도가 상대적으로 우수한 산화주석SnO_2전극, 세라믹재료 가운데 전기전도도가 상대적으로 우수한 산화아연ZnO계 화합물 등의 새로운 재료에 대한 연구가 활성화되고 있다.

최근 새로운 투명전극재료로 부상하고 있는 방법으로는 CNTcarbon nano tube를 용액에 분산시킨 후, 기판 위에 도포하는 방법으로 투명전극을 제조하는 것이다. 그러나 이 기술은 아직 실용화 수준에 이르지 못하고 있어 더 많은 기술 개발의 노력이 요구되고 있다.

버스/어드레스 전극

버스 및 어드레스 전극은 전도성의 금속 분말, 매개물媒介物, 유리 분말frit 등으로 구성되어 있다. 전도성 금속 소재로는 은Ag, 매개물로는 감광성 폴리머polymer, 유리 분말로는 산화납PbO을 주성분으로 한 $PbO-B_2O_3-SiO_2$계, 흑색 안료는 CO_3O_4, RuO_2가 주로 사용되고 있다.

PDP의 Ag재료를 이용한 버스 전극은 전면 인쇄 및 현상 공정으로 만들어지기 때문에 재료 낭비가 크고 전극 형상의 정도가 떨어지는 단점을 가지고 있는 것으로 알려졌다. 이런 문제를 해결하기 위해 최근 나노 크기 분말의 잉크젯 방식으로 인쇄하여 원가를 줄이는 새로운 기술이 도입되고 있다. 이는 제조 공정과 잉크젯 인쇄의 생산성이 향상될 경우 기존의 공정을 대체하기에 충분할 것으로 기대된다.

표 6-2에서는 PDP 패널의 전극 형성 방법을 나타내고 있다.

표 6-2 PDP의 전극 형성 방법

전극	방식	재료	전극 형성 방법
투명 전극	교류형	ITO, SnO_2	리프트-오프법, 사진식각법 인쇄법, 박막법
버스 전극	교류형	Cr-Cu-Cr, Ag	인쇄법, 리프트-오프법, 박막법 사진식각법
어드레스 전극	교류형	Ag	인쇄법, 리프트-오프법, 박막법 사진식각법
음극 전극	직류형	$NiLaB_6$, $AlGdB_6$	인쇄법, 박막법
양극 전극	직류형	Ag, Au	사진식각법, 인쇄법

❙ 투명 유전체

투명 유전체의 구성 소재는 $PbO-B_2O_3-SiO_2$계의 낮은 융점 물질이 사용되고 있는데, 가시광 투과율이 80% 이상이어야 한다. 기포가 적어야 하고, 높은 절연파괴 강도가 요구되고 있다. 저융점 물질로는 PbO가 함유된 유리 분말이 대부분 사용되고 있으나, 환경오염 문제로 PbO 대신 Bi_2O_3계를 중심으로 PbO성분이 없는 분말을 개발하고 있다.

❙ 격벽재

격벽은 PDP 후면의 중요한 소재로 유리 분말, 유기 매개물(가소재, 분산재), 산화알루미늄 소재의 필러filler(Al_2O_3), 안료顔料, pigment 등으로 구성되어 있다. 격벽재에 요구되는 특성은 충분한 기계적 강도, 높은 반사율, 유전체와의 선폭 조절의 용이성 등을 갖추어야 한다. 격벽은 후면의 유리 기판 위에 200～300 μm마다 반복되는 높이 150 μm정도의 격벽을 형성하여 형광체를 감지하고 있다. 구조는 줄무늬stripe형이 사용되고 있으며, 우물well형, 와플waffle형 등으로도 제작하고 있다.

❙ 유전체 보호막

PDP 유전체의 보호막은 유전체의 재료인 PbO가 플라즈마에 노출되어 이온 충격에 의해 분해 반응을 일으키는 것을 방지하는 보호막 역할과 2차 전자를 발생시켜 보다 낮은 전압에서 플라즈마 방전을 일으켜 방전 효율을 높여주는 등의 전기적 역할을 하고 있다. 유전체 보호막의 핵심 재료인 MgO는 현재 단결정과 다결정 방식 두 가지가 사용되는데, 단결정 MgO는 제조 공정상 성분 조절이 어렵고 고가이며 성분과 물성의 편차가 크고 막을 성장하는 속도가 낮아 방전속도가 느리고 오방전율이 높다. 다결정 MgO가 물질 특성 및 응답속도, 기능성 면에서 상대적으로 우수한 것으로 입증되면서 다결정 MgO의 채택이 빠르게 확산되고 있는 추세이다.

❙ 형광체

형광체는 방전에 의해 발생하는 진공에서의 자외선을 가시광선으로 변환하는 역할을 하는 소재로 주로 페이스트 상태로 사용하고 있다. 형광체는 CRT와 형광등에서 사용되어 온 것을 개량한 것인데, 청색의 경우, $CaWO_4$: Pb, $CaWO_4$: W, $BaMgAl_{10}O_{17}$: Eu, 녹색의 경우, Zn_2SiO_4: Mn, 적색의 경우는 (Y, Gd)BO_3: Eu 등이 사용되고 있다. 형광체는 청색의 경우, 휘도와 수명, 녹색은 잔광, 적색은 색도 등의 문제점에 있어서 이들에 대한 기술 개발이 필요한 실정이다.

표 6-3에서는 PDP의 제조에 사용되고 있는 소재와 그 제조 방법을 기술하고 있으며, 표 6-4에서는 PDP 재료와 특성을 정리한 것이다.

표 6-3 PDP 공정의 재료와 제조방법

공정	재료	제조방법
투명 전극	ITO	• sputter, photo etching
	SnO_2	• CVD & lift-off
데이터 전극	Cr/Cu/Cr Cr/Al/Cr	• sputter, photo etching
	Ag	• screen printing • photo sensitive paste
유전층	저융점 유리	• screen printing • coating • green sheet laminating
보호막	MgO	• e-beam evaporator • sputter, ion plating
격벽	저융점 유리 세라믹	• screen printing • sandblast • photo sensitive paste • die pressing
형광체	R: (Y, Gd) BO_3: Eu G: $ZnSiO_4$: Mn B: $BaMgAl_{10}O_{17}$: Eu	• screen printing • photo sensitive paste
밀봉	저융점 유리	• dispensing • screen printing

표 6-4 PDP 재료와 특성

재료	용도	특성	실용재료
유리 기판	전면 기판	• 열적 치수 안정성	• 고왜곡점 float법 유리
	후면 기판	• 투과율	• 소다석회(soda lime) 유리
전극재료	투명 전극	• 투과율, 도전율 • 유리 반응성	• ITO 박막 • mesa 박막
	버스 전극	• 유전율, 표면 반사율 • 유리 반응성	• Cr/Cu/Cr 박막 • Cr/Al/Cr 박막 • Ag 박막
유전체	투명 유전체	• 저융점, 선팽창계수 • 투과율, 유전율 • 전극재료와 반응성	• Pb 함유 플릿 유리 • Zn 함유 플릿 유리
	반사층	• 저융점, 선팽창계수 • 반사율, 유전율 • 전극재료와 반응성	• Pb 함유 플릿 유리 • Al_2O_3티타니아 안료
	격벽재	• 저융점, 유전율	• Pb 함유 플릿 유리

연구문제 CHAPTER 6

1. 기체를 이온화하는 방법에 대하여 기술하시오.

2. 다음 기체를 이온화하는데, 필요한 광의 파장을 계산하시오. [원자: H, He, N, O, Ne, Ar]

(1) H :	(2) He :
(3) N :	(4) O :
(5) Ne :	(6) Ar :

3. 플라즈마(plasma)의 정의를 기술하시오.

4. 플라즈마의 생성과 방전에 관하여 기술하시오.

5. 다음은 플라즈마가 발생할 때 생기는 현상이다. 이들을 설명하시오.

이온화 전압	
충돌 단면적	
음이온	
열전자 방출	
재결합	

6. 구동 방식에 따른 PDP의 종류에 대하여 기술하시오.

구동 방식	형태	설명

7. PDP의 구동 방식에 관하여 기술하시오.

(1) DC PDP의 동작

(2) AC PDP의 동작

(3) ADS 방식의 동작

(4) AWD 방식의 동작

(5) ALiS 방식의 동작

(6) 기타 방식의 동작

8. PDP의 제조 공정을 기술하시오.

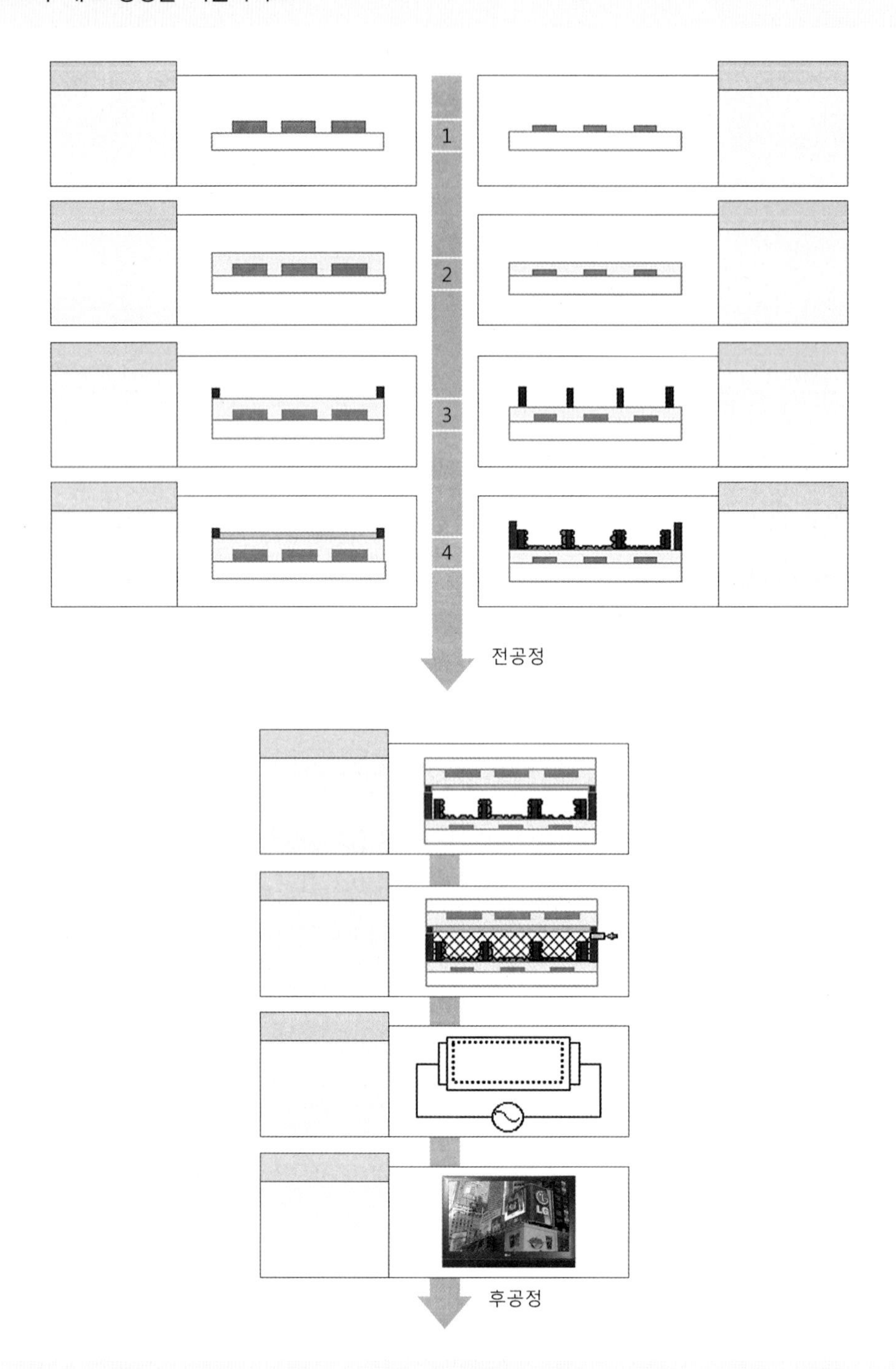

9. PDP의 특징을 기술하시오.

특징	설명

CHAPTER

7

전계방출 디스플레이 (Field Emission Display)

7.1 전계방출의 개요

전계방출 디스플레이FED, field emission display는 스스로 빛을 내는 자발광 디스플레이로서 전계의 방출 원리를 이용한 것이다. 이것은 오랫동안 디스플레이로 사용되어 온 음극선관CRT과 유사하게 동작하는 것으로 음극선관의 장점과 평판디스플레이의 특성을 동시에 갖고 있는 것이다.

7.1.1 전계방출 현상

전계방출電界放出, field emission은 1897년 Wood가 예리한 형상의 뾰족한 금속 팁tip으로 실험하여 발견한 현상으로 이때는 정확한 전계방출의 원리를 찾아내지 못하였는데, 1928년 Fowler와 Nordheim에 의하여 전자의 방출 원리가 이론적으로 정립하게 되고, 그 후 많은 연구가 진행되면서 양자역학적 터널링 효과tunneling effect 이론으로 전계방출의 특성이 규명되었다.

전계방출은 고체에 강한 전압을 공급하면 강전계가 형성되는데, 이때 강전계가 형성된 고체 표면에 있던 전자들이 터널링 현상에 의하여 고체의 에너지 장벽을 뚫고 진공상태로 방출하는 것이다. 그림 7-1(a)에서는 강한 전계의 힘으로 음극에서 전자가 방출되는 현상을 나타내고, 그림 (b)에서는 이를 에너지 장벽의 개념으로 나타내었다. 전계의 힘에 의해서 금속 표면에서 전자를 끌어내는 것이 방출현상이며, 양극 전압의 상승에 따라서 조금씩 양극 전류가 증가한다. 상온에서도 강한 전계를 인가하면 음극에서 전자 방출이 일어나게 된다. 이것은 **냉음극 방출** 또는 냉전자 방출이라고 한다.

7.1.2 전계방출의 원리

전계방출은 진공 내에 있는 금속 표면에 0.5 V/Å의 전계가 인가되면 이 전계의 힘이 금속

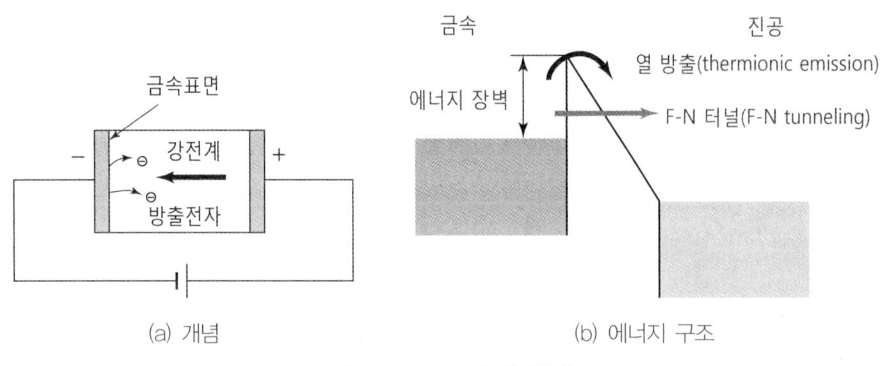

(a) 개념 (b) 에너지 구조

그림 7-1 금속의 전자방출

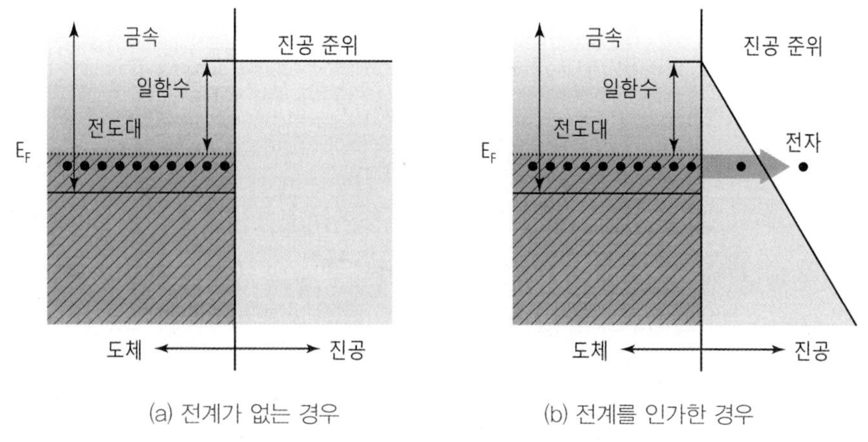

(a) 전계가 없는 경우 (b) 전계를 인가한 경우

그림 7-2 양자역학적 터널링 현상

표면의 전위장벽을 얇게 하여 전자들이 양자역학적 터널링tunneling 작용으로 진공 속으로 방출되는 현상이다. 보통 고체의 표면에서 진공으로 전자가 방출되는 현상은 **열전자 방출**熱電子, thermal electron emission, **광전자 방출**光電子, photo electron emission, **냉전자 방출**冷電子, cold electron emission 등으로 구분한다.

그림 7-2에서는 금속-진공 사이에 전계를 인가한 경우, 진공 속으로 전자가 방출되는 현상을 보여주고 있다.

그림 (a)에서는 금속-진공 사이에 전계를 인가하지 않은 상태로 금속의 **일함수**work function에 해당하는 에너지 장벽 때문에 전자가 진공으로 방출되지 못한다. 여기서 일함수란 금속의 표면에 있는 전자가 진공 준위까지 올라가는 데 필요한 에너지를 의미한다. 이제 그림 (b)와 같이 전계를 인가하면 에너지 장벽이 휘어져 얇아지면서 금속 표면에 있던 전자가 에너지 장벽을 뚫고 진공 속으로 방출하는 것이다. 전계의 세기가 커지면 에너지 장벽도 더욱 얇아져 터널링 전자는 더 많아지므로 전자의 방출 효과가 높아지게 된다.

이러한 전계방출의 현상은 F-Nfowler-nordheim 방정식으로 나타낼 수 있는데, 식 (7-1)로 표현하고 있다. 전계방출의 변수는 일함수와 전계의 세기에 의하여 방출의 효과를 얻을 수 있다.

$$J = \frac{e^3 E^2}{8\pi h \phi t^2(y)} \exp\left(\frac{8\pi (2m)^{1/2} \phi^{3/2}}{2heE} v(y)\right) \tag{7-1}$$

여기서, $y = \frac{(e^3 E)^{1/2}}{\phi} = \frac{3.79 \times 10^{-4} E^{1/2}}{\phi}$

J: 단위면적당 전류 [A/cm^2]

E: 전계 [V/cm]

ϕ: 일함수 [eV]

e: 전자의 전하량 [C]

h: Plank 상수

$v(y)$와 $t(y)$: Nordheim elliptic 함수

이 식에서 전계를 최대로 하고, 금속의 일함수가 작은 재료를 선택하고, 그 구조를 효과적으로 설계하면 방출전류를 크게 할 수 있어서 방출 효과를 높일 수 있다. 즉, 방출 금속의 높이와 팁tip의 반지름을 감소시키고, 끝을 뾰족하고 예리하게 만들면 낮은 전압에서도 높은 전계가 작용하여 방출 전류를 증가시킬 수 있다. 표 7-1에서는 재료의 종류에 따른 일함수를 나타내었다.

표 7-1 재료의 일함수

재료	일함수[eV]	녹는점[℃]	재료	일함수[eV]	녹는점[℃]
Ag	4.7	961	Nd	3.3	-
Al	3.0	660	Ni	5.0	1455
Au	4.8	1063	Pb	4.9	327
Ba	2.5	850	Pt	6.0	1774
Bi	4.1	271	Rb	1.8	39
C	4.7	>3500	Sr	2.1	800
Ca	3.2	810	Ta	4.1	2850
Cd	4.1	321	Ti	4.1	-
Cs	1.8	29	Th	3.4	1845
Cu	4.1	1083	W	4.5	3370
Fe	4.7	1535	Zn	3.3	420
Hf	3.6	-	Zr	4.1	1900
Hg	4.5	-39	LaB_6	2.7	
Ir	5.4	-	NdB_6	4.6	
K	1.8	62	TaB	2.9	
La	3.3	-	TaC	3.1	
Li	2.2	186	ThO_2	2.6	
Mg	2.4	651	TiC	3.4	
Mo	4.3	2620	ZrB	4.5	
Na	1.9	98			

7.2 FED의 구조와 동작

7.2.1 FED의 기본 구조

전계방출을 좀 더 쉽게 이루어지도록 하기 위하여 고체의 음극을 예리하고 뾰족한 팁tip모양으로 만들어 전자의 방출을 용이하게 한다. 이 원리를 이용한 **전계방출 디스플레이**FED, field emission display는 하나의 화소당 방출 소자는 수백 개에서 수만 개로 구성되며, 소자의 개수가 많을수록 우수한 색감을 표시할 수 있다. FED의 성능에서 중요한 역할을 하는 전계방출 소자가 갖추어야 할 조건은 다음과 같다.

1. 방출체의 전자 방출 영역이 균일하게 분포하고 1μm이하의 정확도로 제조되어야 하며, 소자가 동작하는 동안 특성이 변하지 않는 등 방출 영역의 균일도와 안정성이 우수해야 한다.
2. 방출체의 구동전압이 가능한 낮아야 한다. 이렇게 하려면 일함수가 낮은 재료를 사용하고, 전극과 방출체의 간격을 줄이는 것이 필요하다.
3. 주어진 방출 영역 내에서 소자의 우수한 동작이 되도록 고밀도 전류 방출이 필요하다.
4. 진공 속에서 전자가 방출하면 많은 충돌이 발생하게 되는데, 이것을 견딜 수 있는 재료의 내구성이 우수해야 한다.
5. 각 방출 소자의 방출 전류가 균일하고, 재현성이 우수해야 수명이 길어진다.
6. 공정의 수를 줄여 제조비용을 낮추어 소자의 수율을 높이고, 생산성 향상으로 제품의 가격을 낮추는 것이 필요하다.

작은 진공의 공간을 사이에 두고 위쪽은 형광체로 도포된 양극판이고, 아래쪽은 **게이트**gate를 구성하고 있는 음극판이다. 음극판에는 행行, row전극과 열列, column전극이 있어 이들을 통하여 전계방출배열FEA, field emission array이 구동되어 게이트에 전압이 인가되는 동안 전자가 방출되고, 방출된 전자는 양극전압에 의하여 가속되어 양극의 형광체를 충돌하여 빛을 내는 구조이다. 하나의 화소에 R·G·B의 형광물질을 사용하면 컬러 디스플레이도 가능하다. 그림 8-3에서는 FED의 기본 구조를 보여주고 있다.

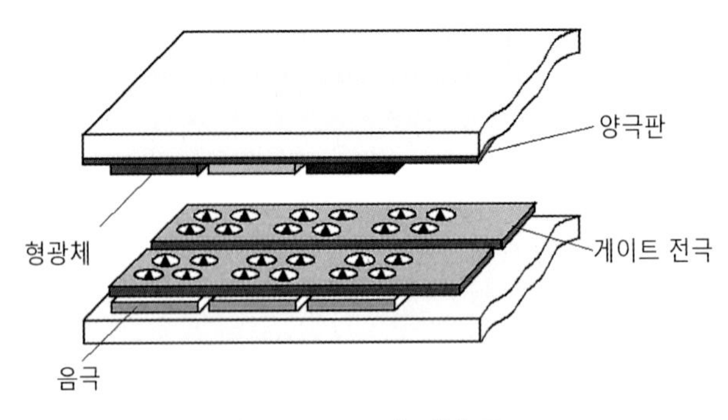

그림 7-3 FED의 기본 구조

7.2.2 FED의 기본 동작

전계방출 디스플레이의 주요 구성 요소는 전계방출 소자인 전계방출망FEA, 양극anode, 색color 형광판, 공간기둥spacer, 게이트gate, 진공공간 틀vacuum packaging, 구동회로 등이다. 그림 7-4에서는 전계방출 디스플레이의 단면 구조를 보여주고 있는데, 윗면(앞면)은 컬러 형광체가 부착된 양극판, 아랫면(뒷면)은 방출체인 미세 팁tip망을 포함한 음극판이 있으며, 윗면과 아랫면을 지탱하는 공간 기둥spacer으로 구성되어 있다.

그림 7-5에서는 FED의 방출체에서 전자가 방출되고 있는 단면 구조를 보여주고 있는데, 양극판에는 형광체가 도포되어 있고, 음극판에는 방출체의 배열이 있고, 양극판과 음극판 사이에 아주 얇은 진공이 있어서 음극의 미세 팁에서 방출된 전자가 진공의 공간을 거쳐 형광체를 충돌하여 발광하는 것이다. 그림 (a)는 제1세대의 방출체인 미세 팁micro tip을 사용한 FED의 단

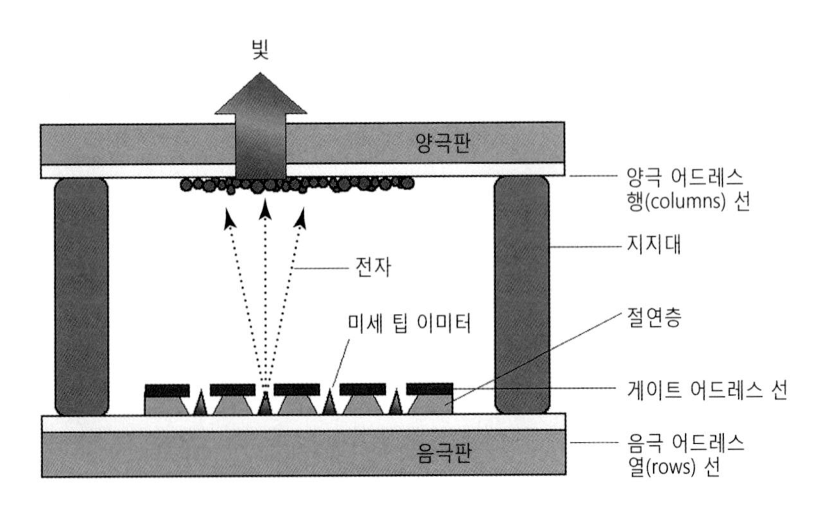

그림 7-4 FED의 기본 구조

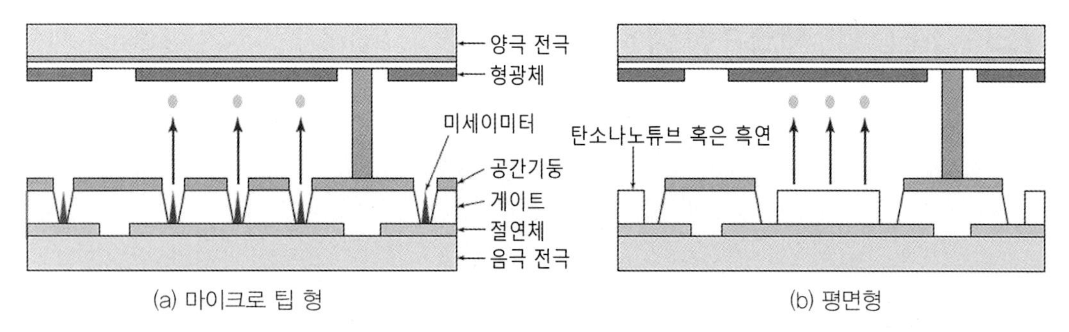

그림 7-5 전계 방출체의 단면 구조

면, 그림 (b)는 방출체가 평면형을 갖는 제2세대 FED의 단면 구조를 보여주고 있다.

그림 7-6에서는 전계방출 디스플레이가 동작하는 상황의 단면을 보여주고 있다. 윗면(앞면)과 아랫면(뒷면) 사이의 거리는 보통 2.0~2.5 mm 정도이며, 양극판은 컬러 형광체가 도포된 투명 전극으로 구성된다. 음극판은 두께가 $0.5\mu m$ 이하의 금속 박막에 $1\mu m$ 정도의 절연 박막으로 구성된다.

전계방출체인 미세 팁에 전계를 공급하면 이 전계의 힘으로 방출체의 표면에서 터널링 현상에 의해 진공으로 전자가 방출한다. 방출한 전자들은 (+)전압이 공급된 양극판으로 가속되어 양극판의 컬러 형광체와 충돌하여 빛을 만들게 된다.

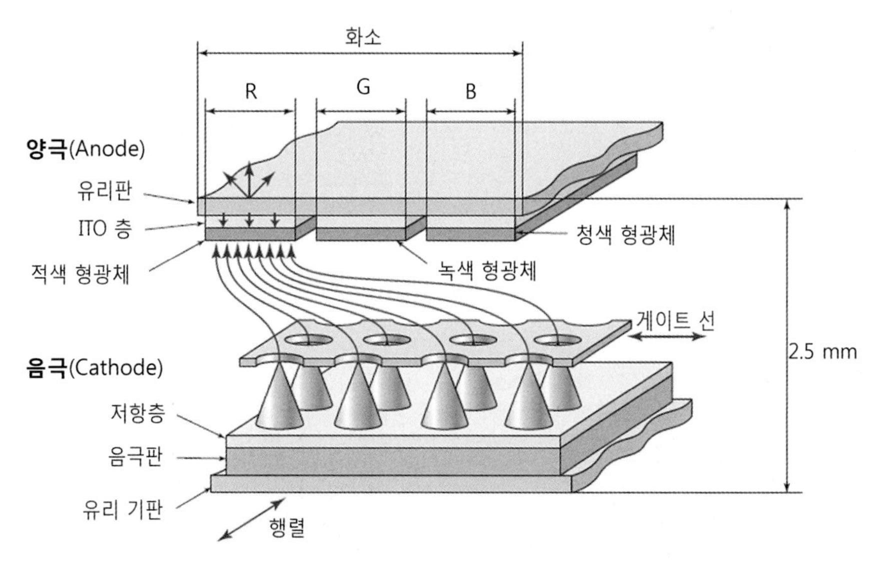

그림 7-6 FED의 동작

7.3 FED의 제조 공정

일반적으로 전계방출체인 미세 팁tip은 원추형으로 제작하고 있다. 재료에 따라 금속형과 실리콘형으로 구분할 수 있는데, 그 제조 공정을 살펴보자.

7.3.1 금속 팁

금속을 이용한 미세 팁의 제조는 미국의 Spindt가 처음 고안하고 제작하여 이를 Spindt 공정이라 부르고 있다. 그림 7-7에서는 이 공정의 주요 단면을 보여주고 있는데, 유리 또는 실리콘 기판 위에 음극용으로 사용할 얇은 금속막을 증착하여 음극판을 형성한다. 절연막과 게이트 전극을 형성하기 위하여 산화막을 성장한 후, 그 위에 게이트 재료의 금속을 증착한다. 그리고 반도체 공정의 광 사진식각 공정을 이용하여 미세 팁이 들어갈 홀 패턴을 가공한다. 홀 내부에 방출체가 형성되도록 회전하면서 미세 팁의 재료인 몰리브덴Mo을 증착한다.

원추형 팁의 성능을 결정하는 요소는 팁의 높이와 반지름이다. 우수한 팁을 만들기 위하여 이 재료가 가져야 할 특성은 다음과 같다.

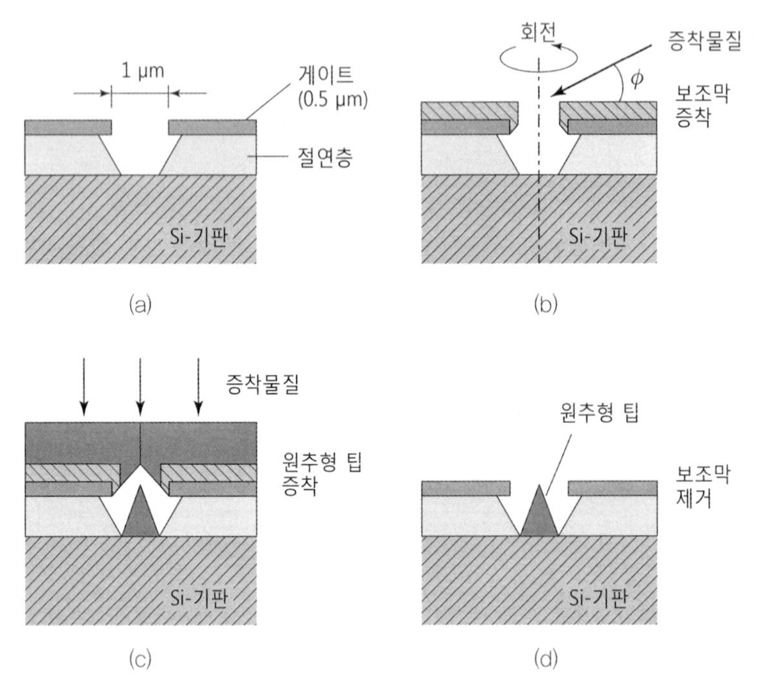

그림 7-7 금속 팁의 주요 제조 공정

1. 증기압이 낮고 용융점(녹는점)이 충분히 높아야 한다.
2. 전자를 용이하게 방출하기 위하여 재료의 일함수가 낮아야 한다.
3. 여러 박막이 접착되어 구성되므로 층과 층의 계면 특성이 우수하여 접착력이 좋아야 한다.
4. 전계 또는 열에 견딜 수 있는 물리적 특성이 우수해야 한다.
5. 각종 박막이 진공 중에 이루어지므로 진공 증착에 용이한 특성을 갖고 있어야 한다.

7.3.2 실리콘 팁의 제조 공정

최근 전계방출 소자의 재료로 실리콘을 사용하고 있다. 이때 많이 이용하는 제조 방법으로 반도체 소자를 제조할 때 사용하는 방법인 들어 올려 떼어내는 리프트-오프 공정lift-off process과 LOCOSlocal oxidation of silicon가 있다. 그림 7-8에서는 리프트-오프 방식의 주요 공정을 설명하고 있다.

공정의 순서대로 살펴보면, 우선 실리콘 기판을 준비하고 그 위에 산화막을 형성한 후, 팁이 형성될 영역을 패턴화한다. 식각 공정을 이용하여 실리콘 팁의 기본 형태를 갖추고, 열산화 공정을 통하여 팁의 위쪽 부분을 예리하게 만든다. 그 다음 게이트 절연층과 전극용 금속 박막을 증착한 후, 분리층을 없애면 원추형 실리콘 팁을 얻을 수 있다.

7.3.3 공간 지지대

FED 시스템에서 중요한 요소로 공간 지지대가 있다. 이것은 앞면과 뒷면 사이의 간격을 일정하게 유지시켜 주는 부품이다. 이 공간 지지대는 외부 압력이 1기압이고, 내부의 압력이

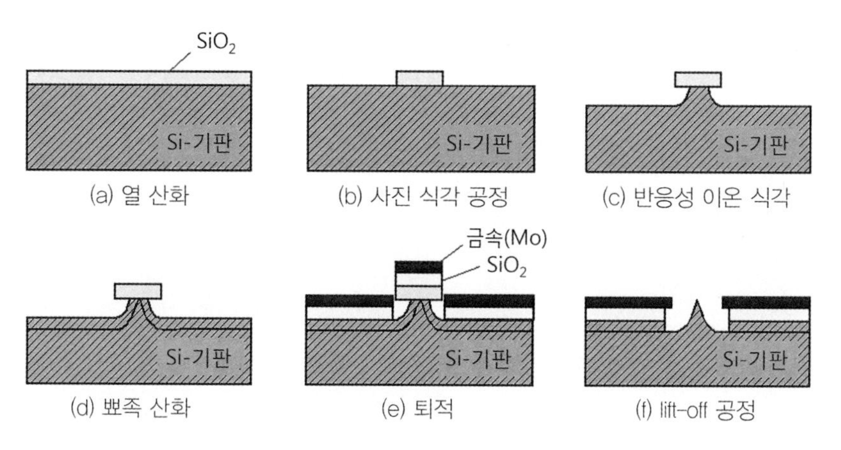

그림 7-8 실리콘 팁의 주요 제조 공정

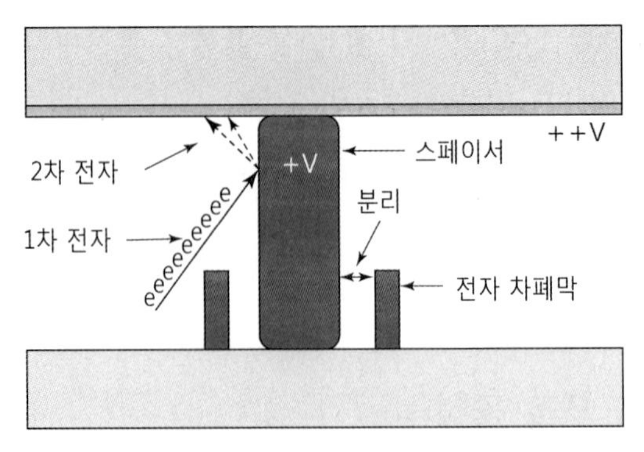

그림 7-9 **공간 지지대의 기본 구조**

10^{-6} torr의 내부 압력을 지탱하고 있는 얇고 가벼운 앞·뒷면의 판을 지지하여 깨지거나 휘지 않도록 일정한 간격을 유지시켜야 하는 기능을 하고 있다. 공간 지지대에 요구되는 것은 기계적 강도가 높고, 아주 작은 크기로 제작이 가능하며, 높은 진공에서 사용 가능한 절연 특성을 갖는 재료가 좋다. 그림 7-9에서는 공간 지지대의 구조를 보여주고 있다.

7.3.4 형광체

FED에서 짧은 거리의 이온의 집속集束의 경우, 짧은 공간 지지대가 필요하여 낮은 전압에서 동작시켜야 한다. 이러면 양극에 도달하는 전자의 에너지는 낮아지게 된다. 이러한 낮은 에너지의 전자를 이용하는 형광체는 낮은 전압에 대한 효율과 높은 전류에 의한 안정도가 높아야 한다. 표 7-2에서는 형광체 재료의 종류와 효율을 나타내었다.

표 7-2 **형광체 재료의 효율**

재료	효율(%)	발광색	전압(V)
ZnO	16.0	청-녹색	32
Y_2O_3: Eu	9.0	적색	5,000
Gd_2O_2S: Tb	7.9	녹색	500
La_2O_2S: Tb	5.2	녹색	300
ZnS: Ag, Al	4.0	청색	5,000
Y_2O_2S: Eu	3.5	적색	500

7.3.5 미세 팁 망의 제조 공정

전계방출체인 미세 팁의 배열 판을 포함하여 전계방출 디스플레이의 윗면(앞면)과 아랫면(뒷면)의 제조 공정을 그림 7-10에서 나타내었다. 이는 뒷면과 앞면의 구성요소가 다르기 때문에 제조 공정상 병렬로 진행하면서 어느 공정 순서에서 서로 합착하는 방식으로 제조한다.

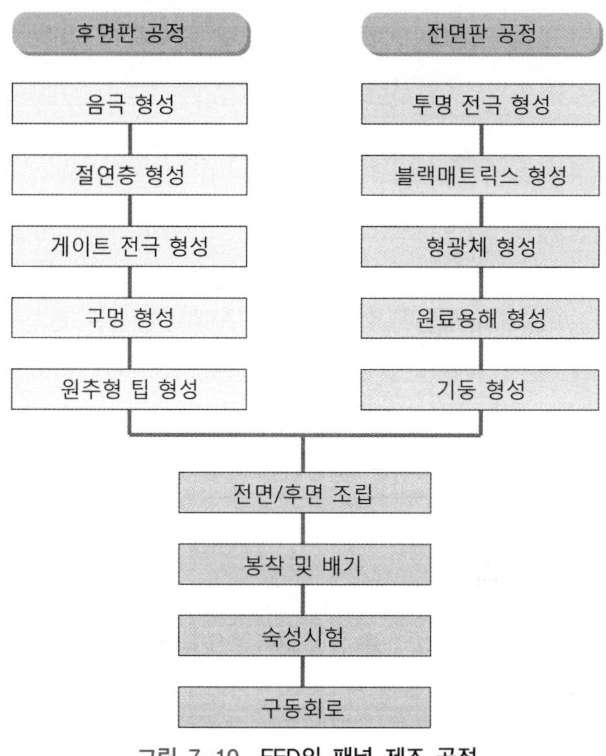

그림 7-10 FED의 패널 제조 공정

7.4 FED의 구동 시스템

7.4.1 FED의 기본 시스템

기본적인 구성 요소로는 음극cathode판, FEAfield emission array패널, 양극anode판, 구동회로가 있다. FED 패널은 수만 개의 전계방출체가 배열되어 하나의 표시 단위인 화소를 형성하고, 이 화소가 2차원적으로 배열한 구조이다. 이 구조를 그림 7-3에서 나타낸 바 있다. FED 시스템의 효율을 증대하기 위해서는 개별 방출체의 균일성과 방출전류의 감소를 통한 안정성을 확보하

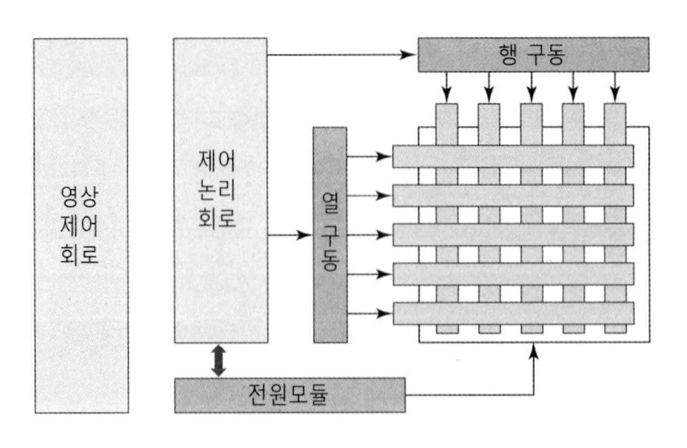

그림 7-11 FED 시스템의 기본 구성

는 것이다.

양극판에서는 수백~수천 V의 전압이 인가되어 FEA에서 방출된 전자를 가속하여 끌어들이는 기능인데, 가속된 전자는 양극판의 형광체와 충돌하여 발광하게 되며, 발광된 빛은 투명 전극인 ITO를 통하여 화면으로 표시하게 된다. 그림 7-11에서 FED 시스템의 기본적인 구성도를 보여주고 있다.

7.4.2 FED의 구동 방법

FED의 구동은 방출 팁 주위에 일정 이상의 전계가 인가될 때에 전자가 방출된다. 이를 위하여 게이트와 음극을 서로 교차하여 연결하고 발광하고자 하는 화소에만 문턱전압 이상의 전압을 인가하여 전자를 방출하는 것이다. 각각의 화소를 구동할 수 있도록 게이트 선과 음극선을 직교하도록 배치하고 높은 진공도를 유지하도록 되어 있다.

화소에 연결된 선에 어떤 신호를 인가하면 교차하는 위치에 있는 화소를 개별적으로 선택하여 구동할 수 있는데, 이를 x-y구동법이라 한다. n×m개의 화소로 화면을 구성하는 경우, n개의 전극을 수직방향, m개의 전극을 수평하게 구성한다.

FED의 구동 방식에는 능동행렬AM, active matrix과 수동행렬PM, passive matrix 방식이 있는데, 능동행렬 방식은 다시 펄스진폭변조PAM, pulse amplitude modulation의 전압원 구동 방식과 펄스폭변조PWM, pulse width modulation의 전류원 구동 방식으로 나눈다.

펄스진폭변조는 신호에 비례하는 빛이 방출되도록 하는 것인데, 신호에 비례하는 방출 전류의 제어가 어렵고, 화소마다 방출 전류가 균일하지 않아 휘도 표현에 다소 문제가 있는 방식이다. 한편, **펄스폭변조**는 충분히 짧은 일정한 주기 내에서 일정하게 빛을 방출할 수 있는 시간의

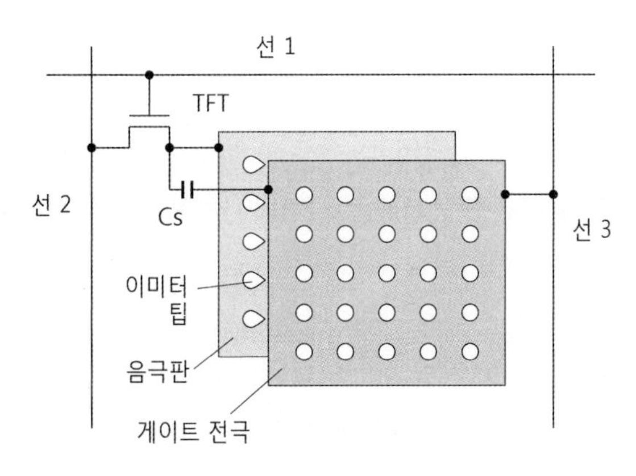

그림 7-12 PAM 전압원 구동 방법

비율을 조절하여 필요한 휘도의 단계를 표현하는 방식으로 개별 화소의 방출 특성에 관계없이 정밀하게 휘도를 얻을 수 있으므로 FED의 구동 방식으로 널리 사용되고 있다.

전압원 구동 방식은 음극과 게이트 전극 사이에 일정 이상의 전압을 인가하여 전계효과電界效果, field effect에 의한 방출전자를 이용하는 것으로 구성이 간단하나, 비선형적으로 증가하는 전류-전압 특성으로 미세한 입력전압의 변화에도 큰 전류가 흘러서 화소 사이의 불균일성이 나타나고, 잡음이 증폭되는 단점을 갖고 있다. **전류 구동 방식**은 음극에서 발생하는 전류가 양극에서 생기는 전류와 거의 같고, 방출광은 양극전류에 비례하여 방출되는 방식이다.

그림 7-12에서는 PAM 전압원 구동 방식의 예를 보여주고 있는데, 게이트 전극, 음극판, 화

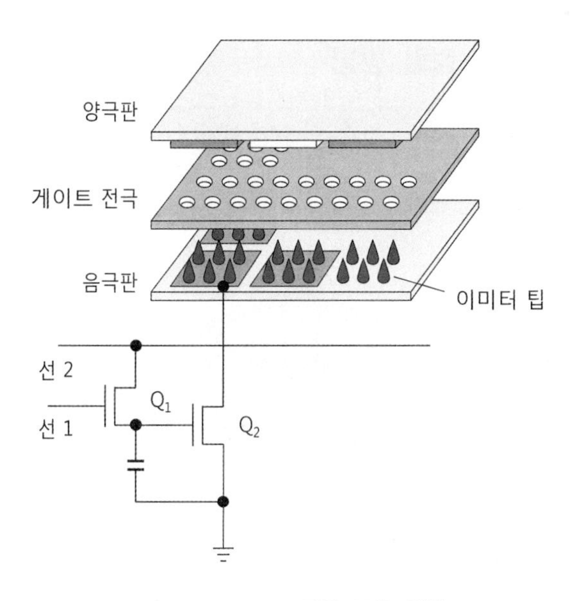

그림 7-13 PAM 전류 구동 방식

소의 저장 커패시터$_{Cs}$, nMOS형 박막트랜지스터$_{TFT}$ 등으로 구성되어 있다. 게이트 선인 선 1은 TFT의 게이트 단자에 연결되어 어드레스를 위한 스캔$_{scan}$파형을 인가하고, 데이터 선인 선 2는 각 화소에 표시되는 데이터가 입력되고, 선 3은 공통단자 역할을 하여 선 2로부터 입력되는 전압의 크기에 의해 커패시터 양단 사이의 전압을 결정하여 음극판과 게이트 전극판 사이의 전압 차이만큼의 에너지로 전자를 방출하도록 하는 것이다.

한편, 그림 7-13에서는 PAM 전류원 구동 방식을 보여주고 있는데, 각 화소에는 두 개의 TFT와 한 개의 저장 커패시터$_{Cs}$가 연결되어 있다. 선 1에는 어드레스를 위한 스캔 파형이 인가되고, 선 2는 데이터가 입력되어 커패시터에 저장된다. 커패시터 양단에 걸리는 전압에 따라 Q_2 TFT에서 전류가 제어되어 각 화소에의 방출되는 전류의 양이 결정된다. 각 화소 사이에 Q_2 TFT의 전류-전압의 특성이 균일해야 우수한 방출 특성을 얻을 수 있다.

7.5 FED의 컬러 구현

FED의 화상을 컬러화하기 위해서는 세 가지의 색 이상의 형광체가 있어야 하고 이를 신호에 따라 적절하게 구동할 수 있는 시스템이 필요하다. 이를 구현할 수 있는 방법으로 근접 집속 화소 정렬, 양극 절환, 화소와 형광막의 복합 절환 방식으로 구분하고 있다.

7.5.1 근접 집속 화소 정렬 방법

이 방법은 화면의 컬러를 구형하는 가장 단순한 방법으로 여러 개의 화소를 기본 단위로 하

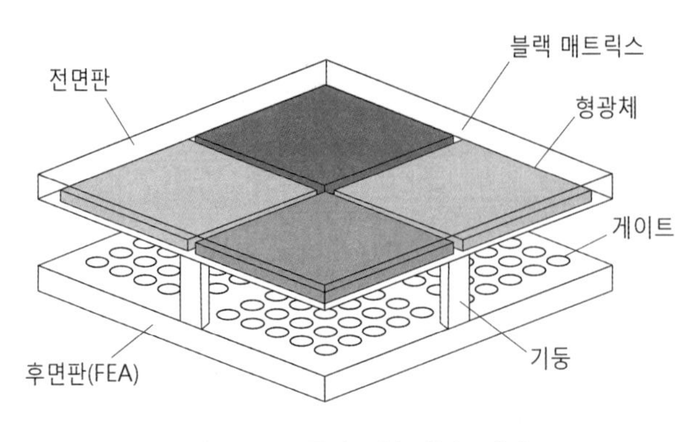

그림 7-14 근접 집속 화소 정렬

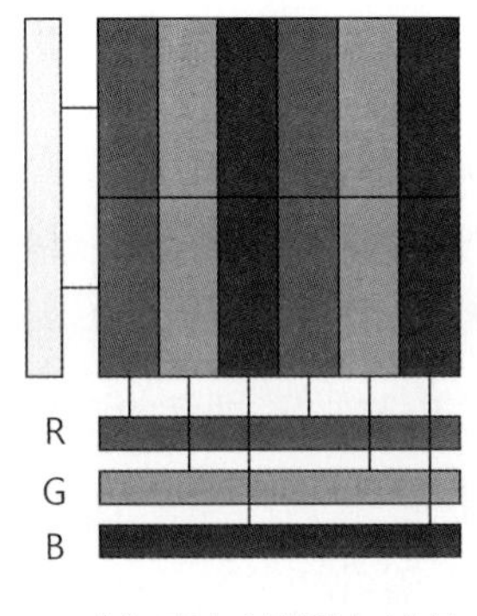

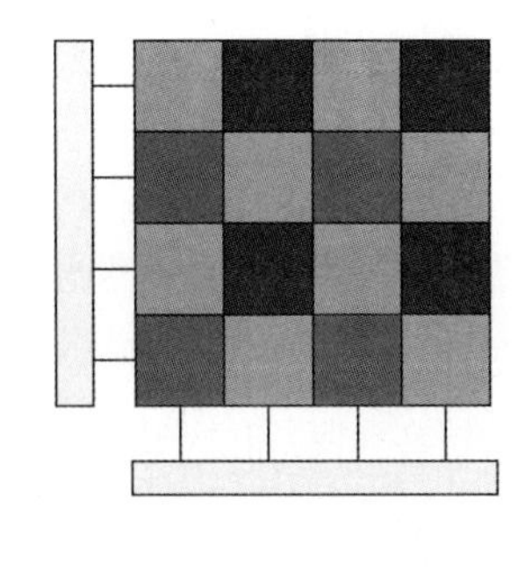

(a) 기본 삼색화소 방식　　　　(b) 4:2:2 방식

그림 7-15　화소 배치 방법

여 각 화소마다 필요한 색상의 형광체를 양극에 배치하여 컬러를 구현하는 것이다. 그림 7-14에서는 근접 집속 정렬 방법을 나타낸 것인데, 사각형의 단위화소 4개를 하나의 기본으로 하여 사각형 화소를 형성한다. R·G·B 세 개의 색 중에서 녹색이 휘도에 가장 많은 영향을 끼치기 때문에 녹색을 적색이나 청색보다 많이 배치하여 해상도를 높이는 R·G·B의 비율을 4:2:2로 하는 것이 일반적이다.

이와는 다르게 하나의 4각형을 수직 혹은 수평으로 삼등분하는 형태의 화소를 만들어 세 가지 색상을 대응시키는 방법은 각 화소마다 제한 없이 원색을 표시할 수 있으나, 화소의 밀도를 증가시켜야 한다. 그림 7-15(a)에서 보여주고 있는 바와 같이 R·G·B 화소를 삼등분하여 사용하되, 청색의 표시 성능이 떨어지기 때문에 청색의 영역을 더 넓게 하여 배치하는 방법을 사용하기도 한다.

7.5.2 양극 절환 방법

이것은 하나의 전계방출체 배열FEA에 세 가지 R·G·B 화소의 형광막을 대응시키고, 틀frame마다 형광막을 다르게 활성화하는 방법인데, 각 틀마다 형광막에 접속한 전극에 다른 전압을 인가하여 형광막을 선택하여 표시하는 방식이다.

이는 frame 주파수를 60 Hz로 유지하면 하나의 완전한 화면을 위하여 세 가지의 frame, 즉 1/20 sec마다 화면이 갱신되므로 화면 깜빡거리는 불규칙 잡음flicker noise이 발생하게 되는데, 이를 방지하기 위하여 화면을 위와 아래에 두 개로 나누고 동시에 주사注射, scan하는 이중 주사 방식을 채택하거나, frame 주파수를 증대하여야 한다. 그림 7-16에서는 양극 절환 방법을 이용한 FED의 구성도를 보여주고 있다.

7.5.3 복합 절환 방법

이 방식은 두 개의 frame을 나누어 형광막을 한 줄 건너서 높은 전압을 인가하고, 화소 게이트도 하나 건너서 활성화시켜 화소와 형광막 영역에서 동시에 평판형 집속 전극의 효과를 얻어 혼색을 방지할 수 있는 장점이 있다. 그림 7-16에서 컬러 FED를 구현하기 위한 화소와 형광막의 복합 절환 방법을 나타내고 있다. 형광막의 전극이 두 개로 엇갈려 연결되어 있고, 게이트 전극이 각 수평으로 두 줄씩 배치되어 하나씩 건너서 화소와 연결하고 있다.

지금까지 살펴본 FED의 특징을 살펴보면, 다음과 같다.

1. 두께가 수 mm 정도로 얇고, 화면의 평탄성이 우수한 특징을 가지며 음극선관에 버금가는 자체 발광의 진공관식 디스플레이이다.
2. 시야각이 180°이상으로 넓다.
3. 자체 발광의 디스플레이로서 LCD와 같이 후면광 시스템BLU이 필요 없다.
4. 소비전력이 비교적 적고, 진공관 식이므로 자연의 색감 표현이 우수하다.
5. 가볍고 얇으며 고성능의 제품 제작이 용이하다.
6. 응답시간이 수 μs로 짧아 고속 응답의 특징이 있다.
7. 동작 온도 범위가 비교적 넓고, 환경의 적응 능력이 우수하다.

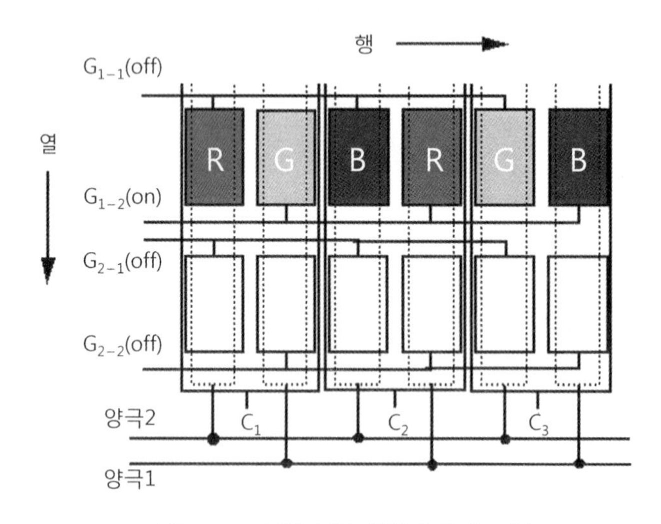

그림 7-16 복합 절환 방식의 컬러 구현

1. 전계방출 이론을 그림을 그려 기술하시오.

[전계방출이란 진공 내에 있는 금속 표면에 0.5 V/Å 이상의 전계를 인가하면 금속 표면의 전위 장벽이 얇아지면서 금속 내의 전자들이 양자역학적 터널링 작용에 의하여 진공 내로 방출되는 현상을 말한다.]

2. 열전자와 광전자 방출에 관하여 기술하시오.

3. FED의 기본 구조를 그리고 동작을 기술하시오.

4. FED의 핵심 구성요소를 기술하시오.

구성요소	기능 설명

5. FED의 기본 구성요소인 금속 에미터팁의 제조 공정을 기술하시오.

공정 그림	설명

6. 실리콘 에미터팁의 제조 공정을 기술하시오. [lift-off 공정]

공정 그림	설명

7. 실리콘 에미터팁의 제조 공정을 기술하시오. [LOCOS 공정]

공정 그림	설명

8. FED 패널의 전체 제조 공정을 기술하시오.

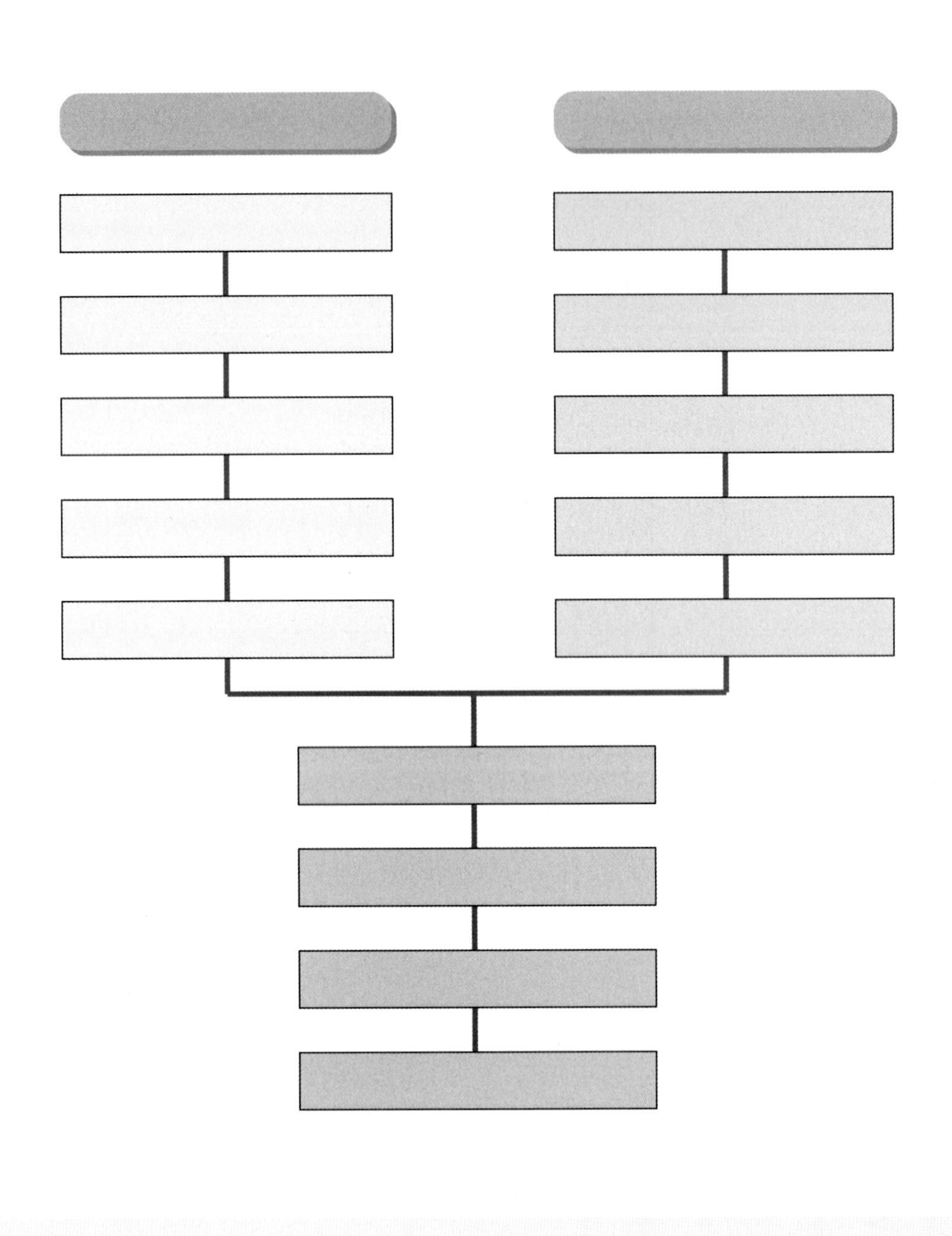

9. FED의 특징에 관하여 기술하시오.

CHAPTER 8 기타 디스플레이

Fundamental of Information Display Engineering

8.1 3차원 디스플레이

우리가 실제 눈으로 얻고 있는 정보는 3차원의 입체 영상이다. 일상적으로 늘 보고 있는 자연의 형상을 직접 느끼고 싶어 하는 것은 인간의 소망이었다. 이러한 인간의 소망은 보다 많은 정보, 즉 눈으로 보고 귀로 듣는 정보가 아닌 입체감과 현장감 있는 정보일 것이다. 이러한 욕구에 의하여 3D TV 등을 중심으로 차세대 방송 시스템의 연구 개발이 활발하게 진행되고 있다.

4차 산업혁명의 근간인 반도체 메모리, 빅 데이터big data, IoT 등과 정보통신의 고속화, 대용량화, 지능화, 입체화를 통하여 현장감 있는 정보 통신 서비스의 시대가 도래하고 있어서 3차원3D, three dimension 영상 기술의 중요성이 커지고 있다. 이 기술은 방송 및 멀티미디어 기술의 발전과 함께 차세대의 높은 부가가치의 영상 산업을 활성화할 수 있는 첨단 기술 중의 하나로서 선진국을 중심으로 실용화 기술 개발을 진행하고 있다. 따라서 3차원 영상기술은 기존의 2차원의 기술과는 다르게 인간이 보고 느끼는 실제 세계의 영상과 거의 흡사한 시각 정보의 질적인 수준을 한 차원 높이는 것으로 차세대 디지털 영상 문화를 주도하게 될 것이다.

8.1.1 3D 디스플레이의 원리

3차원 영상 기술은 2차원적인 평면 정보와는 다르게 깊이와 공간 정보를 동시에 얻을 수 있으므로 현장감 있는 영상을 확보할 수 있는 특징을 갖는다. 이미 경험한 학습 환경을 인간의 양안兩眼이 인식하여 뇌에서 정리하는 과정에서 종합되는 공간 개념의 영상이다.

인간의 눈을 통하여 현실에서 입체감을 느끼게 되는 현상은 바로 **양안시차**兩眼視差, binocular disparity 때문이다. 자연계의 사물을 볼 때, 왼쪽의 눈으로 보는 영상과 오른쪽으로 보는 영상은 두 눈 사이의 간격에 상당하는 수평적인 위치의 차이를 갖게 되는데, 이 차이로 인하여 두 눈으로 보는 실제의 영상과 동일한 영상을 두 눈에 입력할 때 입체적으로 보이는 것이다.

인간에게는 눈의 회전각, 눈의 초점 조절, 인간과 물체의 상대적인 운동에 의한 변화, 원근법이나 음영 등의 심리적 요인에 의하여 3차원 공간을 인지하게 된다. 인간의 눈은 양안의 형태로 태어나는데, 이 양안의 시각 시스템은 검은색 등의 동공이 있고, 이들은 통로를 통하여 시각 피질에서 측면 골절체로 신경섬유를 통해 연결되어 있다.

그림 8-1에서는 인간의 시각 시스템을 보여주고 있다. 광 신경세포의 섬유는 시신경 교차점에서 분리되어 서로 반대편으로 교차하게 된다. 우측 눈의 동공에서 나온 섬유는 뇌 밑에 있는 좌측 측면 골절체를 지나가고, 좌측 동공에서 나온 섬유는 뇌 밑의 우측 측면 골절체를 지나가

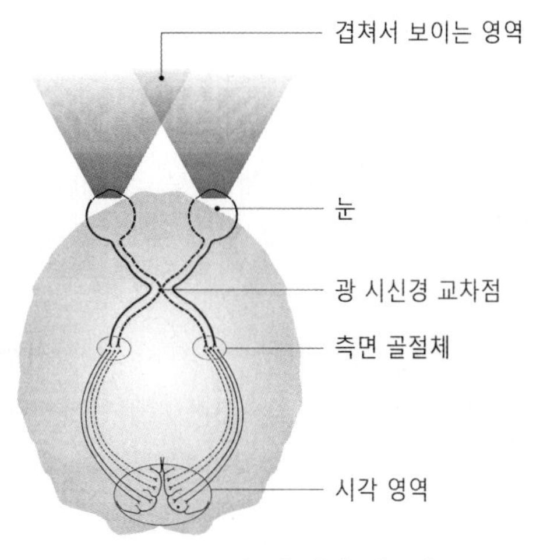

그림 8-1 눈의 시각 시스템

는데, 이때 정보처리가 이루어진다.

두 개의 각 골절체에서 발생한 시각정보는 대뇌피질에 있는 시각 영역에 도달한다. 외부 물체에서 반사된 빛이 눈으로 들어오면 각막과 동공 렌즈를 통하여 초점이 맺히게 된다.

이러한 3차원 영상의 개발이 완성된다면 인터넷, TV 등의 멀티미디어 서비스의 사용자는 보다 복합적인 기능에 쉽게 접근할 수 있을 것이며, 컴퓨터 게임, 애니메이션, 의료, 교육훈련, 가상현실, CAD 등에서 입체감 있는 영상의 제공으로 산업의 활성화를 기대할 수 있다.

3D 기술은 이미 Expo전시관, IMAX 영화관 등에서 경험할 수 있는데, 입체감은 두 눈에 투영되는 물체의 왼쪽과 오른쪽 영상의 차이에 의해서 나타나며, 두뇌에서 합성하는 과정을 통하여 3차원의 영상을 느끼게 되는 것이다. 보통 양안의 길이는 65 mm의 간격으로 떨어져 있어서 약간의 다른 두 방향으로 영상을 보게 되어 양안 시차가 발생하는 것이다.

현재 많이 사용하고 있는 LCD, OELD 등 평판디스플레이는 화면에 2차원 영상을 표시하므로 물체의 전·후·좌·우의 영상정보를 얻기가 어렵다. 그러나 3D 영상 기술은 여러 방향의 정보를 동시에 표시할 수 있으므로 물체의 깊이와 함께 공간 정보를 얻을 수 있어서 실제 현장에 있는 것과 같은 가상적인 현실성의 실현이 가능한 것이다.

인간이 현실 세계에서 느끼는 것과 같은 현실성을 구현하기 위해서는 실제 현장에 와있는 느낌을 받는 **임장감**臨場感, presence을 극대화할 수 있어야 하며, 임장감의 극대화는 결국 인간생활의 3차원 공간에 기인한 입체적인 디스플레이를 의미한다. 여기서 임장감이란 화상에서 표시한 공간과 인간이 위치한 공간이 마치 동일한 공간으로 느끼는 상태를 말한다.

8.1.2 3D 디스플레이의 역사

1838년 영국 과학자 찰스 휘트스톤Charles Wheatstone이 지금까지 관찰되지 않은 양안시차의 현상에 관한 논문에서 입체경 모델을 통해 3D 입체영상은 언제나 이미지의 역사 속에 포함되어 있다고 하였다. 유클리드, 아르키메데스, 다빈치 등 고대 학자들도 양안시차로 입체감을 느끼는 것이 가능하다는 사실을 인지하였으나, 이것에 대한 근거를 제시하지 못하였는데, 휘트스톤이 입체 거울을 통해 입체감을 느끼는 것에 대하여 명확하게 정의하였다. 곧이어 3D 입체사진기의 개발에 이어 3D 입체영화도 개발되었다. 1860년대에 남북전쟁을 담은 3D 입체사진이 지금까지 남아 있는 것으로 이를 확인할 수 있다. 이렇게 영상 이미지의 역사는 꾸준히 함께해 왔는데도, 왜 3D 입체영상은 마치 최근에나 개발된 것처럼 그동안 영화나 영상 이미지 역사의 전면에 등장하지 못하였을까? 그것은 3D 입체영상이 디지털 기술과 만나면서 최상의 색 재현 능력과 해상도를 갖추게 되기까지 길고 험난했던 기술의 발전사와 관계가 있다. 1952년 미국에서는 '내추럴 비전natural vision'이라는 새로운 3D 입체영상의 방식으로 제작된 영화가 개봉됐는데, 이 영화의 성공에 힘입어 그동안 잠자고 있던 3D 입체영화에 대한 수요가 폭발하게 되었다. 이것은 편광偏光, polarized light 필터를 사용한 편광판polaroid 안경을 통해 다색화多色化, full color로 재현되는 영상은 상당한 현장감을 주게 되었다. 이제 20세기를 거치면서 사진이나 TV와 같은 영상 매체에서 2차원적인 영상의 표현은 생동감 있고, 현실적인 3차원의 세계를 표시할 수 있는 기술의 구현이 크게 발전하게 되었다.

8.1.3 3D 디스플레이의 분류

입체적인 영상을 즐기려면 우선 입체감을 느끼게 하는 3D 디스플레이가 필요하다. 3D 디스플레이 기술은 그것이 제공하는 생리적 깊이의 인지 요인과 3차원 영상의 생성 방식 등에 따라 다양하게 나눌 수 있다. 현재 연구 개발되고 있는 3D 디스플레이 기술은 사용자가 특별한 안경을 착용해야 하는지 여부에 따라 안경식과 무안경식으로 대별된다. 무안경식은 다시 3D 영상을 구현하는 방법에 따라 2안식, 다시점 양안 시차 방식, 체적형 방식, 홀로그래픽 방식 등으로 구분할 수 있다.

체적형 3차원 디스플레이는 공간에 물리적으로 실물을 형성하여 3차원의 영상을 표현하는 것인데, 물리적인 3D 화소voxel를 형성하므로 모든 생리적인 깊이의 인지 요인을 제공하여 매우 자연스러운 3차원의 영상을 표현하는 것이다. 공간에 3D화소를 형성하는 방식에 따라 회전 스크린, 다중 깊이 평면 스크린, 가변초점렌즈, 교차빔 방식 등으로 나눌 수 있다. 회전 스크린 방식은 스크린을 빠르게 회전시키고, 그 회전 속도와 위치에 맞는 단면의 영상을 투사하여 스

표 8-1 3D 디스플레이의 분류

대분류	중분류	소분류	비고
안경식(Steroscopy)		편광 안경 방식	다인 시청 가능시분할 방식
		셔터 안경 방식	
무안경식	다시점 양안 방식	렌티큘러 렌즈 방식	직시형, 투사형
		시차 장벽 방식	배리어 스트립(barrier strips)
		HOC 방식	홀로그래픽 스크린
		LC 셔터 방식	CRT 이용
		헤드 트래킹 방식	일인 시청
	체적형 디스플레이	집적 영상 방식	수평·수직·시차 제공 연속 시점
		가변 초점 렌즈 방식	진동 거울
		회전 스크린 방식	기계적 움직임
		교차 빔 방식	비싼 크리스탈
	홀로그래픽 디스플레이	전자 홀로그래피	동화상 가능

크린의 회전 부피 안에 3차원의 영상을 표시한다. 다중 깊이 평면 스크린 방법은 전기적으로 제어할 수 있는 능동 확산판을 여러 장 겹쳐 놓고, 그 가운데 하나만을 확산판으로 기능하게 하여 그에 해당하는 깊이 평면 영상을 고속 프로젝터를 이용하여 투사시키면 여러 개의 깊이 면을 갖는 3차원의 영상을 표현할 수 있다. 이때 능동 확산판 사이의 간격이 아주 작으면 서로 분리된 깊이의 면을 인식하지 못하고 연속적인 깊이를 갖는 것으로 느끼는 효과를 이용하는 것이다.

셔터 안경 방식은 3D 영상을 구현하는 방법 중 하나인데, 이것은 디스플레이 좌·우 영상을 따로 표시하지 않고, 좌측 영상은 좌측 안경, 우측 영상은 우측 안경이 열려서 좌·우 영상을 분리하므로 입체감을 느끼게 하는 방식이다.

8.1.4 3D 디스플레이의 방식

안경 방식

색안경 방식

색안경 방식은 적/청red/blue의 색을 이용한 안경 방식으로 투과 파장 영역을 공통으로 갖지 않는 보색에 가까운 색 필터의 조합으로 화면을 표시하는 방식이다. 빨간색, 파란색의 셀로판지가 붙어 있는 안경을 사용하는 3D 방식인데, 하나의 사물을 양쪽에서 촬영한 뒤, 영상을 빨간

색과 파란색으로 만들고 두 영상을 합친다. 그리고 안경을 쓰고 보면 각각의 눈에 해당하는 색을 가진 영상만 보이기 때문에 입체감을 느낄 수 있다. 장점은 보색 원리를 이용한 간단한 방법으로 비싸지 않고 2D에서도 입체감을 느낄 수 있다. 단점으로는 눈에 두 가지 색만이 제시되므로 색이 정확히 표현되기 어렵고, 입체감이 약해 눈이 금방 피로해지고 두통이 생기기도 한다.

편광 안경 방식

편광 안경 방식은 한 방향의 빛만 걸러 주는 편광의 원리를 이용한 3D 방식이다. 편광 안경 방식에서는 디스플레이에 편광 필름을 붙이고, 수평 방향으로 짝수·홀수 선으로 나눠진 영상을 동시에 내보낸다. 편광 안경을 쓰면 두 가지의 영상 중 서로 다른 한 가지씩만 통과돼 왼쪽, 오른쪽 눈에 다른 영상이 들어가면서 입체 영상을 볼 수 있는 것이다. 장점은 구조가 단순해 가격이 저렴하며, 일반 안경에 덧붙이는 보조 안경도 쉽게 만들 수 있다. 또 영상이 기계를 거치지 않고 바로 눈에 전달되므로 눈의 피로가 덜하다. 단점은 화면을 절반씩 나눠 왼쪽, 오른쪽 눈으로 전달하므로 해상도가 절반으로 줄고, 편광 필름이 부착돼 나오므로 TV 가격이 비싸다.

셔터 안경 방식

셔터 안경 방식은 편광 안경 방식과 달리 영상을 절반으로 나누지 않고, 왼쪽과 오른쪽 눈에 해당하는 영상을 매우 빠른 속도로 번갈아 보여주는 방식이다. 셔터 안경은 TV와 통신을 주고받으며 양쪽 렌즈의 셔터가 번갈아 열리고 닫히기를 반복한다. 각각의 눈에 정확한 영상을 주기 때문에 입체감이 잘 나타난다. 장점은 해상도가 떨어지지 않기 때문에 선명하게 볼 수 있으며, 편광 안경 방식의 3D TV보다 가격이 싸다. 단점은 안경의 셔터가 움직이기 때문에 눈이 쉽게 피로해지며, 셔터 안경에 TV와의 통신을 위한 장치가 들어가므로 무겁고 비싸다.

❙ 무안경 방식

무안경식 3차원 디스플레이는 양안 시차를 이용해 입체감을 느끼게 한다는 측면에서는 안경식과 같다. 그러나 특수한 안경을 착용할 필요가 없다는 점에서 차별화된다. 특별한 안경 없이도 좌안과 우안 영상을 나누어 관측하게 하기 위하여 무안경식 양안 시차 방식의 3D 디스플레이는 관측자를 중심으로 서로 다른 위치에서 영상을 투사하는 방법을 이용한다. 따라서 관측자가 적절한 위치에 있을 때, 관측자의 좌안과 우안에 서로 다른 영상이 투사되어 입체감을 느끼게 된다. 이처럼 방향에 따라 서로 다른 영상을 투사하려면 디스플레이 패널 앞에 특수한 광학 장치를 부착해야 한다. 현재 가장 많이 사용되고 있는 것은 **시차 장벽**視差 障壁, parallax barrier과 **반원통형 미세렌즈**lenticular lens 방식이다.

시차 장벽 방식

시차 장벽 방식은 기본적인 원리는 반원통형 미세렌즈 방식과 같지만, 반원 모양의 렌즈 대신 얇은 투명판을 이용하는 3D 방식이다. 이 투명판에는 일정한 간격으로 불투명한 줄무늬가 있어, 각도에 따라 다른 영상을 볼 수 있다. 즉 시선에 따라 왼쪽 눈 영상이 가려져 오른쪽 눈 영상만 보이거나 오른쪽 눈 영상이 가려져 왼쪽 눈 영상만 보인다. 장점은 많은 기술을 필요로 하지 않아 만들기 쉽고, 비용이 적게 든다. 단점은 화면이 조금 어두워 3D로 보이는 공간이 작아 여러 명이 같이 볼 수 없다. 기술적인 면을 살펴보면, 수직으로 좁은 틈새slit를 배열하고, 관측자는 슬릿 배열을 통해 서로 다른 화소를 보게 되어 입체감을 느낀다. 슬릿이란 광속의 단면을 적당하게 제한하여 통과시킬 목적의 좁은 틈새를 말한다. 간단하게 구현할 수 있는 시차 장벽은 기본적으로 50% 이상의 빛을 차단해 영상이 어둡다는 단점이 있다.

반원통형 미세렌즈 방식

반원통형 미세렌즈lenticular 방식은 평면 판 위에 반원 형태의 플라스틱 막인 미세렌즈를 촘촘하게 배치해 물체의 상이 굴절되면서 일정한 깊이가 있는 것처럼 보이는 방식이다. 이때 미세렌즈 면은 마치 엠보싱 화장지처럼 볼록볼록 튀어나온 모습이다. 이 방식에서는 왼쪽 눈과 오른쪽 눈의 위치를 계산해 렌즈로 굴절된 영상이 왼쪽, 오른쪽 눈에 따로 인식한 것으로 안경 없이 입체감을 느낄 수 있다. 장점으로 화면이 밝으나, 단점은 렌즈의 개수가 늘어나면 3D 효과는 커지지만 해상도가 낮아진다. 또 먼 곳이나 수직 방향에서 보면 입체감이 떨어진다.

기술적으로 살펴보면, 영상이 어두워지는 단점을 개선한 것인데, 슬릿을 여러 개 배열하는 대신 원통형 렌즈 배열인 렌즈를 이용하여 시점을 분리하는 것이다. 이 방식은 시점의 위치가 고정된 관측자가 반드시 해당 위치에 있어야 3D 영상을 관측할 수 있는 제한이 있는데, 이 문제를 줄이기 위해 시점의 개수를 늘리는 쪽으로 연구하고 있다. 기본적인 2시점에서 벗어나 4시점, 9시점, 13시점 등 다양한 디스플레이가 개발되고 있다. 그러나 시차 장벽 또는 양면 볼록 렌즈를 이용하는 디스플레이에서는 한정된 수의 디스플레이 패널의 화소 수를 시점별로 나누어 투사하는 것이므로, 시점의 개수가 늘어나면 한 시점당 배정되는 해상도가 떨어진다. 시점 수와 요구되는 해상도를 잘 조절해 최적의 값을 찾아야 한다는 숙제가 남아 있다.

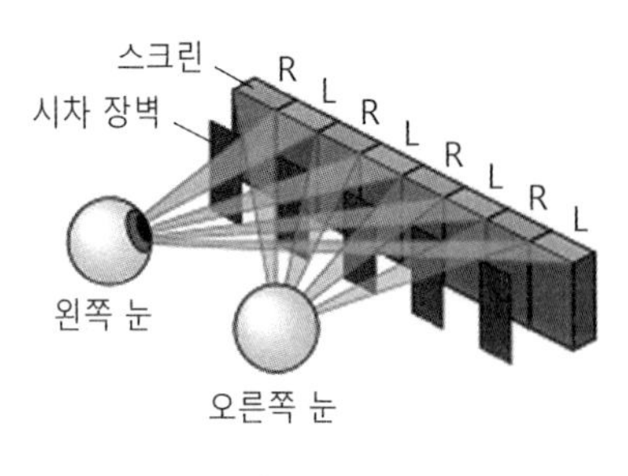

(a) 시차 장벽

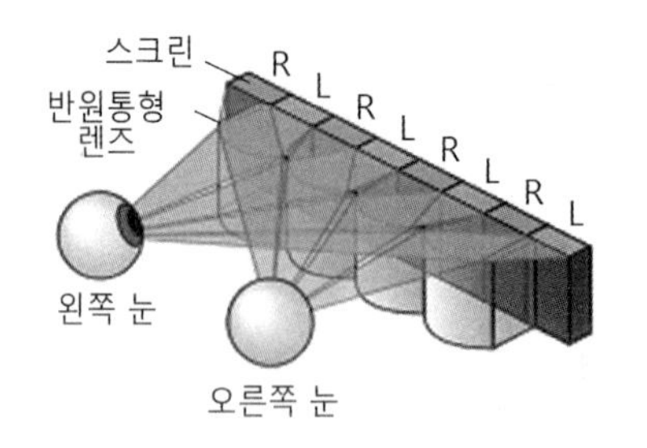

(b) 반원통형 미세 볼록렌즈 방식

그림 8-2 양안 시차

그림 8-2(a)는 시차 장벽, 그림 (b)는 양면 볼록렌즈 방식을 보여주고 있다.

양안 시차를 이용하는 3차원 디스플레이 방식은 안경식이든 무안경식이든 상대적으로 구현하기 쉽다. 기존의 LCD나 PDP 같은 평판 패널 기술을 상당 부분 그대로 이용할 수 있어 여러 기업들이 상용화를 목표로 기술 개발에 매진하고 있다. 무안경식 3차원 디스플레이에서도 역시 중요한 성능 요소는 시점 사이의 누화cross talk인데, 지정된 시점 위치에서 관측해도 의도하지 않는 시점의 영상이 일부 보일 수 있어 화상의 혼선을 만들어 입체감을 떨어뜨리는 주요 요인으로 작용한다. 또 디스플레이 패널 앞에 매우 규칙적인 패턴을 갖고 있는 렌티큘러 렌즈나 시차 장벽을 달기 때문에 무아레moire 현상이 발생한다. 이것은 간섭무늬, 물결무늬, 격자무늬라고도 하는 것으로 규칙적으로 되풀이되는 모양을 여러 번 반복하여 합쳤을 때, 이러한 주기의 차이에 따라 시각적으로 만들어지는 줄무늬가 발생하게 되는 것을 말한다. 이것을 어떻게 하여 최대한 억제하느냐가 중요한 설계 요소 중의 하나다. 이 밖에도 렌티큘러 렌즈를 이용해 3D와 2D 변환 가능 디스플레이를 구현하려 할 때, 동적으로 on/off 할 수 있는 능동 렌티큘러 렌즈를 구성하는 기술이 반드시 필요하다. 능동 렌티큘러 렌즈는 대부분 액정을 이용해 렌즈 형태를 구성하고, 적절한 전압을 인가해 빛이 느끼는 유효 굴절률을 바꾸어 주어 렌즈의 기능을 온오프하게 된다. 이때 생성되는 렌즈의 결상 품질을 높이고, 요구되는 전압을 낮추기 위한 전극 패턴 설계가 중요한 기술적 요소로 꼽힌다. 마지막으로 여러 시점 영상을 공간적으로 분할하는 방식으로 표시하는 대신에 시간적으로 분할하는 방식으로 표시하여 시점 수의 증가에 따른 해상도 저해를 줄이는 기술 역시 연구 개발되고 있다. 이와 같은 목적을 위해서는 디스플레이 패널이 120 Hz 또는 240 Hz의 빠른 프레임율frame rate을 가질 필요가 있어 반응 속도가 빠른 LCD나 OLED 패널이 사용되고 있다. 여기서 프레임율이란 동영상에서 1초당 나타나는 화면 수를 말하는데, 보통 애니메이션의 경우, 평균 12장, 영화가 24.7장이다.

8.2 유연성 디스플레이

유연성 디스플레이flexible display는 휘어질 수 있는 디스플레이 장치를 뜻한다. 휠 수 있는 디스플레이, 플렉서블 디스플레이라고도 한다.

일반적으로 사용되는 유리 기판이 아닌 플라스틱 기판을 사용하기 때문에 기판의 손상을 방지하기 위해서 기존의 제조 프로세서를 사용하지 않고 저온 제조 프로세서를 사용한다.

❙ 특성 및 구현

기존 LCD 및 유기 발광 다이오드OLED에서 액정을 싸고 있는 유리 기판을 플라스틱 필름으로 대체, 접고 펼 수 있는 유연성을 부여한 것이다. 얇고 가벼울 뿐만 아니라 충격에도 강하다. 또 휘거나 굽힐 수 있고 다양한 형태로 제작이 가능하다는 장점을 갖고 있다.

유연성 디스플레이는 앞으로 4단계를 거쳐 발전해 나갈 것으로 예상된다.

- 1단계는 떨어뜨려도 부서지지 않는 경박輕薄성으로 마음대로 다룰 수 있어 전자책이나 전자신문 등으로 제품화될 수 있다.
- 2단계에 이르면 곡면형성이 가능해지며, 이 경우 디스플레이의 응용 영역이 크게 확대된다.
- 3단계는 굽혀도 원래 형상으로 되돌아오는 탄력성을 가지며, 두루마리 형태로 말 수 있고 전자 옷을 구현할 수 있다.
- 4단계는 종이와 가까운 궁극의 이상적 단계로 종이처럼 접을 수도 있다.

유연성 디스플레이의 가볍고 깨지지 않는 특성 때문에 휴대전화, PDA, MP3 플레이어 등에 우선 적용될 것으로 예상된다. 향후 대면적화 기술이 확보되면 기존 디스플레이가 적용된 노트북 컴퓨터, 모니터, TV 등의 모든 분야에 대체 적용이 가능해 IT산업 전반에 걸쳐 크게 확산될 수 있을 것으로 보인다. 특히 기존의 유리 기판 기반의 디스플레이로는 적용이 제한적이거나 불가능했던 새로운 영역의 창출이 가능할 수 있다. 잡지, 교과서, 서적, 만화와 같은 출판물을 대체할 수 있는 전자책 분야와 디스플레이를 접거나 말아서 휴대할 수 있는 초소형 PC, 실시간 정보 확인이 가능한 스마트 카드 등 새로운 휴대용 IT제품 분야가 플렉서블 디스플레이의 활용 분야가 될 수 있다. 이외에도 유연한 플라스틱 기판을 사용, 질기고 구부림이 자유로워 여러 디자인을 표현할 수 있어 입고 다닐 수 있는 의류용 패션, 의료용 진단 분야에까지도 확대 적용할 수 있다. 현재의 기술 수준으로는 당장 상용화가 어려운 상태이지만 앞으로 2~3년 정도 후에는 가능할 것으로 보인다. 동작속도의 개선을 통해 현재 정지화상의 표현수준에서 동영상을 구현할 수 있어야 하고, 특히 컬러 구현에 있어 기술발전이 더 진전되어야 할 것이다.

8.3 전자종이

전자종이 또는 이 페이퍼e-paper, electronic paper는 종이에 일반적인 잉크의 특징을 적용한 디스플레이 기술이다. 화소가 빛나도록 백라이트를 사용하는 전통적인 평판디스플레이와 다르게, 전자종이는 일반적인 종이처럼 반사광을 사용한다. 그래서 그림이 변경된 이후에, 글자와 그림은 전기 소모 없이 디스플레이 할 수 있다. 또한, 전자종이는 평판디스플레이와 다르게 접거나 휠 수 있다. 전자종이의 화소는 안정이나 쌍안정의 특성을 갖는다. 그러므로 각각의 화소는 추가적인 전력소모 없이 유지될 수 있다. 전자종이는 컴퓨터 모니터의 제한을 극복하기 위해서 개발되었고 액정디스플레이보다 시야각이 넓기 때문에 취약한 각도에서 쉽게 글자를 읽을 수 있으며, 매우 가벼우며, 내구성이 튼튼하고, 종이보다 덜 휘지만, 현존하는 가장 휠 수 있는 디스플레이 기술이다. 반면에 반사를 이용한 특성상 후면광이 불가능하며, 반응속도가 느린 단점이 있다.

예상되는 미래 제품으로 많은 책을 디지털 문자로 저장하여, 한 번에 한 페이지만 보여주는 전자책이나 전자잡지가 있다. 전자 포스터나 비슷한 전자 광고 디스플레이는 이미 공공장소나 상점에서 시연하고 있다. 그림 8-3에서는 전자종이의 예를 보여주고 있다.

그림 8-3 전자종이

8.4 전기영동 디스플레이

전기영동電氣泳動, electrophoresis은 용액 속에 흩어진 알갱이나 하전입자荷電粒子 등이 한쪽으로 이동하는 현상을 말한다. 이것은 전계의 힘을 받은 입자들이 물질의 유동성 매체 내에서 움직이는 것을 의미한다.

전기영동 디스플레이electrophoretic display는 전류를 흘렸을 때 양극이나 음극을 따라 움직이는 미세한 나노입자를 이용해 색과 글자, 그림 등을 표시해주는 기술을 응용한 디스플레이이다. 이 방식은 검정색과 흰색 나노입자를 마이크로 캡슐에 넣어 전기신호에 따라 양극에 검정색 입자, 음극에 흰색 입자가 이동하도록 하는 것으로 디스플레이 바깥쪽 표면 전극에서 글씨부분만 양극으로 만들어주고, 나머지는 음극으로 구성해주면 검정색 입자가 글씨에 따라 표면으로 이동하여 표현하고, 나머지는 흰색으로 보이게 하는 것이다.

전기영동 디스플레이의 컬러화는 두 가지 방식이 있는데, 하나는 캡슐에 R, G, B, W의 나노 입자를 넣어 컬러를 표현하는 것이고, 다른 하나는 흑백 입자가 담긴 캡슐에 위에 컬러필터를 장착하는 것이다. 빨강색의 글씨를 표현하고자 할 때, 양극을 따라 이동하는 빨강색 나노입자와 음극으로 이동하는 흰색 입자를 캡슐에 넣으면 된다. 컬러필터를 이용하는 방식은 컬러 화소의 R, G, B 세 개의 방dot에 각각 흑백 입자가 담긴 마이크로 캡슐을 붙이고, 빨강색을 표현하기 위해서 R방의 마이크로 캡슐 위쪽을 음극으로 만들어주면 흰색 입자가 올라가 붙어 빛 반사로 빨강색이 표현되는 것이다. 이때 G와 B방 캡슐의 위쪽은 양극으로 만들어 흑색입자를 이동시켜 색의 표현을 억제하는 방법이다.

전기영동 디스플레이의 가장 간단한 구현 방법은 약 1 마이크로미터 직경의 이산화티타늄TiO_2입자를 기름에 분산시키는 것이다. 어두운 색소도 계면활성제와 입자가 전하를 취할 수 있

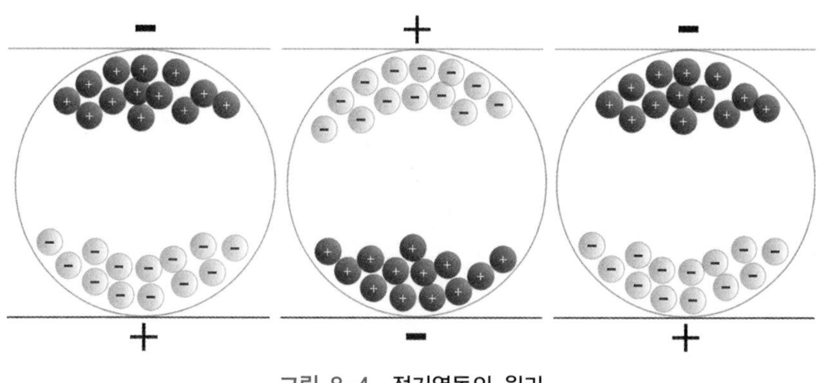

그림 8-4 전기영동의 원리

도록 하는 전하 작용제를 같이 기름에 추가한다. 이 혼합물은 두 면에 나란히 배치하고, 전도성 판으로 10~100 μm의 간격으로 분리한다. 전압이 두 면에 인가되면, 입자는 전기영동으로 반대 전하를 포함한 면으로 이동할 것이다. 입자가 디스플레이의 앞면으로 이동했을 경우에, 흰색을 보여주게 된다. 왜냐하면 빛은 고밀도 이산화티탄 입자에 의하여 볼 수 있도록 반사되기 때문이다. 입자가 디스플레이의 뒷면으로 이동했을 경우에, 검은색을 보여주게 된다. 왜냐하면 외부의 빛은 검은 색소에 흡수되기 때문이다. 만약 뒤쪽의 전극이 작은 크기(화소)로 분리되어 있다면, 그림은 흡수하거나 반사하는 구간의 패턴을 형성하는 디스플레이의 각 전극에 적합한 전압을 인가하여 형성할 수 있다. 그림 8-4에서는 전기영동 디스플레이의 구동 원리를 보여주고 있다.

연구문제 CHAPTER 8

1. 2D와 3D 영상 디스플레이의 특성을 비교하여 기술하시오.

2. 양안시차와 임장감의 용어를 기술하시오.

3. 3D 디스플레이에서 다음의 세 가지 안경 방식의 원리를 기술하시오.

(1) 색안경 방식

(2) 편광 안경 방식

(3) 셔터 안경 방식

4. 3D 디스플레이에서 다음의 무안경 방식의 원리를 기술하시오.

(1) 시차 장벽(parallax barrier) 방식

(2) 반원통형 미세렌즈(lenticular lens) 방식

5. 3D 디스플레이의 문제점과 향후 개선점에 대하여 기술하시오.

6. 유연성 디스플레이의 특성을 기술하시오.

7. 전자종이의 특성을 기술하시오

8. 전기영동의 정의와 전기영동 디스플레이의 특성을 기술하시오.

9. 차세대 디스플레이의 현황과 기술을 소개하시오.

참고문헌

1. S. Wolf, "Silicon processing for the vlsi era", *volume 2, LATTICE PRESS*, 1990.
2. W.S. TANG, "Fundamentals of semiconductor device", *McGraw-Hill Book Company*, 1978.
3. B. G. Streetman, "Solid state electronic device", *second edition, PRENTICE HALL*, 1980.
4. S.M.SZE, "Physic of Semiconductor Device", *2nd edition, Willey-Interscience*, 1981.
5. An Analysis on the Discharge Characteristics through Numerical Simulation in an AC Plasma Display Panel, Inha university, 2004.
6. M.A.Lieberman, "Principles of Plasma Discharges and Materials Processing", *John Wiley & Sons*, 1994.
7. C. A. Spindt, "A thin film field emission cathode", *J. Appl. Phys., 39*, 1968.
8. B. Chapman, "Grow discharge", *John Wiley & Sons*, 1980.
9. Crowley, J. M.; Sheridon, N. K.; Romano, L. "Dipole moments of gyricon balls", *Journal of Electrostatics 2002, 55, (3-4), 247.*
10. Huitema, H. E. A.; Gelinck, G. H.; van der Putten, J. B. P. H.; Kuijk, K. E.; Hart, C. M.; Cantatore, E.; Herwig, P. T.; van Breemen, A. J. J. M.; de Leeuw, D. M. "Plastic transistors in active-matrix displays", *Nature 2001, 414, (6864), 599.*
11. Gelinck, G. H. et al. "Flexible active-matrix displays and shift registers based on solution-processed organic transistors", *Nature Materials 2004, 3, (2), 106-110.*
12. Andersson, P.; Nilsson, D.; Svensson, P. O.; Chen, M.; Malmström, A.; Remonen, T.; Kugler, T.; Berggren, M. "Active Matrix Displays Based on All-Organic Electrochemical Smart Pixels Printed on Paper", *Adv Mater 2002, 14, (20), 1460-1464.*
13. 米津宏雄, "光情報産業と先端技術", 工學圖書, 1997.
14. 三菱電機, "わかりやすい半導体デバイス", オ-ム社, 1997.
15. 誠文堂新光社, "カラ-版最新圖解半導體ガイド", 1996.
16. 池田宏之助 ほか, "圖解電池のはなし", 日本實業出版社, 1996.

17. 竹添秀男, "液晶のつくる世界畵像をかえた素材", ポプラ社, 1995.
18. 松本正一, 角田市良, "液晶の基礎と應用", 工業調査會, 1991.
19. 液晶若手研究會編, "液晶: LCDの基礎と新しい應用", シグマ出版, 1997.
20. 那野比古, "わかりやすい 液晶のはなし", 日本實業出版社, 1998.
21. D. Demus et al."Handbook of Liquid Crystal", *Wiley-VCH*, 1996.
22. 內田龍男, "圖解 電子ディスプレイのすべて", 工業調査會, 2006.
23. 권오경, "플라즈마 디스플레이 패널의 구동 방식 및 구동회로", 전기전자재료학회지, 2000.
24. 김승룡, "전기영동(EPD) 전자종이 디스플레이", 디지털타임즈, 2009.
25. 김현후 외 3, "기초 디스플레이공학", 내하출판사, 2007.
26. 디스플레이뱅크(www.displaybank.com)
27. 류장렬, "반도체공학", 청문각, 2015.
28. 박준규 외, "유기디스플레이의 능동 구동 방식", 한국정보디스플레이학회지, Vol. 2, No. 2, 2001.
29. 안경민, "입체영화", 커뮤니케이션북스, 2012.
30. 월간전자부품, http://epnc.co.kr/article
31. 이승현, "3D 영상의 이해", 진샘미디어, 2010.
32. 이준신 외 4, "디스플레이공학", 홍릉과학출판사, 2009.
33. 이준신 외, "평판디스플레이공학", 홍릉과학출판사, 2005.
34. "입체적으로 보여 주는 3D 디스플레이", 한국전자통신연구원, 2010.
35. 장진·원성환, "비정질 실리콘 박막 트랜지스터 액정디스플레이", 전기전자재료학회지, 2001.
36. 정보통신산업진흥원 UHD 3D 트레이닝센터 사이트, http://uhd3d.nipa.kr
37. 정보통신산업진흥원, http://nipa.kr
38. http://onlinelibrary.wiley.com
39. https://naver.com/browncha

찾아보기

C

D

E

F

H

I

L

M

N

P

S

T

V

저자 소개

류 장 렬

공주대학교 전기전자제어공학부 교수

정보디스플레이공학의 기초

2018년 8월 24일 1판 1쇄 펴냄
지은이 류장렬 | 펴낸이 류원식 | 펴낸곳 (주)교문사(청문각)

편집부장 김경수 | 책임진행 신가영 | 본문편집 홍익m&b | 표지디자인 유선영
제작 김선형 | 홍보 김은주 | 영업 함승형 · 박현수 · 이훈섭
주소 (10881) 경기도 파주시 문발로 116(문발동 536-2) | 전화 1644-0965(대표)
팩스 070-8650-0965 | 등록 1968. 10. 28. 제406-2006-000035호
홈페이지 www.cheongmoon.com | E-mail genie@cheongmoon.com
ISBN 978-89-363-1752-2 (93560) | 값 22,800원

* 잘못된 책은 바꿔 드립니다. * 저자와의 협의 하에 인지를 생략합니다.

청문각은 ㈜교문사의 출판 브랜드입니다.
* 불법복사는 지적재산을 훔치는 범죄행위입니다.
저작권법 제125조의 2(권리의 침해죄)에 따라 위반자는 5년 이하의 징역 또는
5천만 원 이하의 벌금에 처하거나 이를 병과할 수 있습니다.